素體製作╳服裝配飾╳紙型設計

\\超可愛，隨身帶//

自製棉花娃&趴娃基礎全書

寺西 恵里子／著
許倩珮／譯

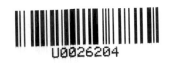

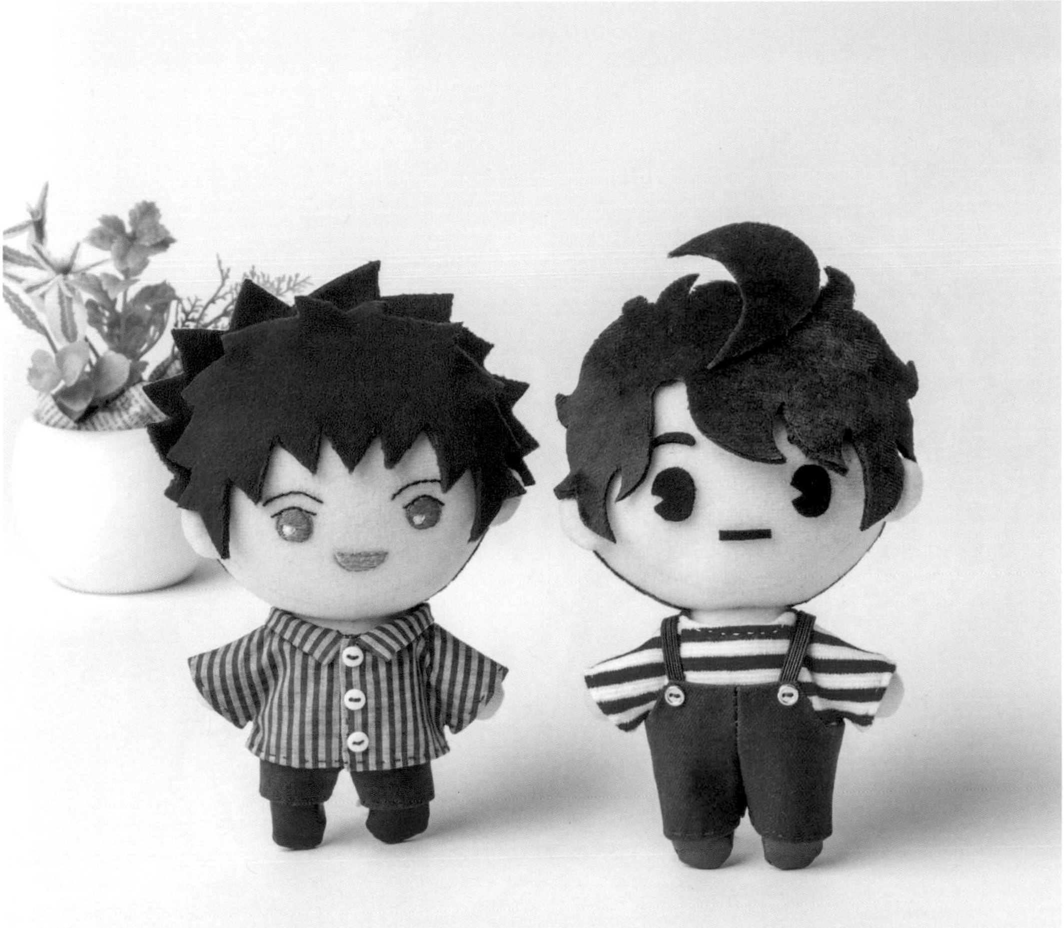

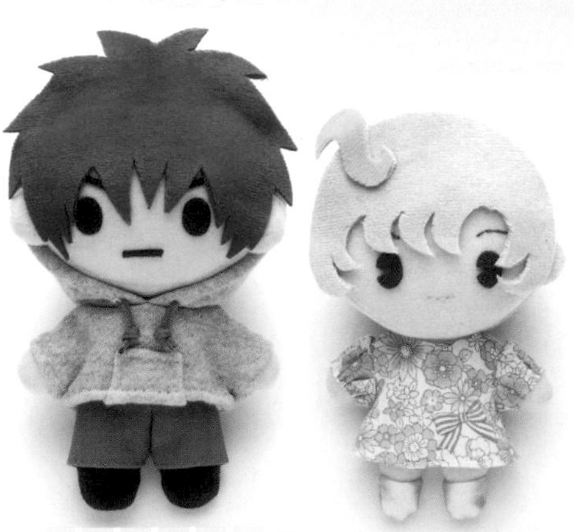

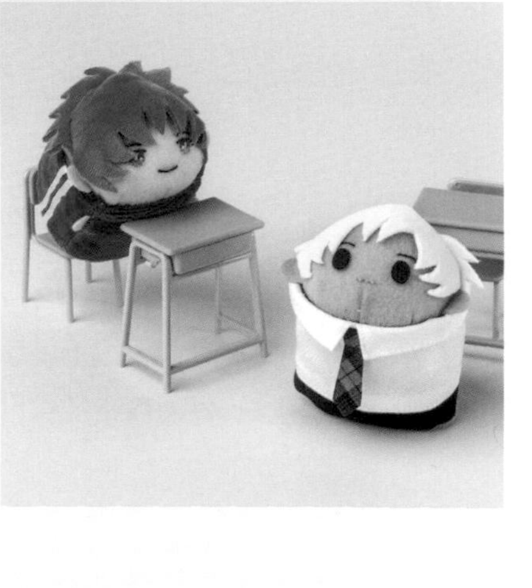

前言

我從小就喜歡娃娃和布偶。
第一次製作的商品也是娃娃的吊飾。
手掌大小的尺寸。

一發現帶著棉花娃的人，
不管是在電車上或任何地方，總會讓人目不轉睛地盯著看。
心想，這是哪個角色啊……等等。

然後在謎底揭曉的同時
不禁讚嘆，好漂亮的娃娃喔！
這就是棉花娃的魅力。

光是帶著，就興致高昂。
光是帶著，心情就輕鬆了起來，
就像是護身御守一樣的娃娃！

好想立刻做做看。
臉呀！髮型呀！服裝呀！
想做的東西好多好多……

一想到要幫哪個娃娃
做什麼樣的搭配就興奮不已。

而且，再沒有比為製作這個娃娃的人
帶來歡樂更美好的事情了。

在小小的玩偶中
注入滿滿的祈願……

寺西 恵里子

Contents

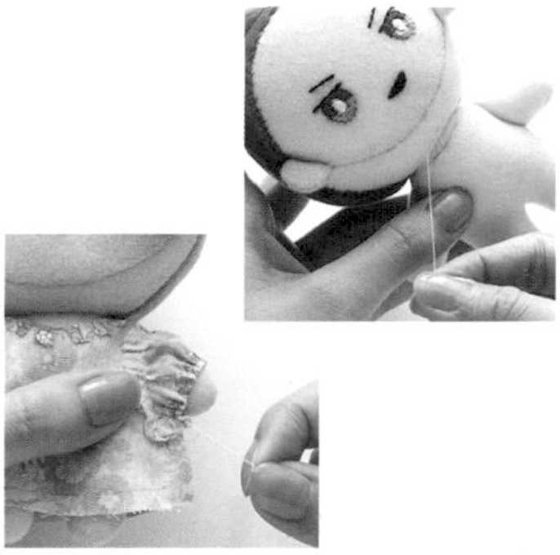

基本的棉花娃

Basic

隨時隨地都在一起！
能夠隨身攜帶的棉花娃。
大的只要把小的放大就能製作。
來，一起從基本的棉花娃來做做看吧！

隨時隨地 都在一起！

帶著娃出門
一起拍各種照片
也很不錯喔

自由搭配 展現創意！

想製作喜歡的娃娃⋯⋯
幫它穿上喜歡的衣服⋯⋯
沒問題！可以自由搭配任意組合。

髮型可以改變

眼睛及嘴巴的表情可以改變

衣服有多種款式

鞋子也有包含褲襪的2款

12㎝

「基本的娃娃（小）」

顏色也可以自由挑選

大小也可以自由改變

放大125%

還可以用不織布製作簡易眼睛！

15㎝

「基本的娃娃（大）」

材料也可以自由挑選

便服裝扮好可愛的

時尚娃娃

服裝、髮型都有多樣選擇……
換好衣服之後，就一起出門去吧！

以刺蝟頭和髮片
為重點的兩人
是好朋友

NO.3

NO.4

洋裝女孩的髮片是
特色所在

NO.5

Fashionable

長髮和丸子頭的兩人
在遊樂園約會。
戴上帽子後表情立刻變酷！

就算摘下帽子
還是有美麗的長髮

放學後一臉開心的

SCHOOL娃娃

制服和社團活動……SCHOOL娃娃的
製作重點就是盡量寫實。

NO.8

運動服男孩的
正中梳攏髮型是褐色的！

School

學生書包男孩和
水手服女孩的
雙馬尾超可愛！

NO.9

NO.10

Uniform

排球社和籃球社的制服
令人心情激昂

NO.11

NO.12

和服與洋裝

想起了童話故事……

把故事當中角色的娃娃
擺在一旁。
NO.13
NO.14

人氣的袴裝打扮
和服的選布也是一大樂事。

王子與公主
並肩出場
為故事拉開序幕⋯⋯

套上就能可愛變身的

布偶裝娃娃

小熊及熊貓
用喜歡的顏色來製作喜歡的動物吧！

NO.17 熊貓

NO.18 兔子

NO.19 小熊

帶有尾巴的背影
也幽默十足

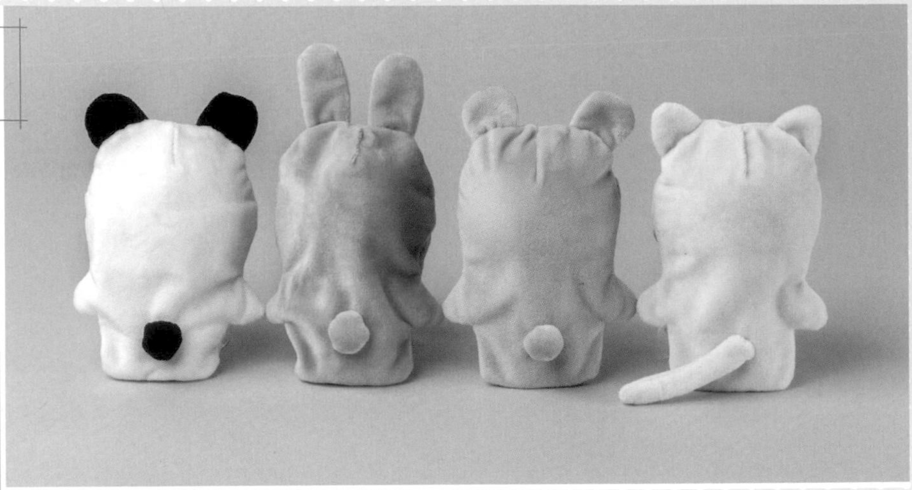

NO.20 貓咪

換個耳朵就變成其他動物，
作法超簡單！

變昆蟲、變水果……

娃娃的可愛變裝

能變成任何東西的娃娃……
加倍的可愛讓夢想變得更加遼闊。

NO.21 蜜蜂

NO.22 蝴蝶

蜜蜂和蝴蝶
背著翅膀的樣子好Cute！

Fruits Cosplay

喜歡哪種水果呀？
帶著葉子的帽子是重點所在

NO.23
鳳梨

NO.24
草莓

NO.25
柳橙

好可愛！好酷！

人氣變裝大集合

NO.26

嬰兒與幼稚園，惡魔與女巫！
形象多變的娃娃世界。

Child & Baby

NO.27

連書包和奶嘴等
小配件都精心製作

Devil & Maid

惡魔的帽子也有2款
和女僕擺在一起作裝飾

來，一起來製作棉花娃吧！

第一次做也沒關係！
只要有想做的心意。這樣就OK了。
每個人都能做出世界上獨一無二的棉花娃。
做好之後，不管走到哪裡都能帶在身邊……
想著完成時的感受，
快樂地製作吧！

手縫也OK！

沒有縫紉機也可以用手縫的方式來製作（用縫紉機做也可以）。縫紉方法只要曾經學過就不成問題。並沒有困難的縫法。

安裝頭部很簡單！

把頭和身體分別做好，再把身體插進頭裡縫合固定就行。即便是初學者也能簡單完成。

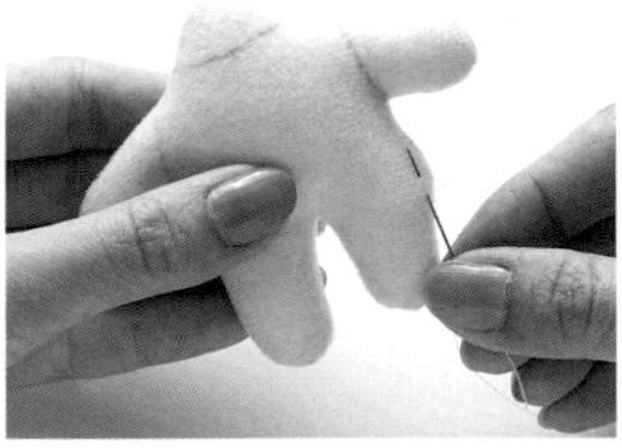

初學者也能
輕鬆完成的重點

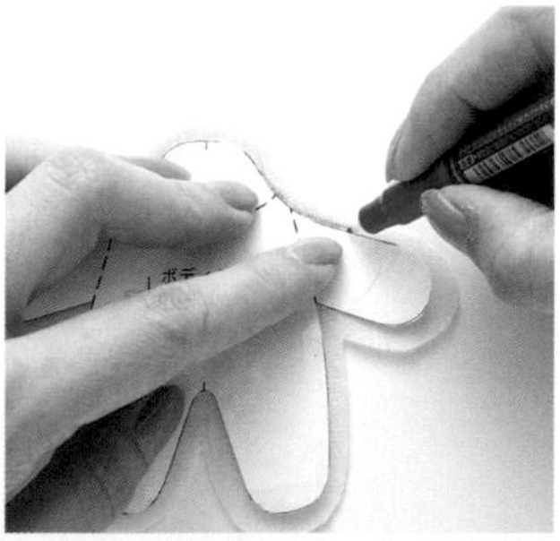

眼睛和嘴巴也可用不織布！

不擅長刺繡的話，把不織布剪好貼上去也OK！
小塊不織布的裁剪方法也有說明。

每個步驟都逐一說明！

每個步驟都配合圖片以淺顯易懂的方式解說。只要慢慢地仔細跟著做，即便是初學者也能輕鬆完成。

製作順序……

1
在布上描繪紙型進行裁剪。

2
製作臉。

3
製作頭和身體。

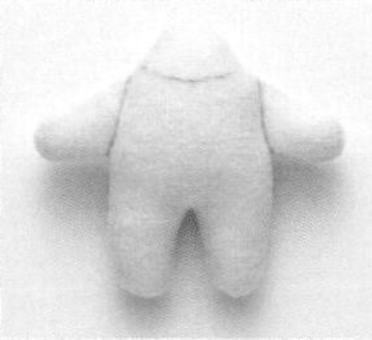

4
把頭和身體接合。

5
安裝瀏海。

尺寸大小……

[基本的娃娃（小）]　（大）

放大125%

把基本的小放大的話，
就能更改尺寸。

做得漂亮的訣竅……

布料的裁剪方式相當重要！

把布料漂亮地裁剪好，完成度也會大不相同。

要記得每縫一針就把線拉緊！

不仔細縫牢的話，做出來成品便不會漂亮，所以必須仔細地把線拉緊。

避免過度觸摸！

在製作過程中，若能盡量減少觸摸的機會，做出來的成品會更美觀。

把衣服穿上去就完成了！

用喜歡的「推角」來製作吧！

來製作喜歡的棉花娃吧！
不管是髮型、表情、
或服裝也好，任何一個重點
都能讓娃娃變得獨一無二。
從既有的設計做出變化也行，
把選好的東西加以組合也OK。

來，一起來體驗
設計的樂趣吧！

排球社的我推男孩

實物大 基本的設計

請影印或描繪下來使用

把裁剪好的髮型和臉的紙型放上去，再畫出想穿上的衣服即可。

T恤裝扮的我推男孩

1 決定髮型

也可以把選好
的樣式稍加變化！

P22

2 決定臉

P24

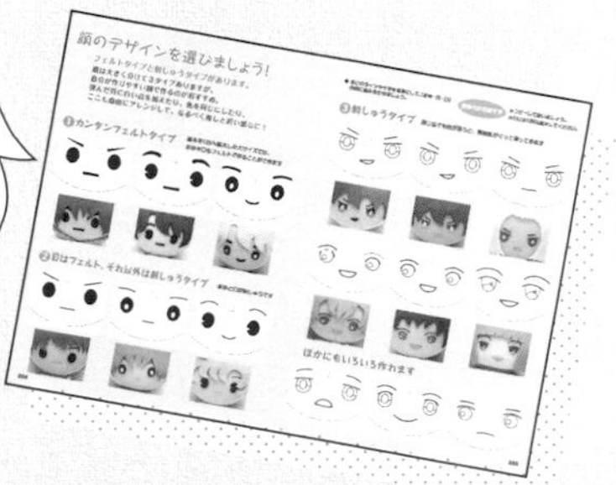

眼睛和嘴巴是重點，
顏色的挑選也很重要！

3 決定服裝

P26

把平時穿的衣服及商
標LOGO都運用進來。

依序確定的話
流程才會順暢！
也可以自由變化發揮創意！

來挑選髮型吧！

首先就來挑選髮型吧。

選出和我推角色相似的髮型之後，
還是可以自由變化，像是稍微剪短或加長等等，
讓相似度更加提高！
顏色也非常重要，要盡量選用相近的顏色！

輕爽髮型

[基本的娃娃（小）]

P83

正中梳攏

[基本的娃娃（大）]

P83

刺蝟頭

P83

捲捲頭

P84

長髮

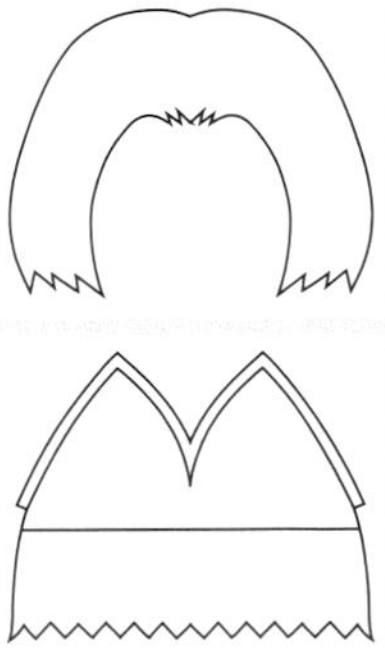

P85

側分

P85

清爽髮型&刺蝟

P83

捲捲頭&髮片

P84

丸子頭

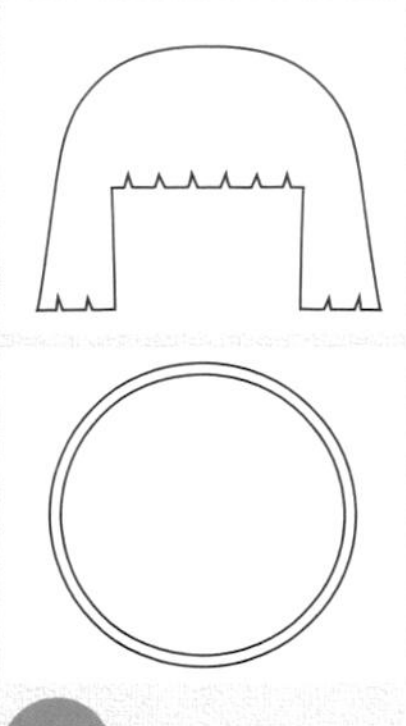

P84

妹妹頭

雙馬尾

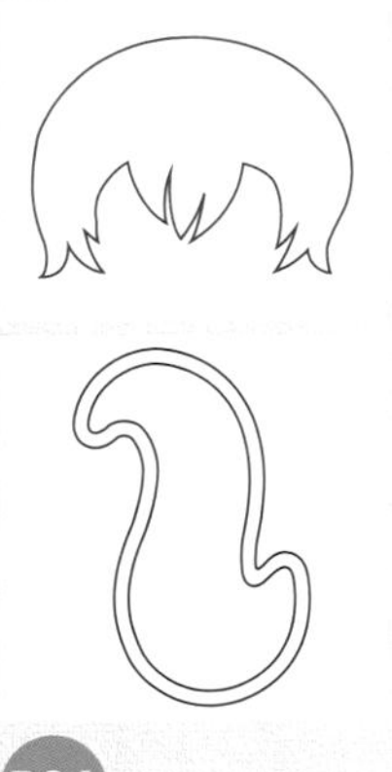

P86

短髮

髮片&丸子頭

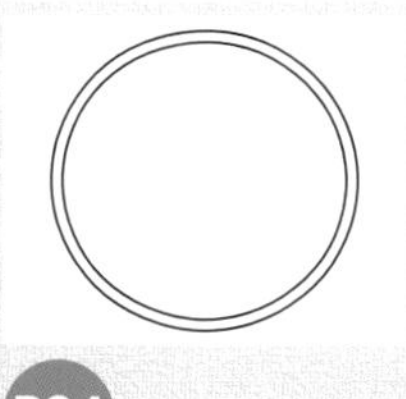

P84

蓬鬆髮型

可改變前髮的分線或
增加捲髮的髮量等等
隨喜好做出變化！

來挑選臉的設計吧！

有不織布樣式和刺繡樣式。

臉型大致有3種，
建議選擇自己覺得比較容易的臉型製作。
在選好的眼睛上增加白點，或是做成相同的顏色等等，
這些都可以自由變化，以做出最接近我推角色的感覺。

❶簡單的不織布樣式

把基本放大125%之後的大尺寸，
不管眉毛或嘴巴都能用不織布來製作。

❷眼睛是不織布，其他是刺繡的樣式

眉毛和嘴巴是刺繡

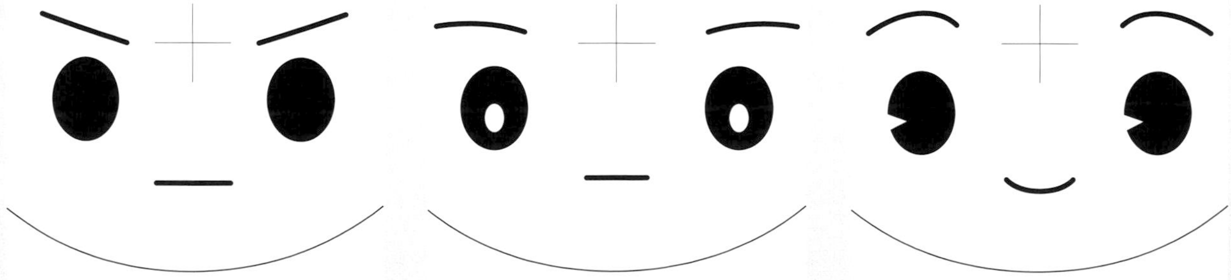

◆ 以下巴的線條及十字為基準，自由地把「眉毛．眼睛．嘴巴」組合起來。

實物大紙型

※請影印下來使用。
※〔大〕請放大125%。

③刺繡樣式

眼睛相同但顏色不同的話，氛圍也會截然不同。

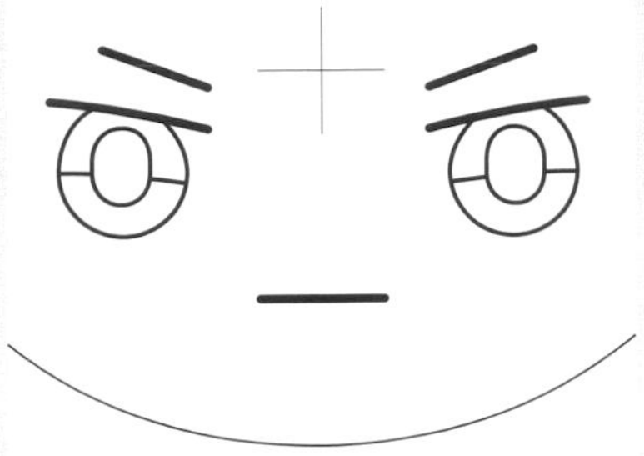

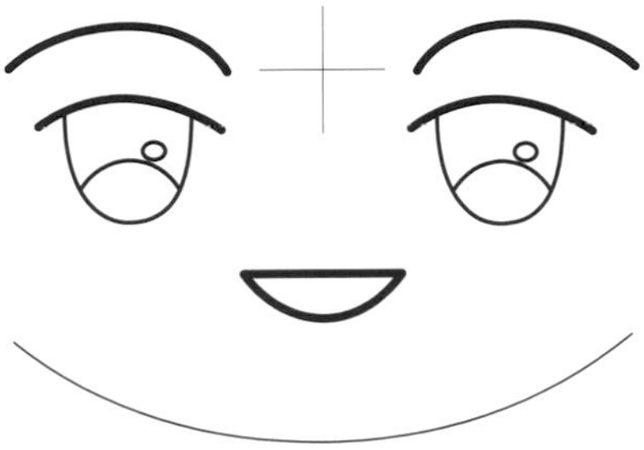

除此之外還可做出各式各樣的變化

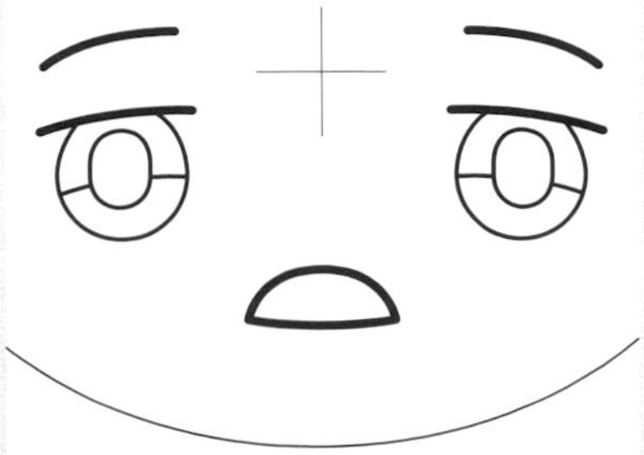
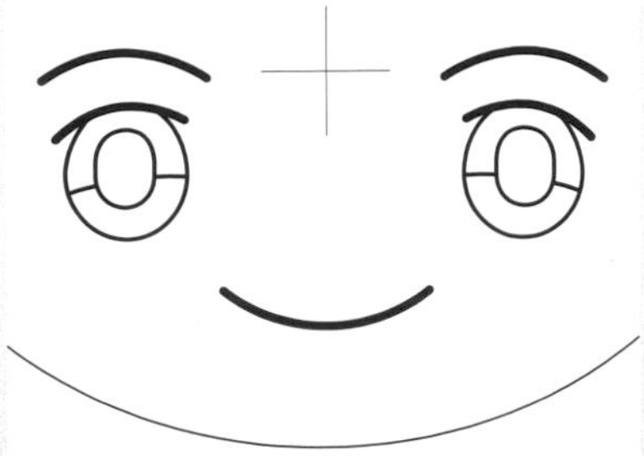
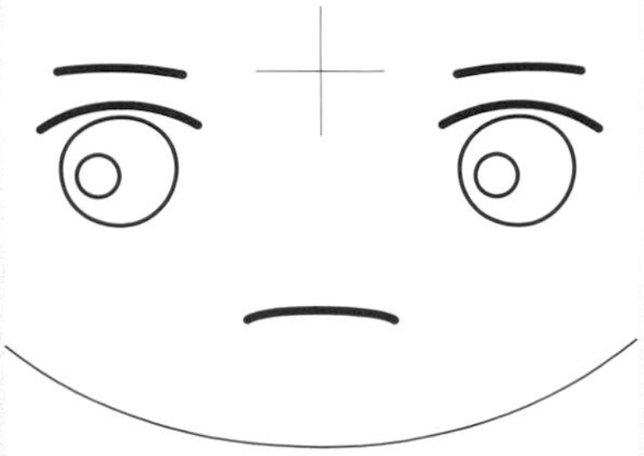

來挑選服裝吧！

從T恤、褲子之類的簡單便服，
到我推角色不可或缺的制服等等，
全都是最適合棉花娃的服裝。
然後，讓娃娃看起來更加可愛的變裝服
也要多做幾套喔！

上衣

T恤

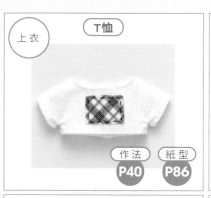

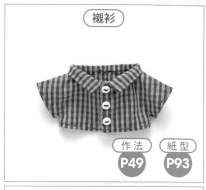

作法 P40　紙型 P86

連帽上衣

作法 P48　紙型 P88

襯衫

作法 P49　紙型 P93

運動上衣

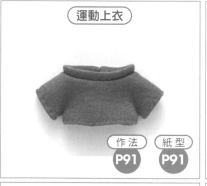

作法 P91　紙型 P91

背心

作法 P91　紙型 P91

排球衫

作法 P92　紙型 P92

外套

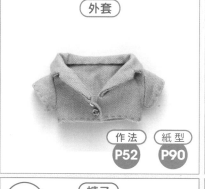

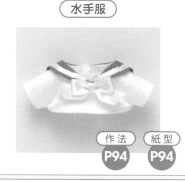

作法 P52　紙型 P90

立領外套

作法 P90　紙型 P90

水手服

作法 P94　紙型 P94

褲子

褲子

作法 P42　紙型 P87

長褲

作法 P92　紙型 P92

背帶褲

作法 P50　紙型 P87

裙子

裙子

作法 P50　紙型 P93

百褶裙

作法 P94　紙型 P94

和服

和服

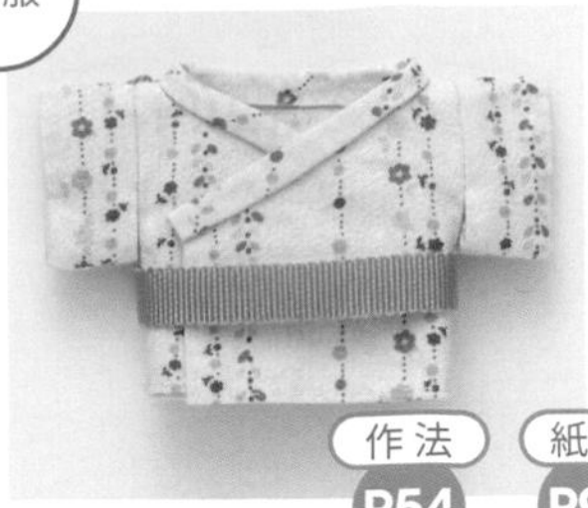

作法 P54　紙型 P95

袴

作法 P54　紙型 P95

洋裝

洋裝

作法 P53　紙型 P87

禮服

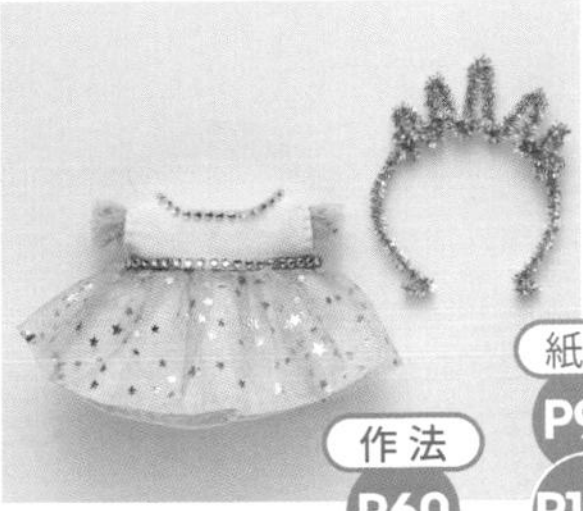

作法 P60　紙型 P96 P103

鞋·帽

鞋子

作法 P42　紙型 P88

褲襪

作法 P80　紙型 P88

帽子

作法 P51　紙型 P89

布偶裝

動物

作法 P56　紙型 P96 P97

幼兒

幼稚園

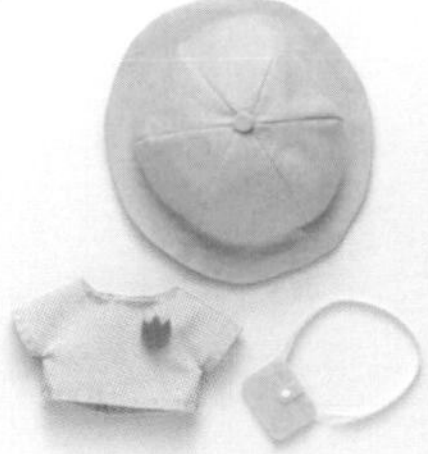

作法 P101 P102　紙型 P101 P102

嬰兒

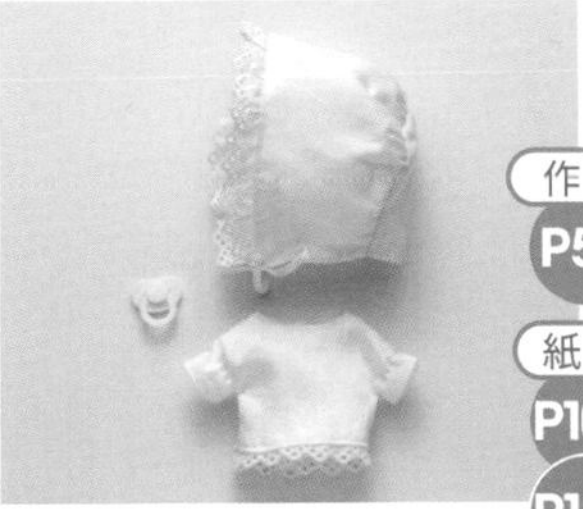

作法 P59　紙型 P100 P101

昆蟲

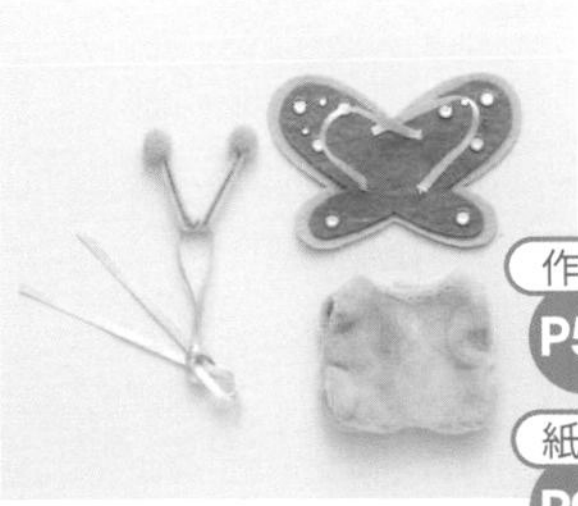

作法 P57　紙型 P98

惡魔

斗篷

作法 P61 P77 P103　紙型 P103 P104 P111

女僕

作法 P103 P104　紙型 P104

水果

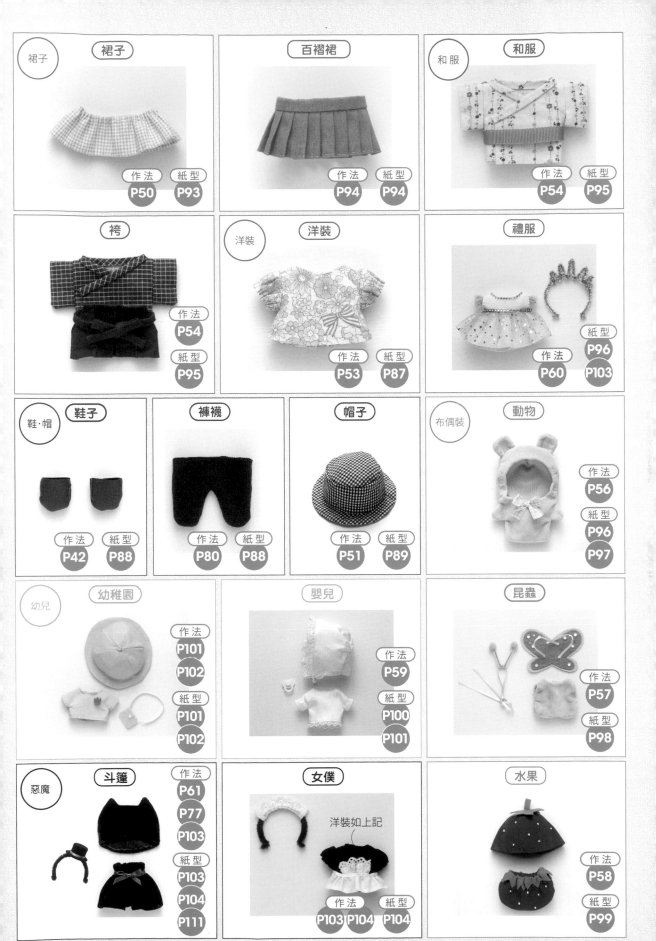

作法 P58　紙型 P99

關於材料

用來製作娃娃本體的材料，和市售娃娃的材料是一樣的。
服裝的布料可以使用手邊現有的布。用手帕也OK。

娃娃本體的材料

奈銳克斯

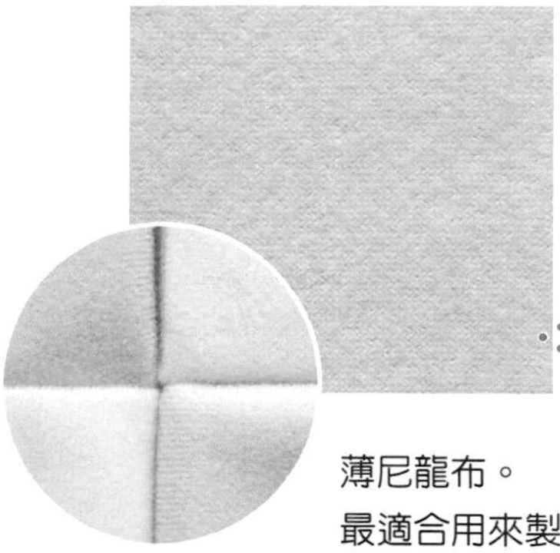

薄尼龍布。
最適合用來製作
小尺寸娃娃的材料。

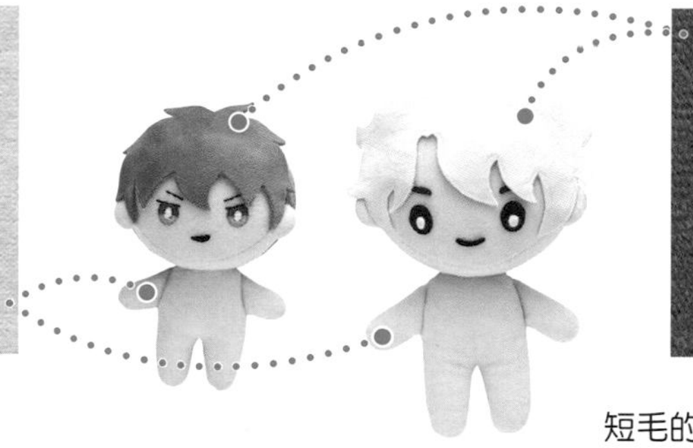

軟毛絨

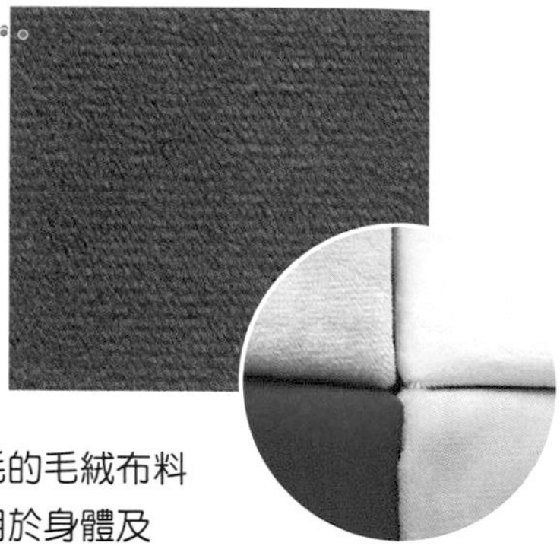

短毛的毛絨布料
可用於身體及
頭髮部位。

※本書使用的是清原株式會社的「玩偶布」及「玩偶毛絨布」。

服裝的材料

小塊的布就能製作。請使用喜歡的布料及喜歡的顏色來製作。

素色棉布

印花布

格子布

牛仔布

針織棉

刷毛布

金蔥丹寧布

絲絨

毛絨布

合成皮

※請選擇有延展性的

網紗

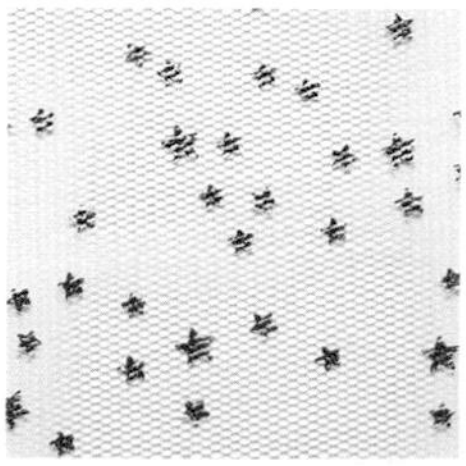

玩偶所需材料

線

〔手縫線〕

〔車縫線〕

缺

〔刺繡線〕

熱接著雙面膠襯

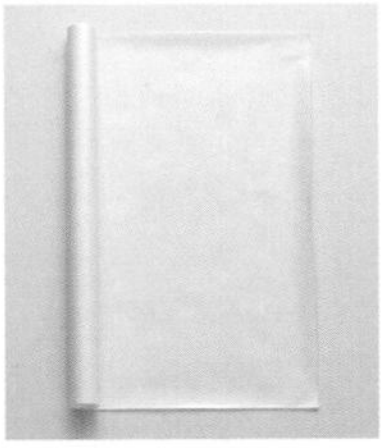

使用於前髮。

棉 花

細碎的棉花（顆粒棉）較容易使用。

魔鬼氈

扁型鬆緊帶

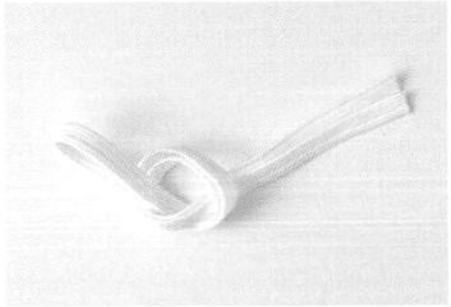

服裝的材料

鈕釦

緞帶

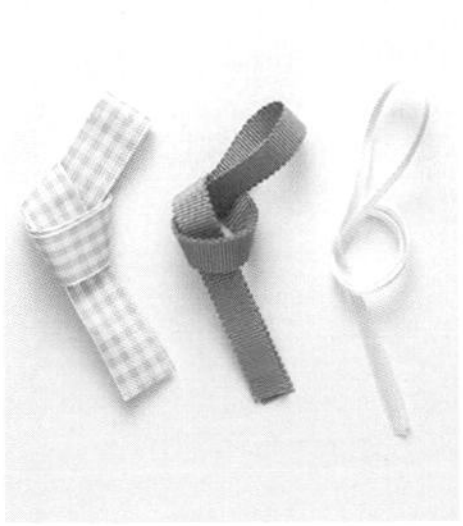

繩

帶

亮片

水鑽

珠子

蕾絲

毛根

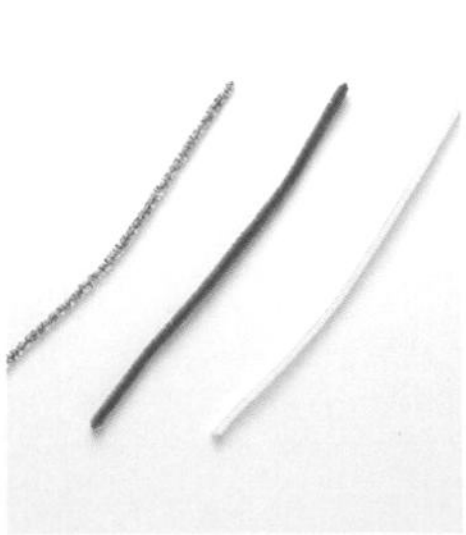

絨球

不織布

加上配件的話
衣服會更華麗！

關於用具

有專用道具的話做起來會更容易，
不過若只有替代品的話其實也OK。
現在就來做做看吧！

把用□框起來的
東西備齊
就可以了。

裁剪布料、做記號的用具

剪刀

小型的手藝用剪刀最便利。

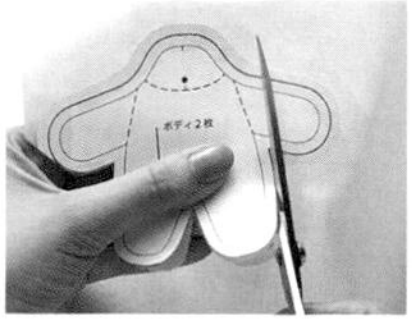

透明膠帶

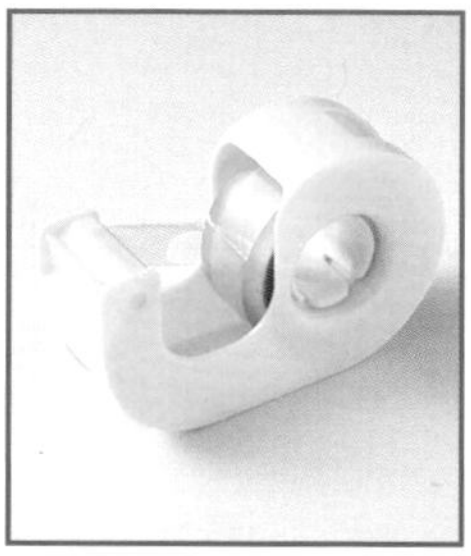

用來貼剪好的圖案，眼睛的圖案等若是連著膠帶一起剪，會剪得更漂亮。

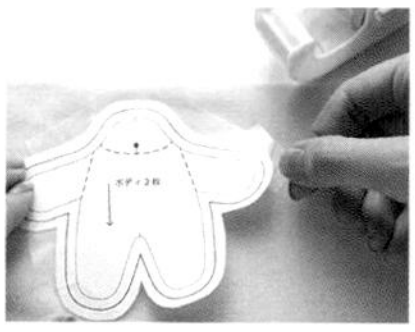

熱消筆

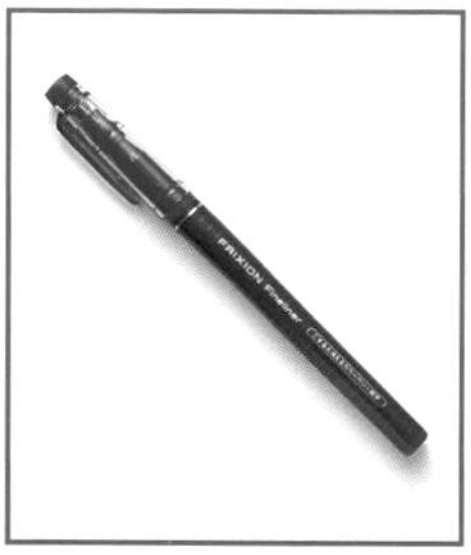

遇熱（熨燙）就會消失的簽字筆型產品最便利！

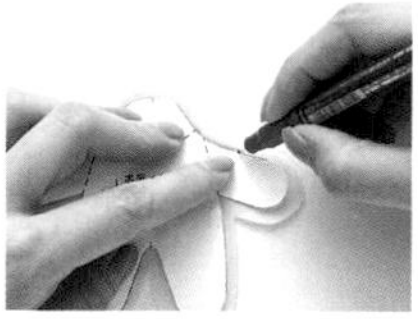

白色粉土筆

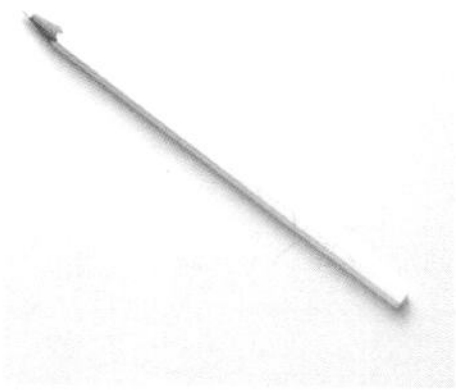

布料為深色時要使用白色。

縫紉用具

也可以用
縫紉機來縫喔。

手縫針

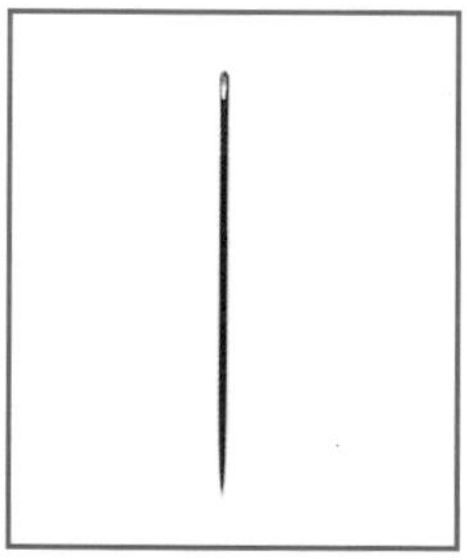

7號左右的西洋針縫起來很順手，用自己慣用的針也行。

珠針

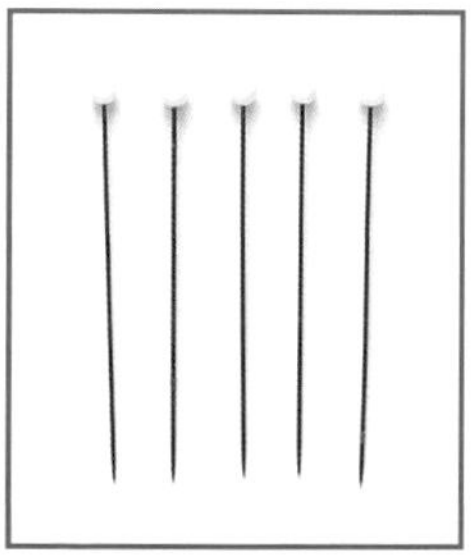

因為娃娃很小，所以要選細一點的珠針才容易使用。

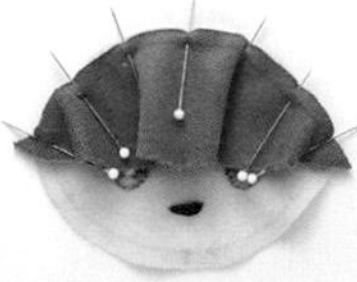

刺繡針

7號的法國刺繡針應該很好用才對。

刺繡框

有的話更方便，但沒有的話也能製作。

黏貼用具

防綻液

用了之後不做布邊處理也OK的方便用具。

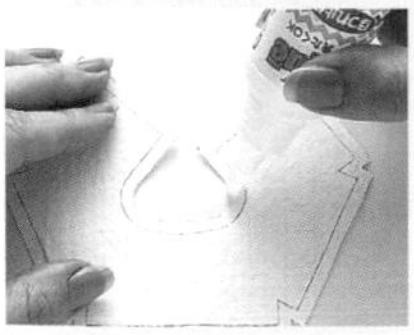

木工用白膠

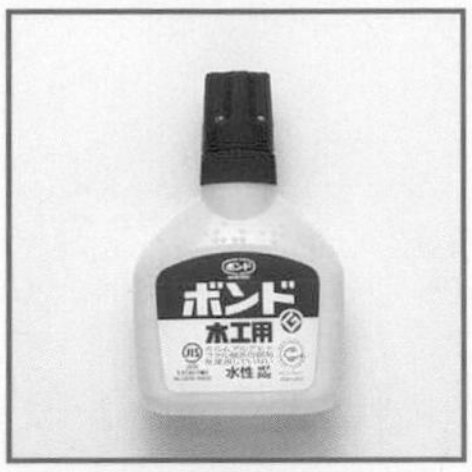

黏貼前髮時使用。

竹籤

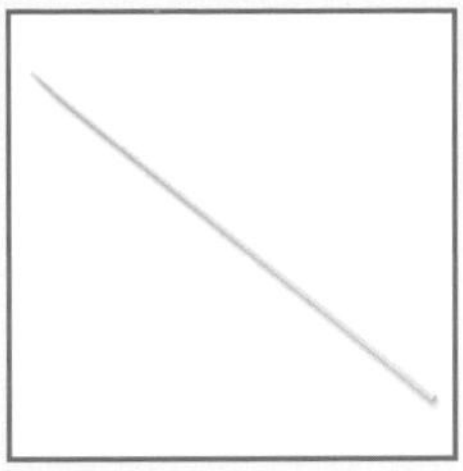

沾取白膠、黏貼細小部件時使用。

塑膠用接著劑

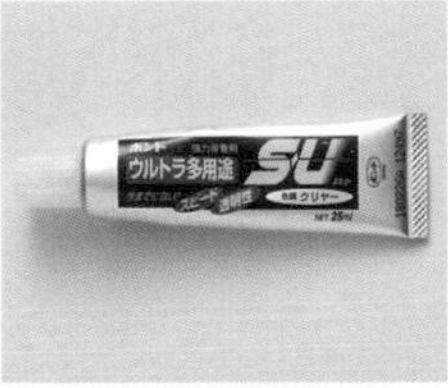

黏貼布料以外的東西（如亮片等）時使用。

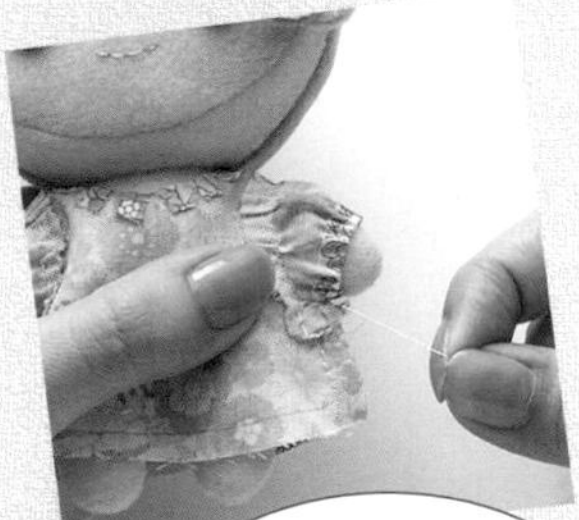

其他的必需用具

錐子

翻面或做微調時使用。

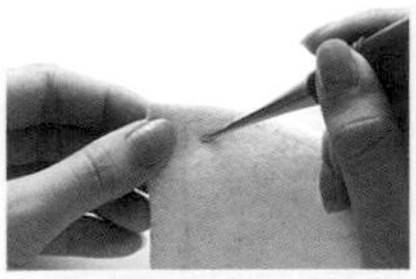

免洗筷

要把棉花塞到手腳的末端時，利用免洗筷會很方便。

熨斗

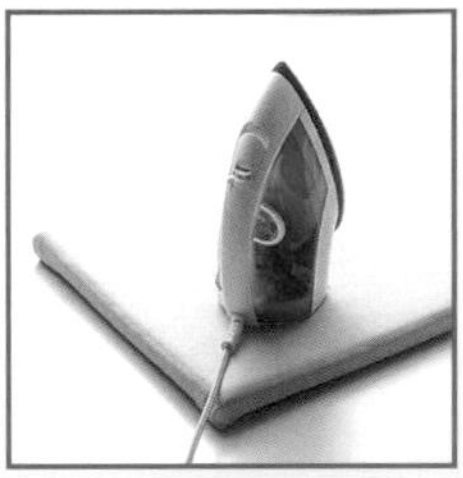

用來熨燙製作前的布料以及完成後的成品。

用於服飾的用具

尺

需要確認尺寸時，有的話會更方便。

鬆緊帶夾

因為得穿過狹小部位，所以要使用能彎曲的製品。

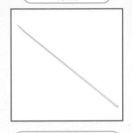

來製作娃娃本體吧！

這是把頭和身體分別做好，再將身體插進頭裡接合的類型，所以非常簡單。

[基本的娃娃（小）]

- 娃娃（小）和（大）的作法是相同的（這裡製作的是小）。
- 身體的材料，不管是奈銳克思或軟毛絨都是相同的作法。

材料

布

奈銳克思（皮膚布）
20cmX20cm

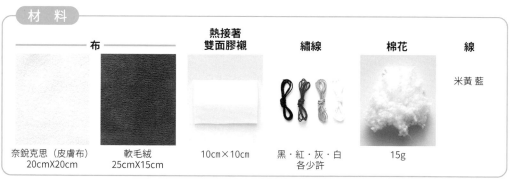

軟毛絨
25cmX15cm

熱接著雙面膠襯

10cm×10cm

繡線

黑・紅・灰・白
各少許

棉花

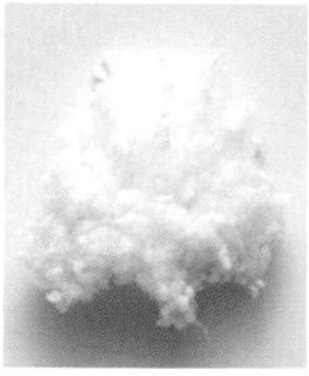

15g

線

米黃 藍

型紙

身體 P82
臉的部件 P25
前髮 P83

1 製作前髮用布（做出由2片軟毛絨貼合而成的布）

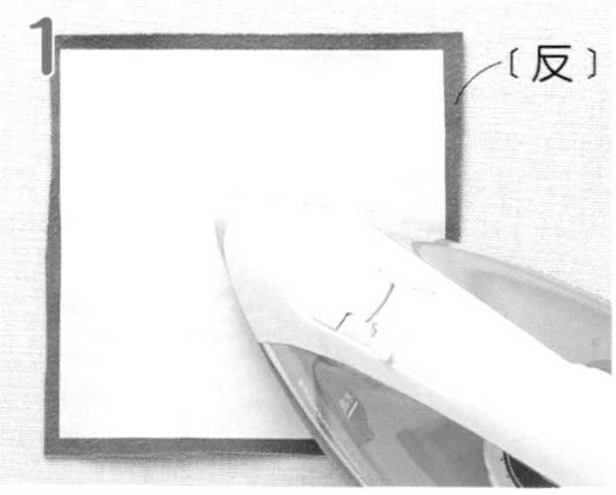

在布的反面放上熱接著雙面膠襯，用熨斗熨燙。

撕下離型紙。

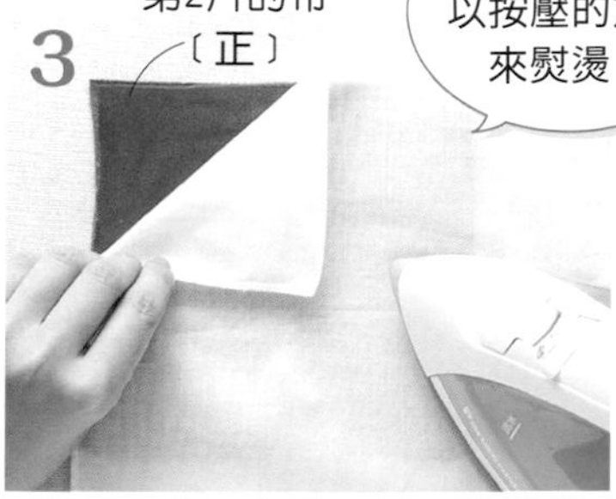

不要滑動、以按壓的方來熨燙。

把另一片的布正面朝上擺好，鋪上墊布之後用熨斗熨燙。

2 描繪紙型進行裁剪

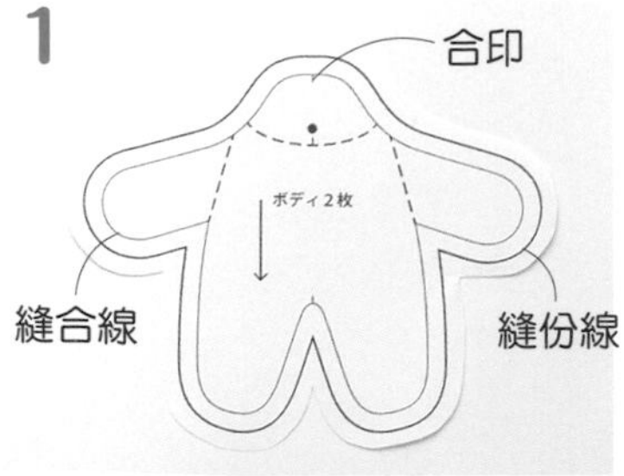

把影印或描繪好的紙型，加上縫份裁剪下來。

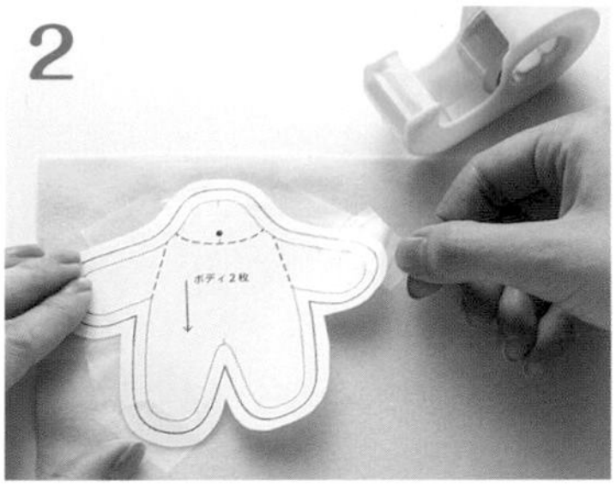

把紙型用透明膠帶貼在布上。

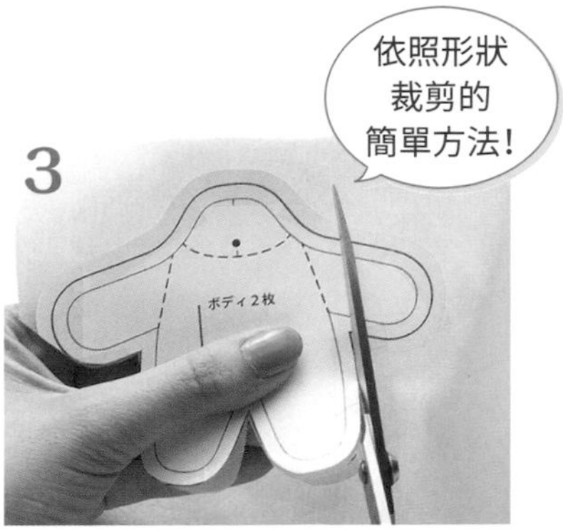

連同透明膠帶，沿著外側的線條剪下。

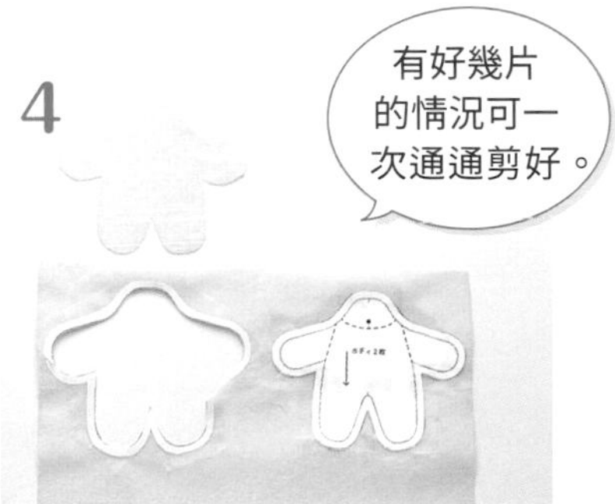

剪好之後的樣子。把在3用過的紙型再次貼在布上，以同樣方式繼續裁剪。

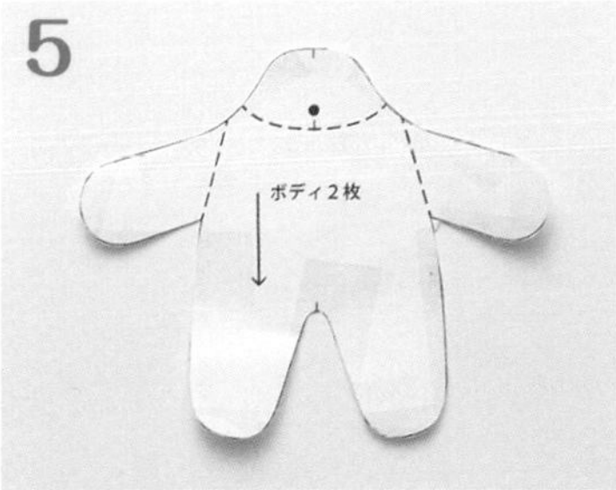

把紙型的縫份剪掉。

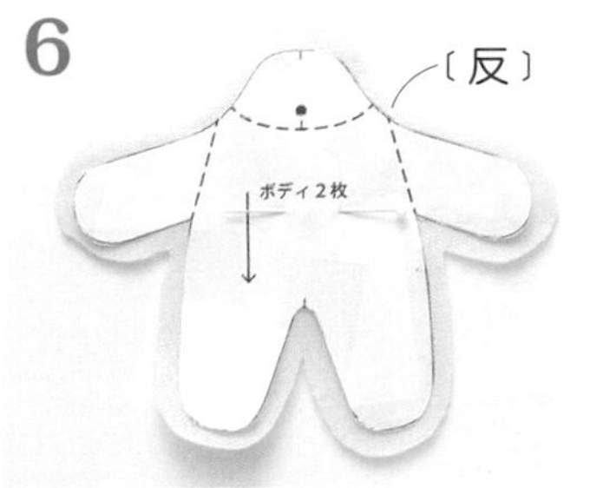

放在在4剪好的布的反面。

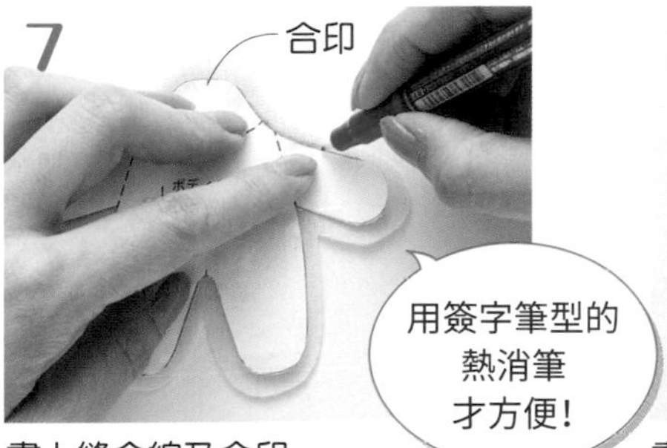

畫上縫合線及合印。

※合印是把2片的布縫合時，用來對齊以防止錯位的記號。

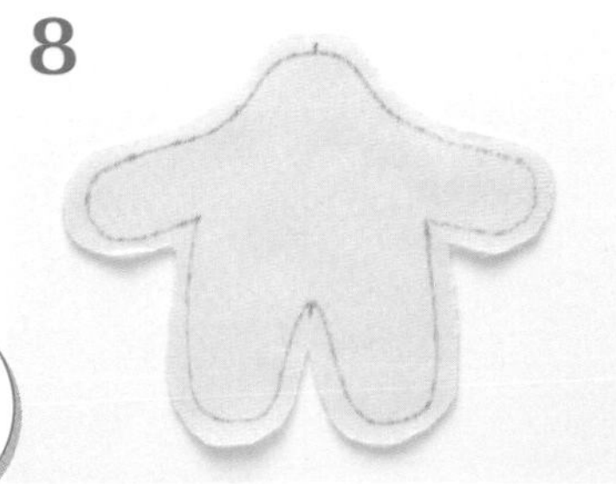

畫完之後的樣子。

身體及耳朵等
簡單部件，2片當中
有一片不畫
也沒關係。

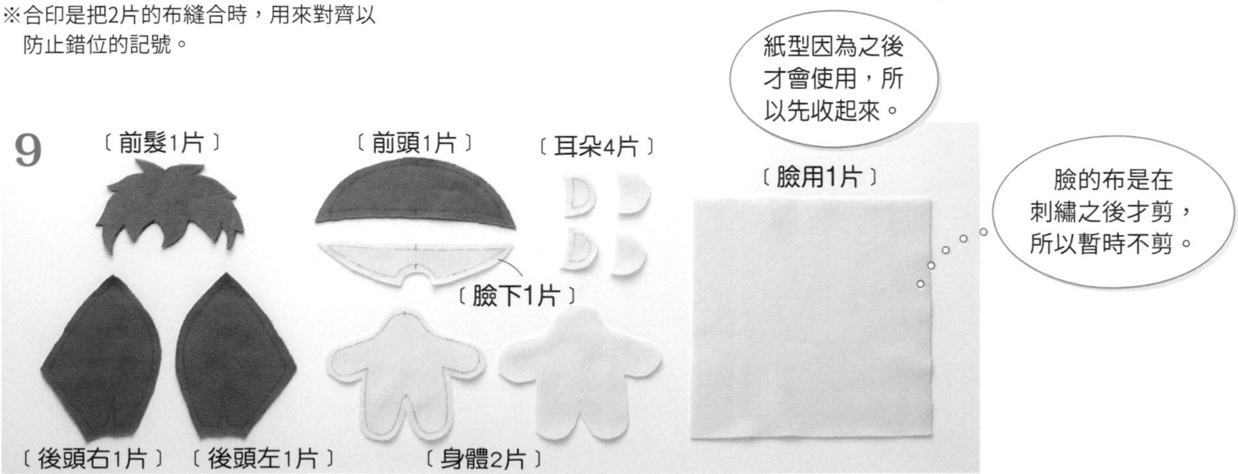

用同樣的方式的把所有的部件做好。別忘了畫上合印！

3 添加臉的部件（刺繡）◆ 用不織布製作部件的人見44頁

1

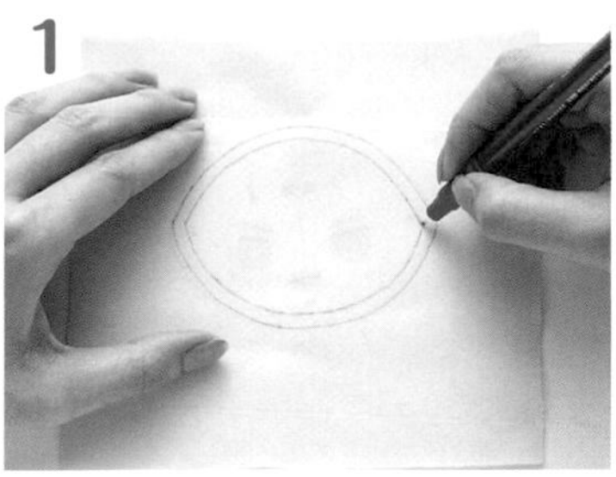

把布疊在紙型上將圖案描繪下來。
（用熱消筆）（亦可參考P35的提示）

2

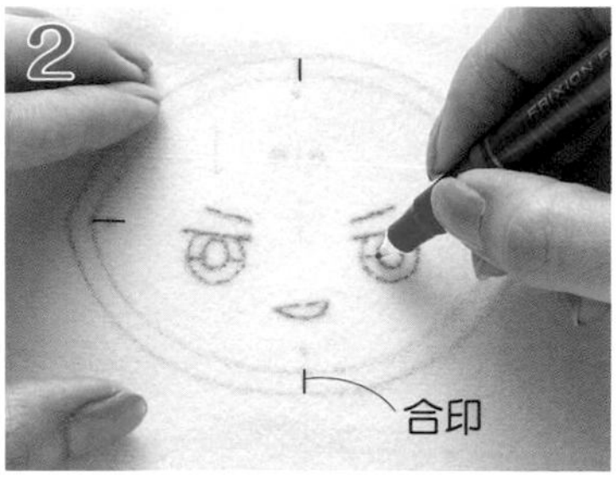

描繪完畢的樣子。別忘了畫上合印！

刺繡針法及順序

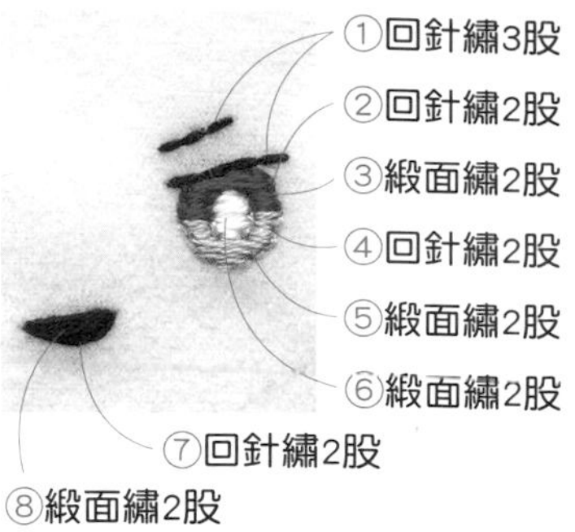

3

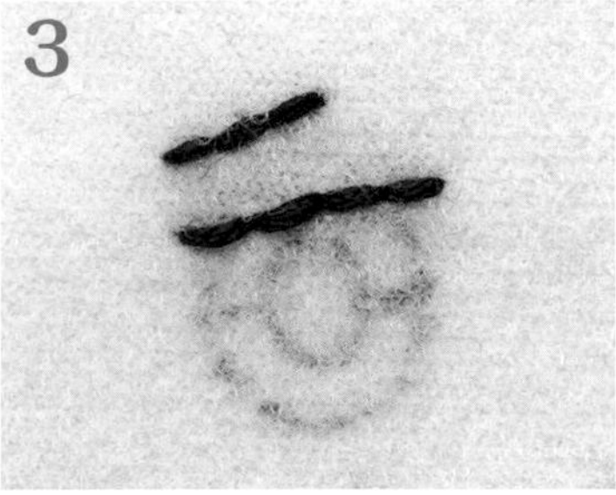

眉毛及眼睛上方的線條用回針繡（P35）來刺繡。

3股線

4

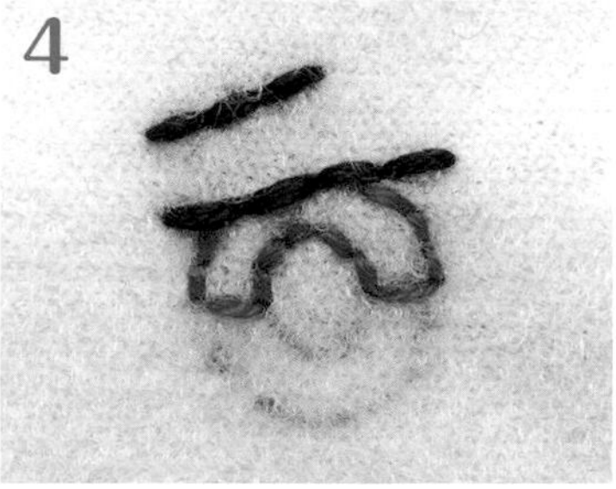

眼睛的上半部周圍用回針繡來刺繡。

2股線

5

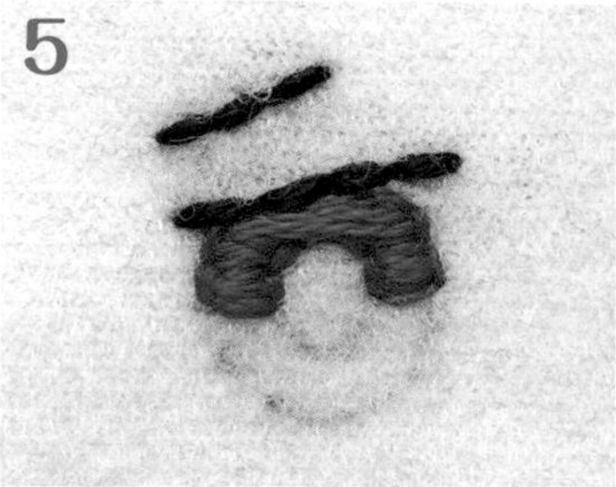

4的中間部分用緞面繡（P35）來刺繡。

2股線

6

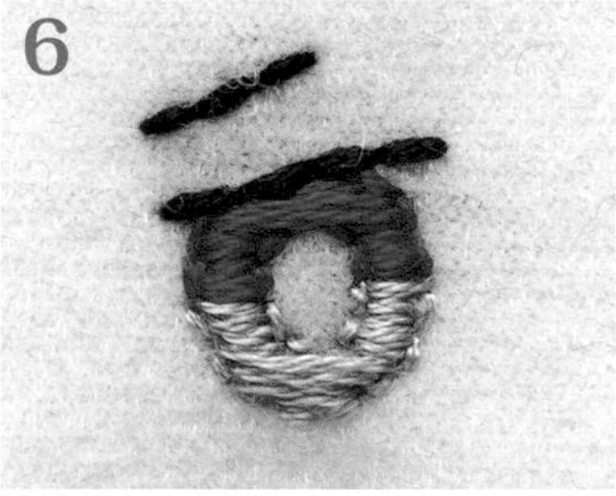

眼睛下半部的灰色部分依照4和5的方式刺繡。

7

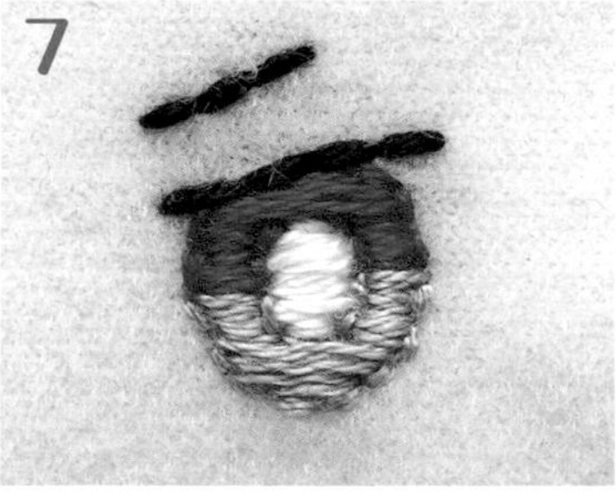

眼睛中央的白色用緞面繡來刺繡。

2股線

8

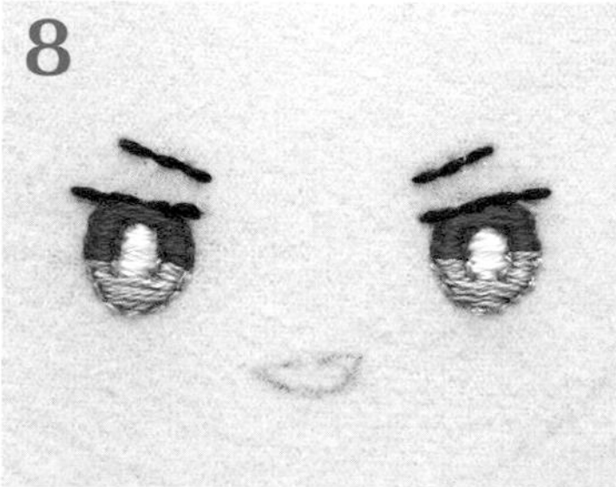

另一邊眼睛也依照3～7的方式刺繡。

9

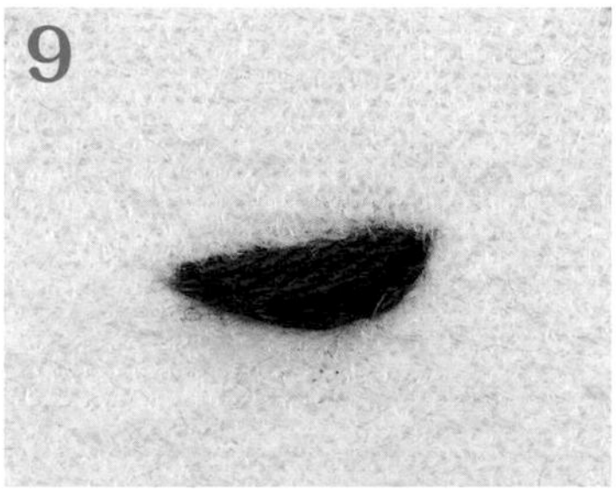

嘴巴依照4、5的方式刺繡。

10

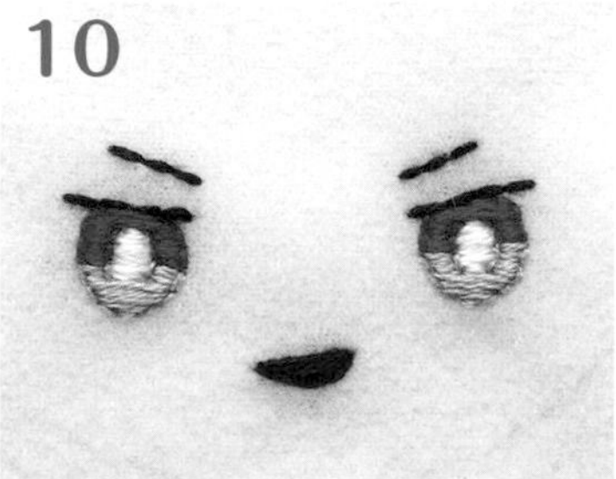

刺繡完畢的樣子。

11

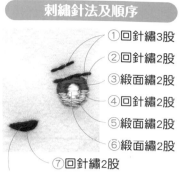

沿著臉的形狀裁剪。

基本的刺繡針法

關於繡線

一條繡線有6股線

剪下約60cm長的繡線
繡線的一條是由6股線所組成。
把需要的股數一根一根抽出之後，
再合起來使用。

使用刺繡框的話，
繡出來的圖案
才不會起皺。

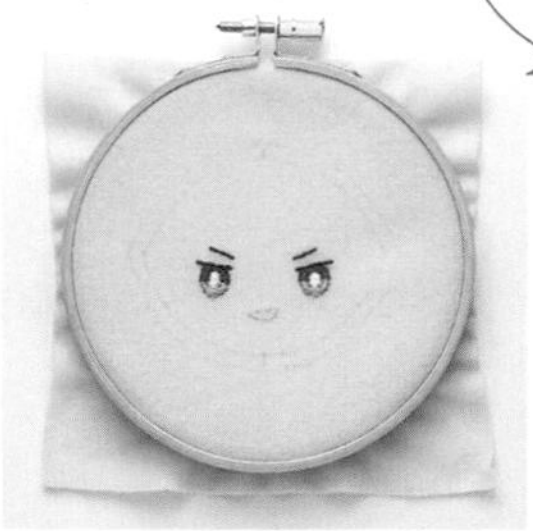

回針繡

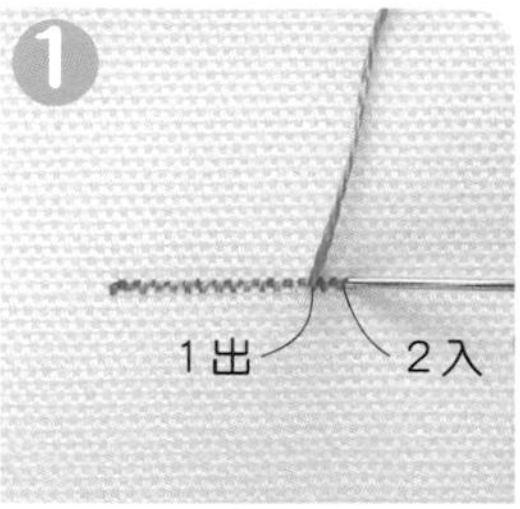

從1針分的前端出針，在倒退的1針分位置入針。

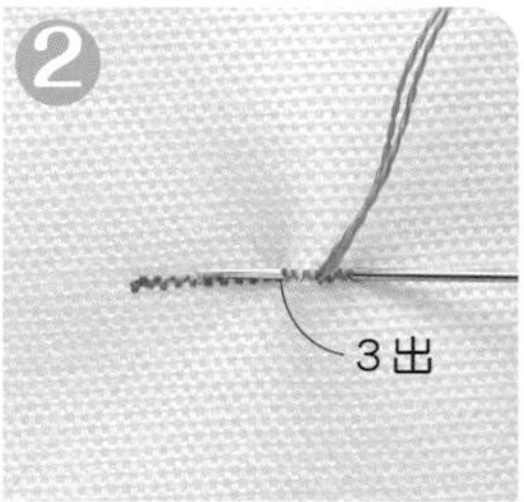

在2針分的前端出針。

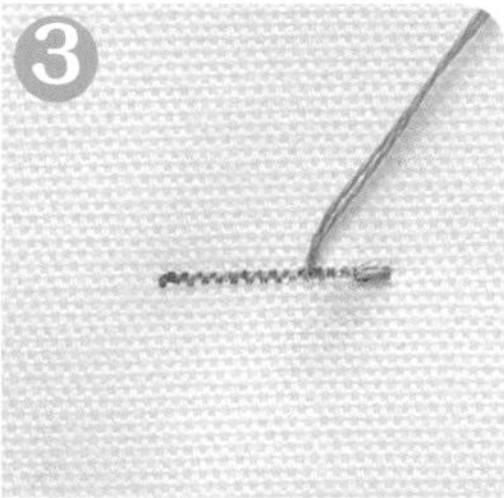

把線拉緊。

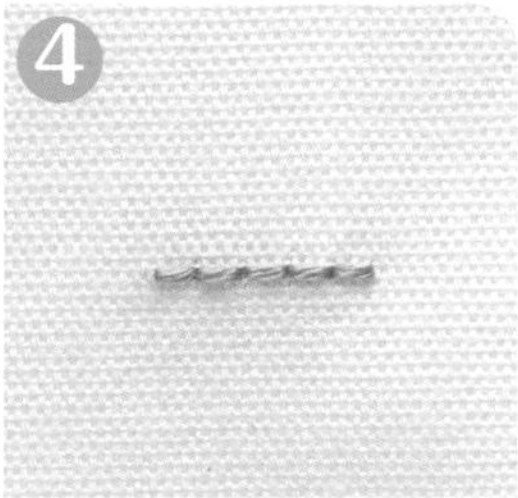

重複❶～❸的步驟。

緞面繡

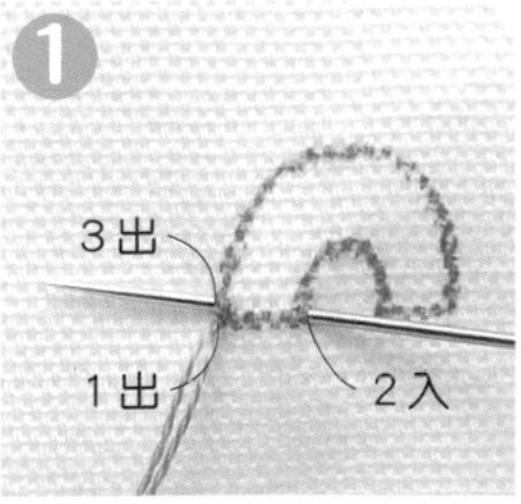

在圖案的邊端把線拉出，從對側入針，在上方出針。

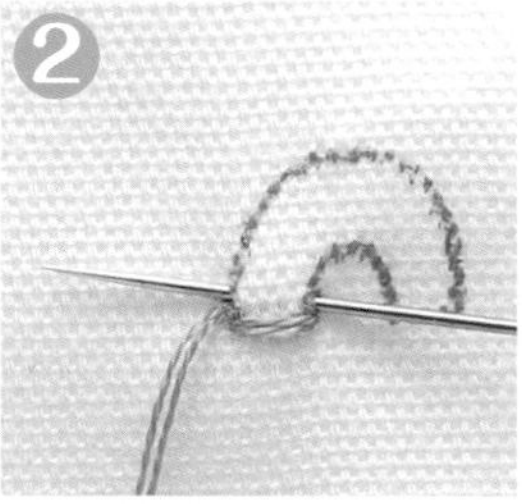

把線拉緊以免糾結，重複同樣的動作。

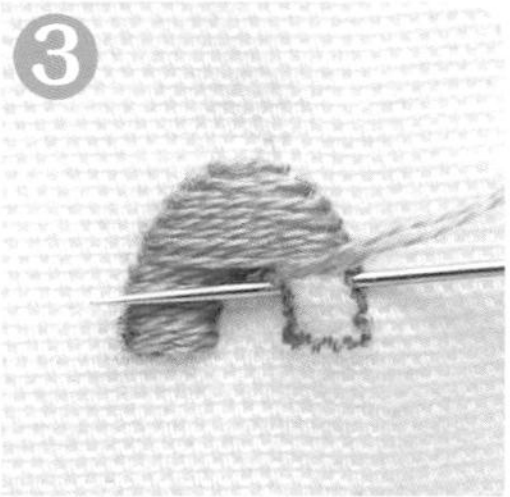

繡到邊端之後，再從對側的邊端開始重複同樣的動作。

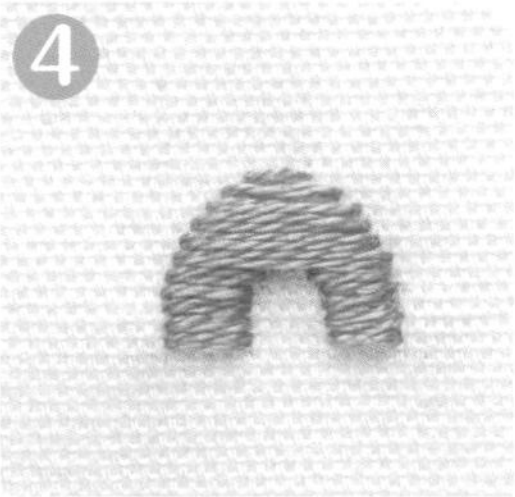

繡到邊端為止。

重點小提示

軟毛絨的圖案描繪方式

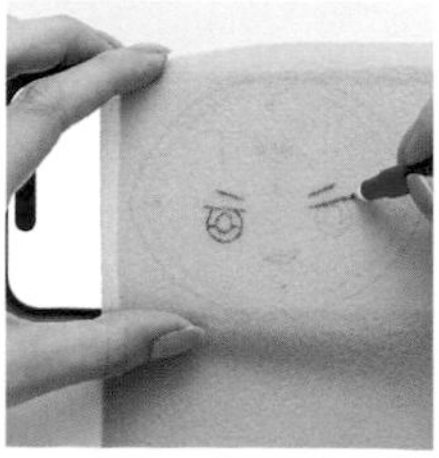

也可以用手機來做

把手機螢幕的亮度調到最亮，畫面設置成白色。接著把圖案、軟毛絨布依序疊放上去，圖案就穿透出來了。也可以利用描圖APP喔。

※請小心操作以免手機螢幕受損。

4 製作頭

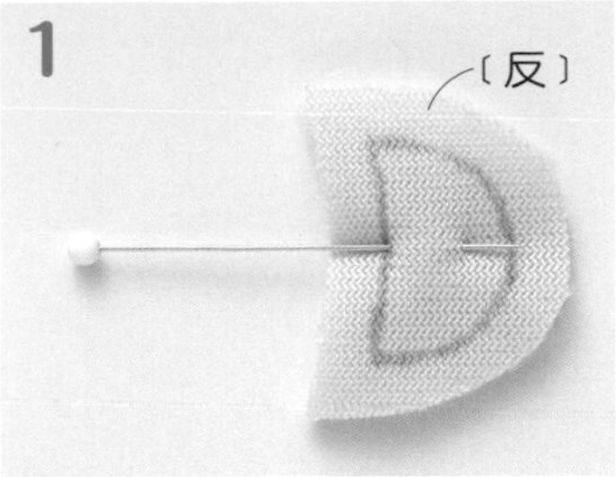

把2片耳朵正正相對疊好。

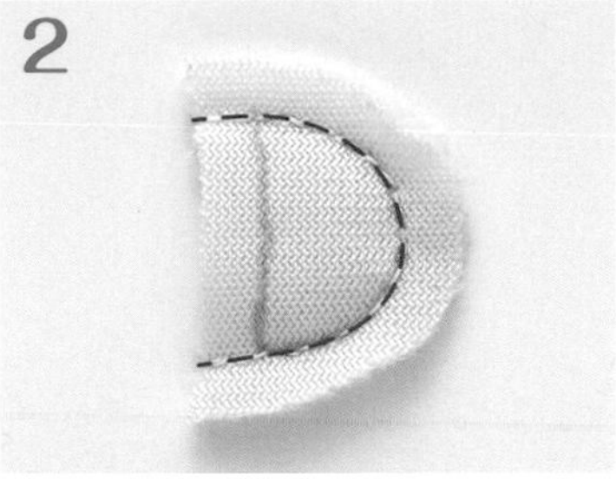

從邊端到邊端縫合起來。

半回針縫1股線

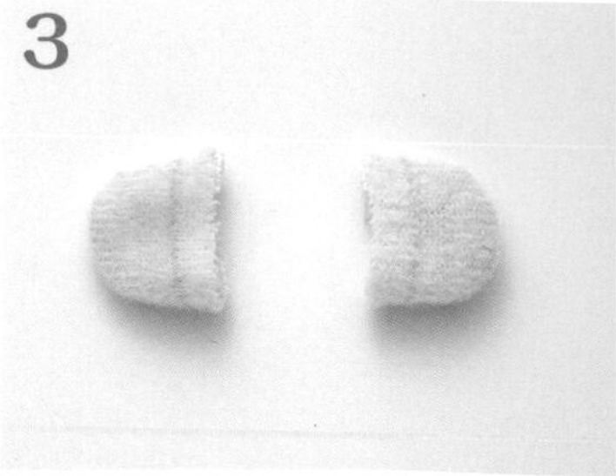

翻回正面。製作左右2個。

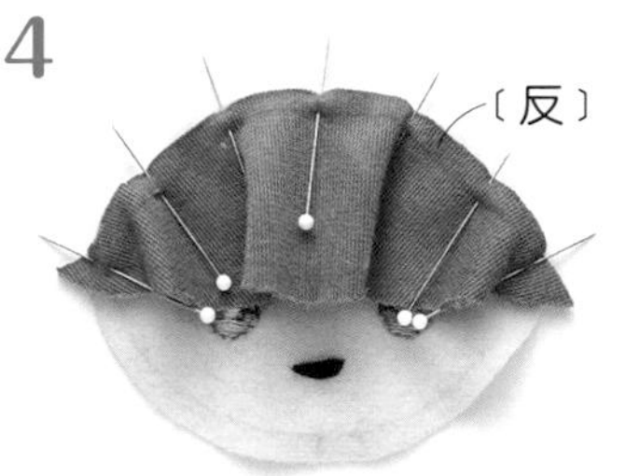

把頭和前頭正正相對，對齊合印之後用珠針固定。

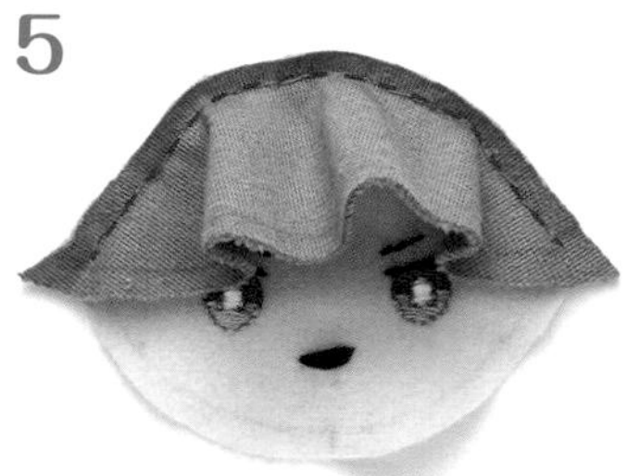

把頭和前頭縫合起來。

半回針縫1股線

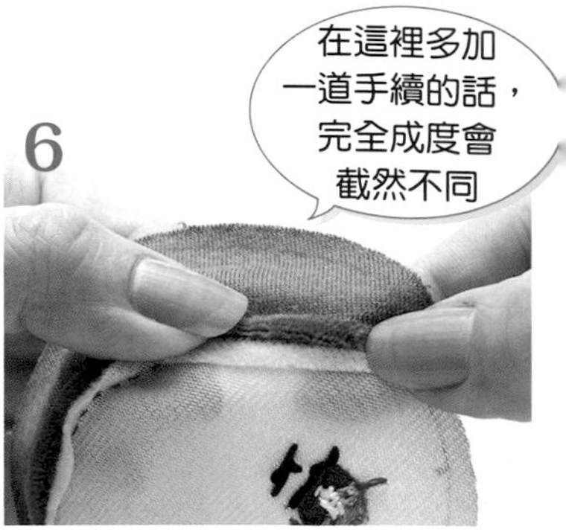

把縫份攤開。

利用指尖或指甲

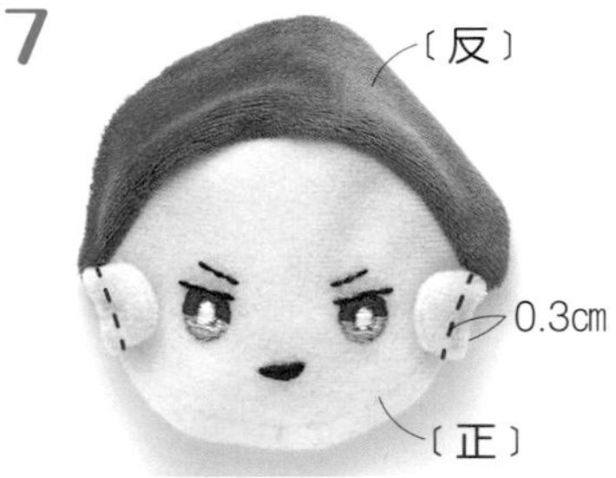

把耳朵假縫在頭上。

平針縫1股線

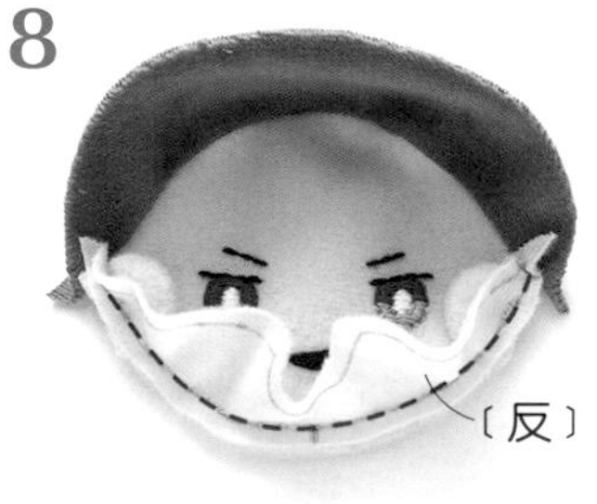

把頭和臉下依照4～6的步驟縫合起來。

完成頭的前面。

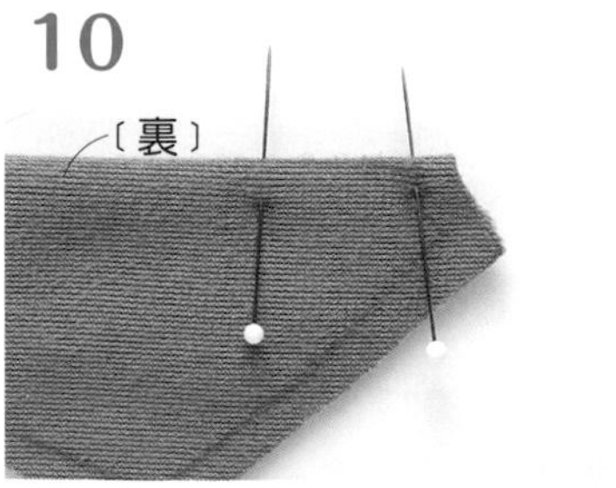

把後頭的尖褶縫起來。用珠針固定。

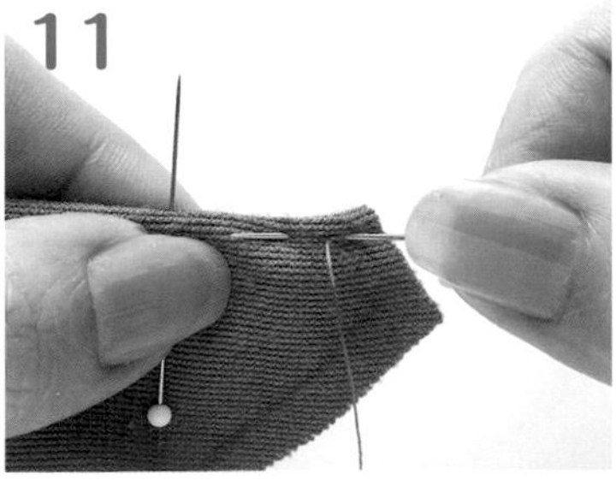

從邊端側開始縫。

半回針縫1股線

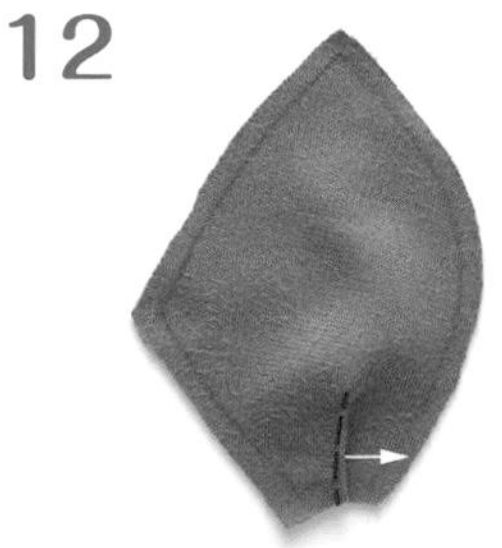

把尖褶倒向後中心側。

利用指尖或指甲

13

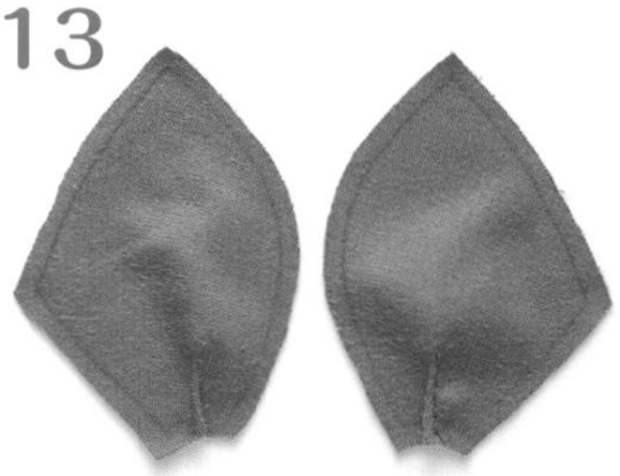

縫製左右2個。

14

把後頭正正相對2片重疊，將後中心縫合起來。

半回針縫1股線

15

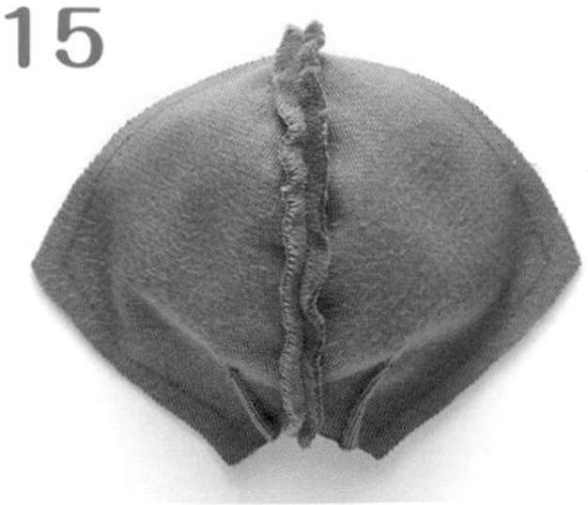

把縫份攤開。

（利用指尖或指甲）

16

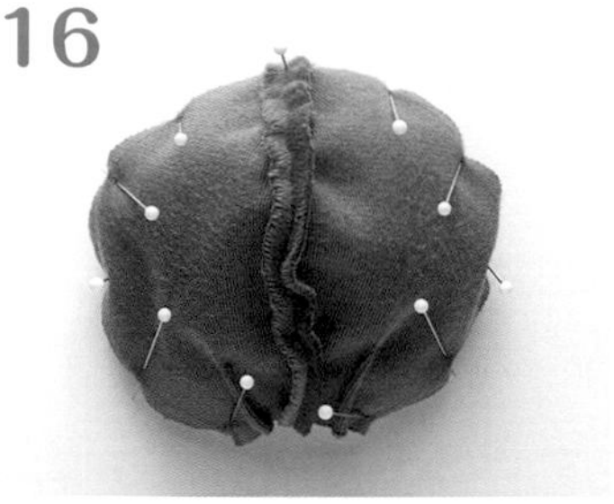

把頭的前面9和後面15正正相對疊好，用珠針固定。

17

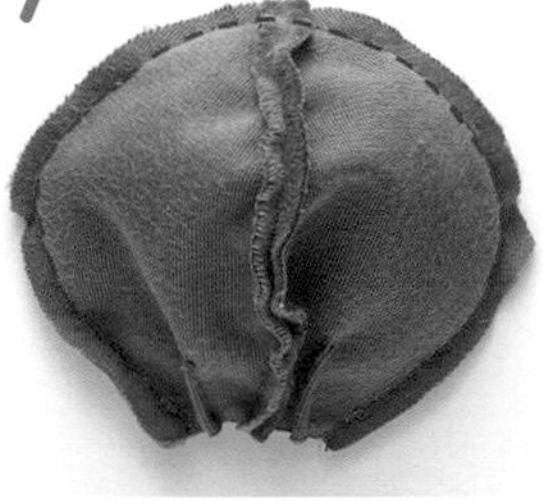

留下脖子部分，從邊端開始縫合，

半回針縫1股線

18

翻回正面，頭就完成了。

基本的縫紉針法

半回針縫

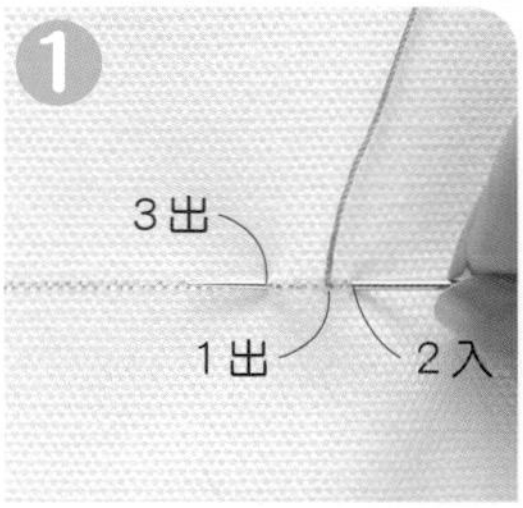

從1針的半針分的前端出針，在倒退半針分的位置入針，再從一針半的前端出針。

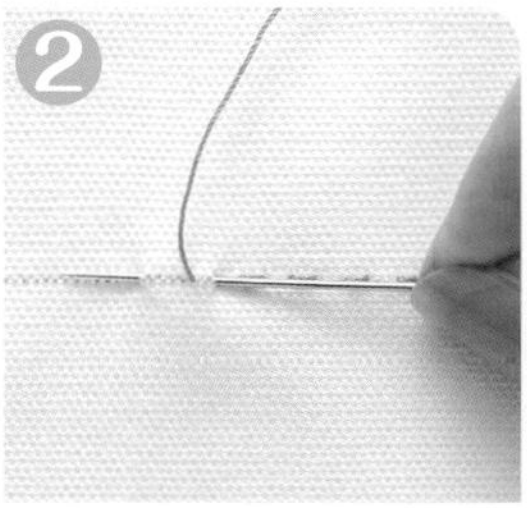

重複在倒退1針的半針分的位置入針、從1針半的前端出針的動作。

平針縫

把針穿出穿入，向前運針。

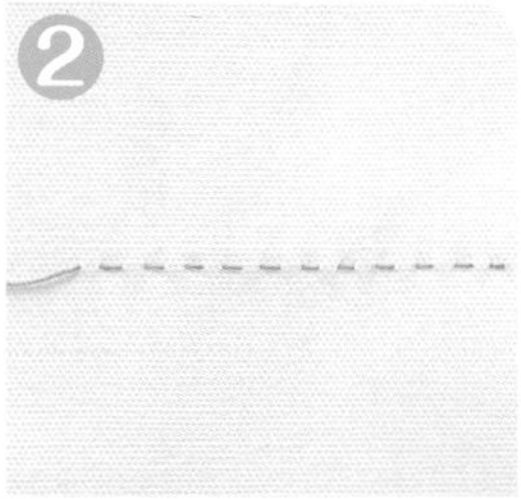

重複同樣的動作。

針

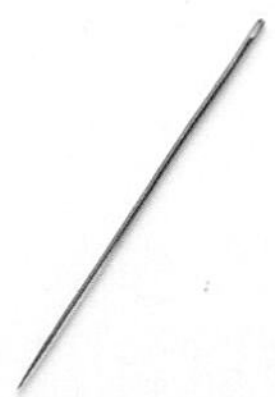

普通布用的西洋針（7號）就可以了。要用自己覺得好拿的針來縫也沒關係。

線

手縫線就可以了，若顏色適合的話，使用其他的線也無妨。

5 製作身體

1

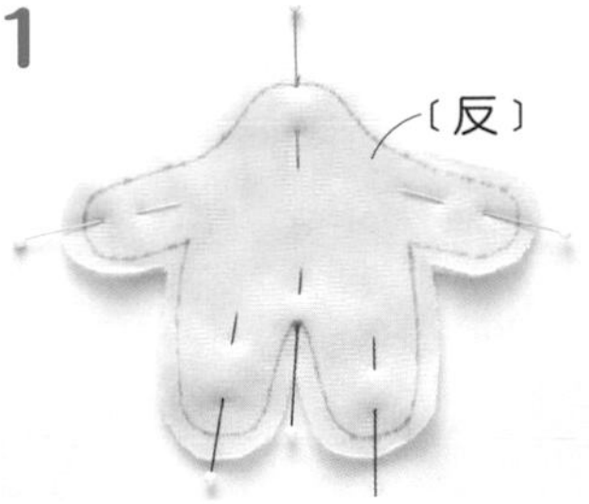

把2片身體正正相對疊好，用珠針固定。

2

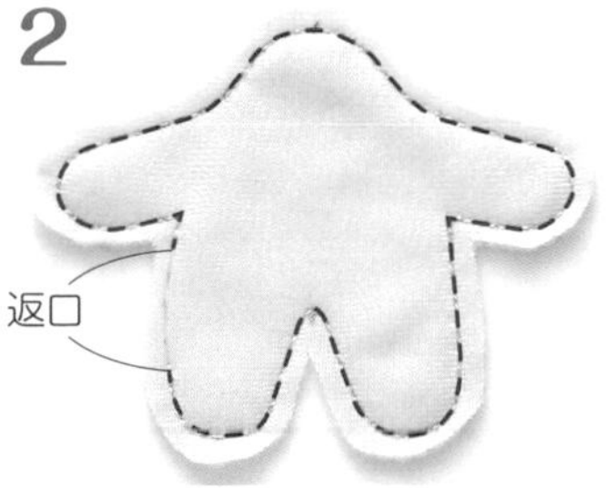

留下返口，把周圍縫合起來。

半回針縫1股線

3

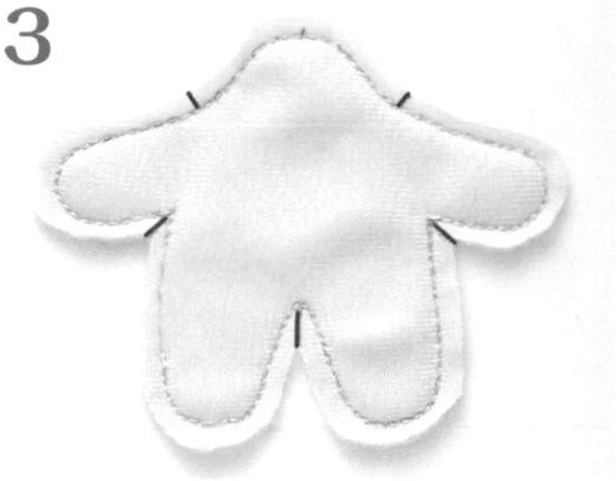

剪牙口。

4

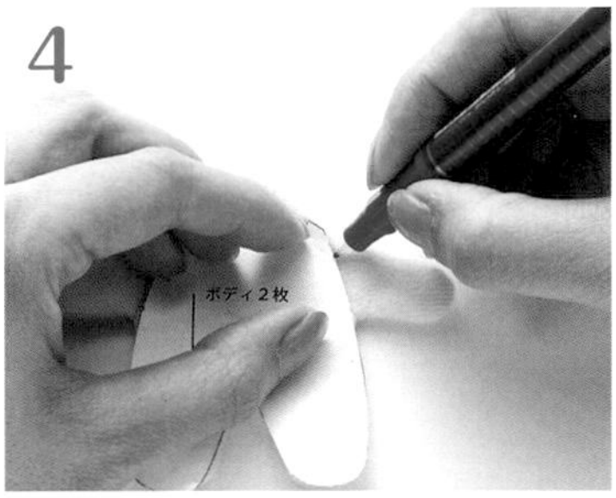

翻回正面，放上剪好的紙型，畫出脖子和胳邊的線。脖子的合印也別忘了。

用熱消筆

5

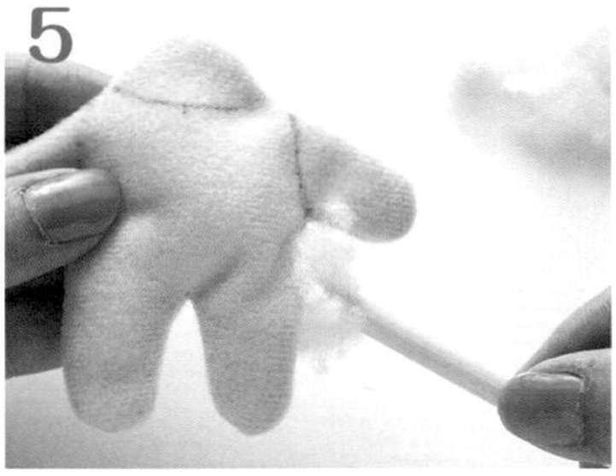

用免洗筷把棉花一點一點填塞進去。填到形狀變得紮實飽滿為止。（約6g）

6

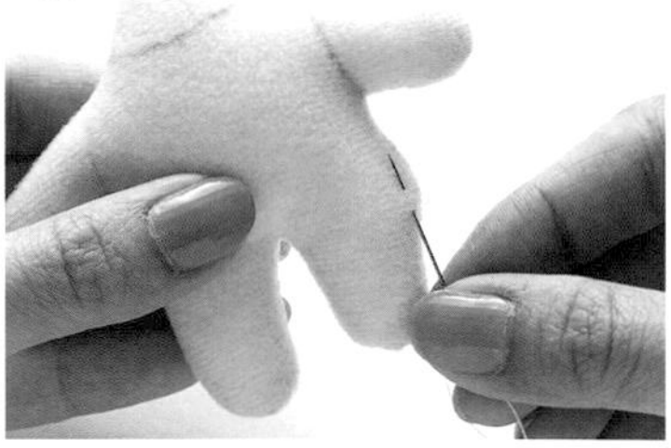

把返口縫合

ㄇ字形縫法1股線

7

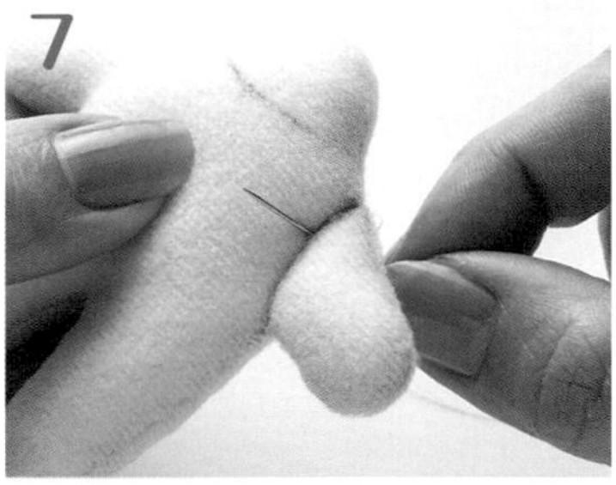

從邊端開始把胳邊縫起來(參照P80)。

雙虛線繡1股線

8

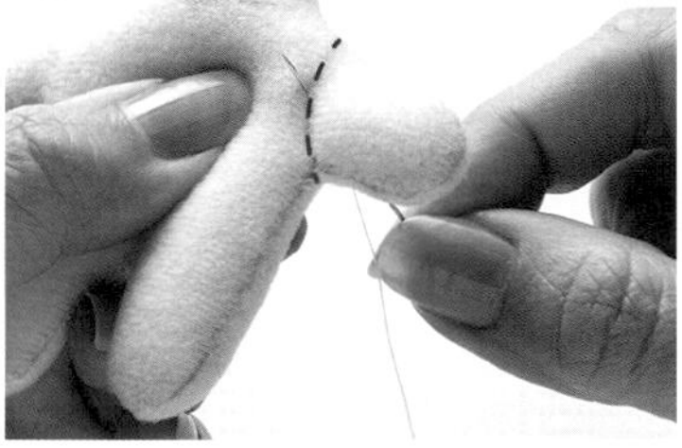

在同樣的位置反向再縫一次。

9

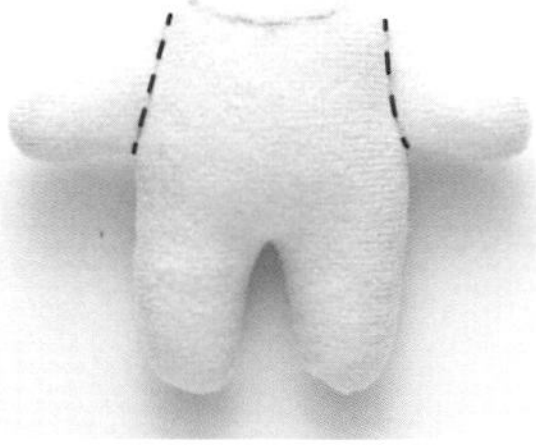

兩側都縫起來。

基本的縫紉針法

ㄇ字形縫法

❶

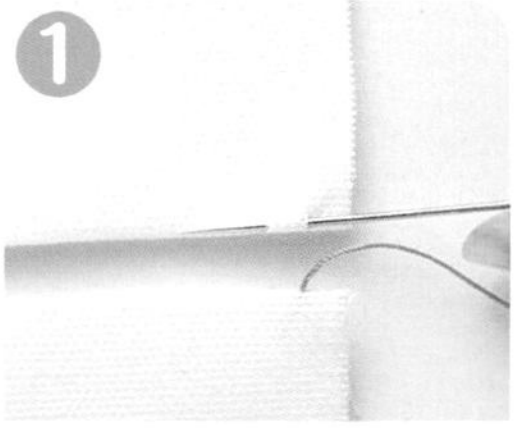

把針從一片的布穿出，在對面的布上縫一針。

❷

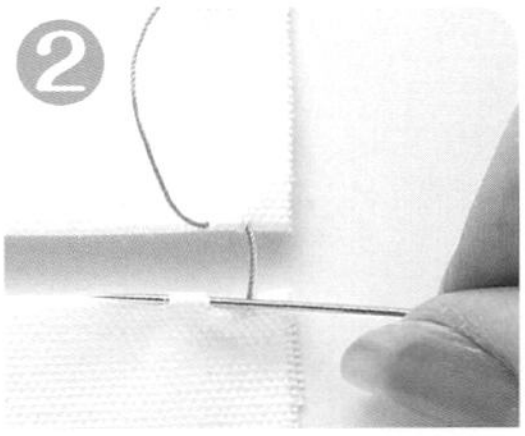

在原來的布上縫1針。

❸

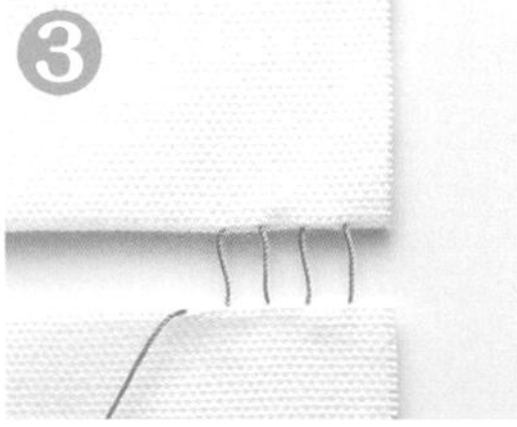

依照❶～❷的步驟，縫3～4針。

❹

把線拉緊。

6 把頭和身體接合

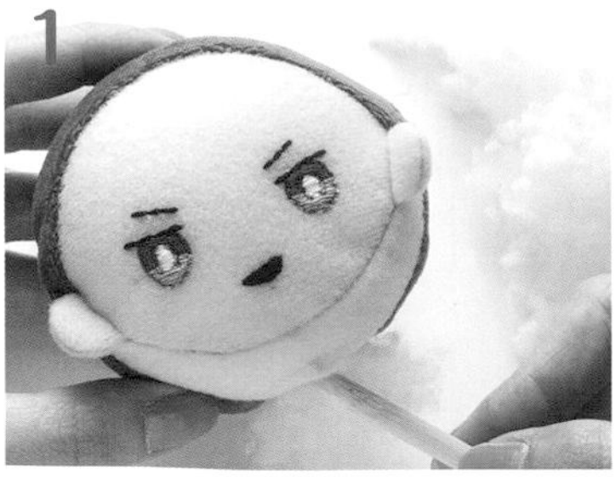

在頭中塞入棉花。盡量填得紮實飽滿，下巴也要確實塞入。（約9g）（作法和身體一樣）

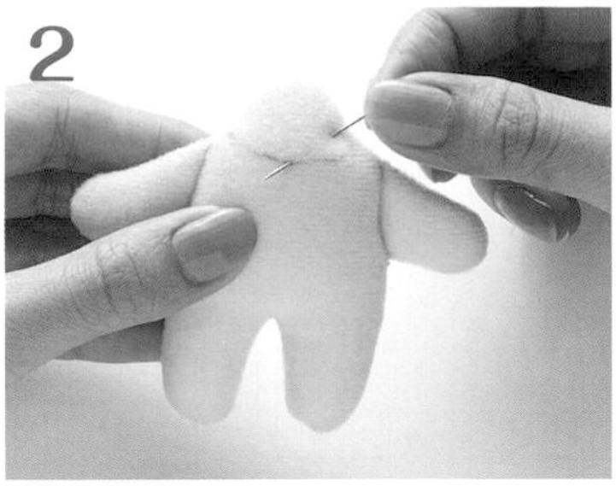

把針插進脖子裡，從脖子線的中心的合印處出針。

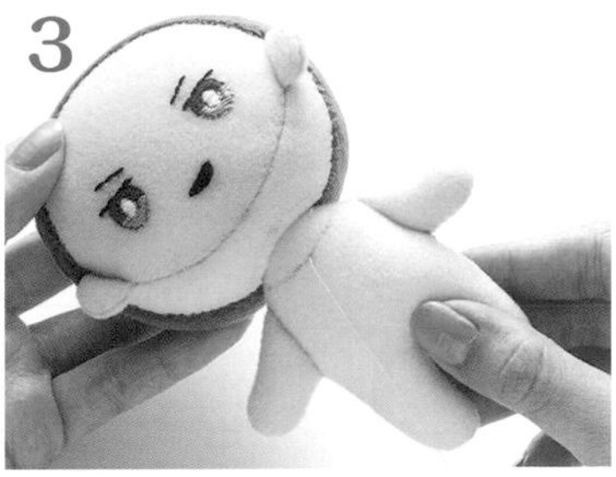

把脖子插進頭裡。

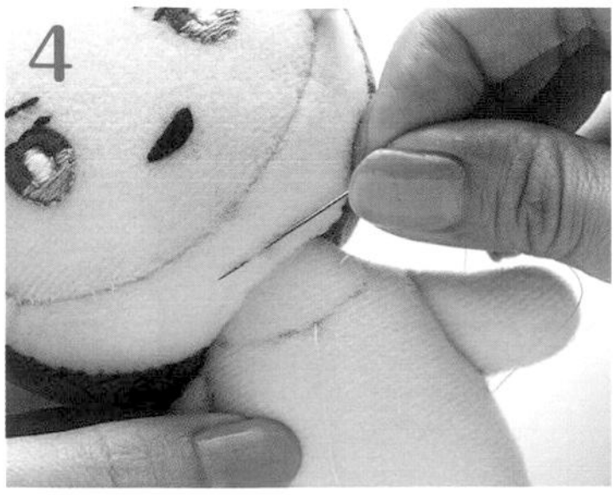

在頭的中心縫1針。（參照P38）
（ㄇ字形縫法1股線）

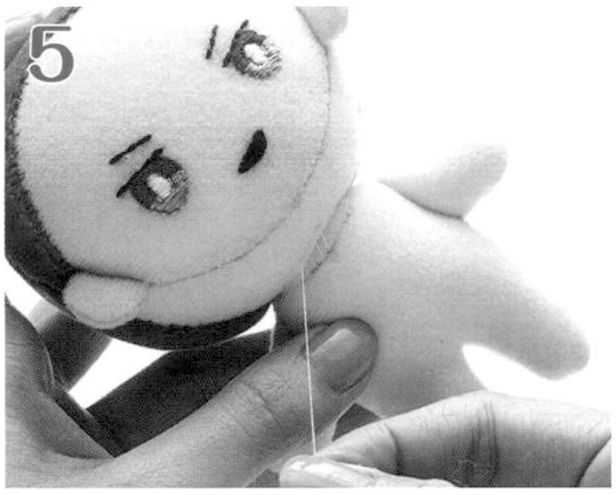

在頭和身體上交替著縫，把線拉緊。

用熨斗燙過，讓縫合線及合印消失。

7 安裝前髮

前髮的布邊虛掉時要塗上白膠或防綻液。

把前髮疊在耳上的位置用珠針固定。

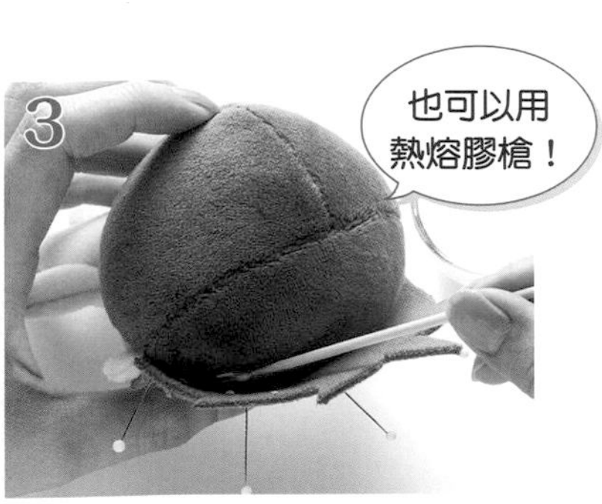

用竹籤在頭上塗抹白膠。

邊緣也抹上白膠，貼住。

來製作衣服吧！

下面介紹的都是做起來很簡單的衣服。請用喜愛的顏色及材料來製作。

[基本的娃娃（小）的衣服]

■ 娃娃（小）和（大）的衣服作法是一樣的。

材料

布

素色棉布 15cm×10cm	印花布 少許	牛仔布 20cm×5cm	彈性皮革 5cm×5cm

布襯	繡線	魔鬼氈	線
			白 藏青 咖啡
少許	咖啡少許	2.5cm	

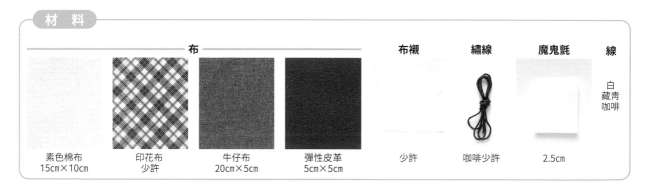

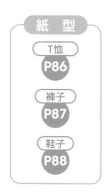

紙型

T恤 P86

褲子 P87

鞋子 P88

來貼布襯吧！

1

將布襯的含膠面對著布料（反面）擺好，用中溫的熨斗，從上方施力按壓。

2

依照要縫在T恤上的布貼形狀裁剪下來。

不必收邊就可使用，非常方便！

來製作T恤吧！

材料　布：15cm×10cm
布貼布：少許

刊載 P04　紙型 P86

1 描繪紙型進行裁剪

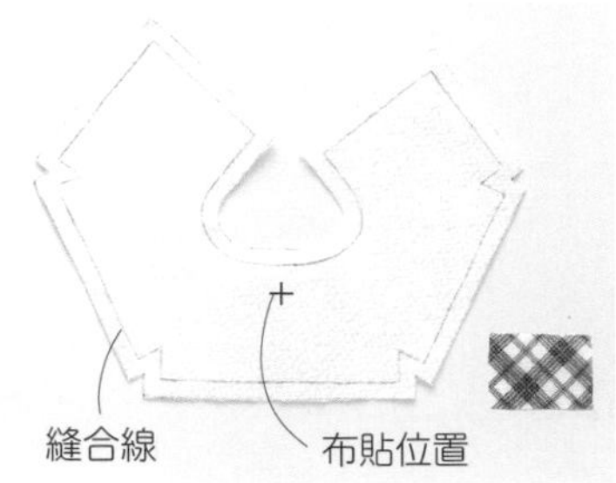

描繪紙型進行裁剪，畫上縫合線及布貼位置。（參照P33 2）

2 做布邊處理

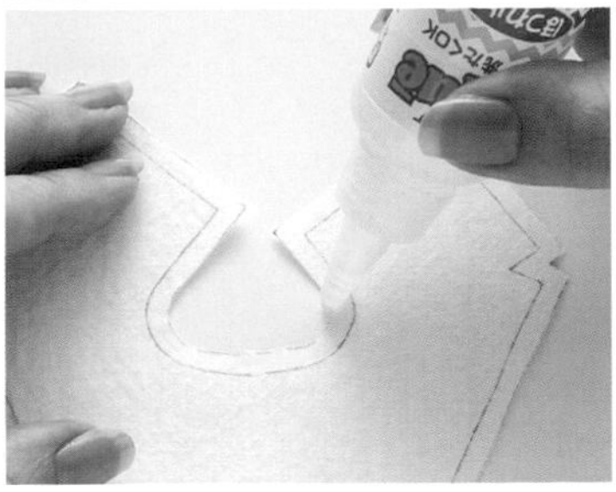

在布邊塗上防綻液。

3 縫上布貼

將布貼對齊位置（★）縫合固定。

平針縫2股線

4 依形狀縫合

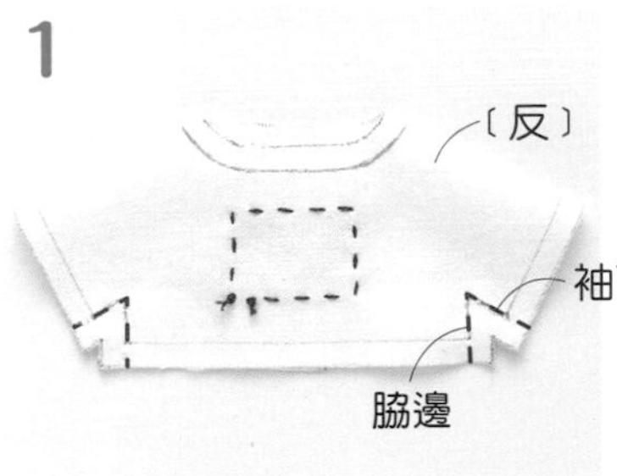

把身片從肩膀處折好，將袖下和脇邊縫起來。

平針縫1股線

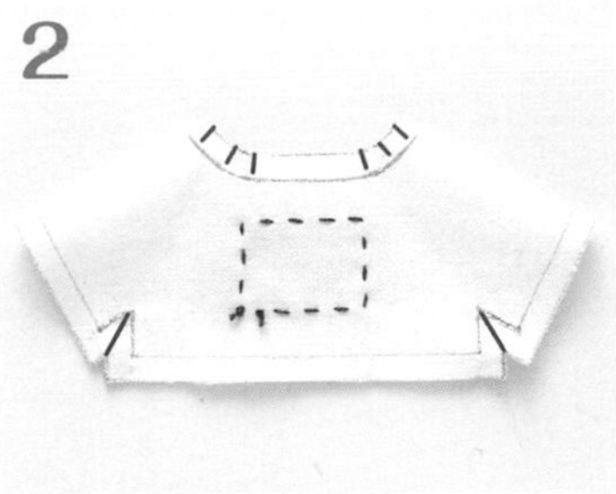

在領口和脇邊剪牙口。

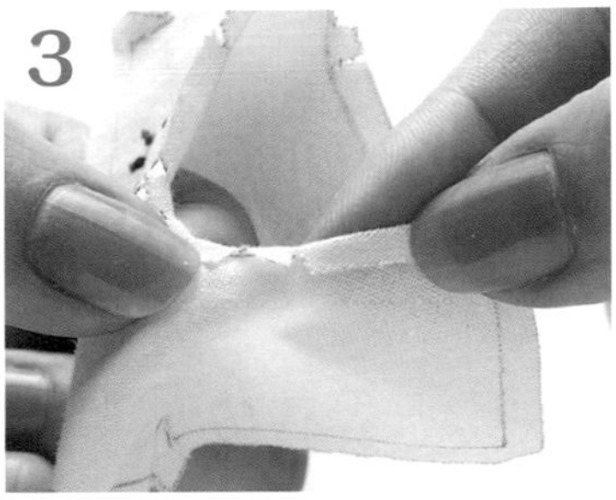

把領口依完成線折好。

利用指尖或指甲

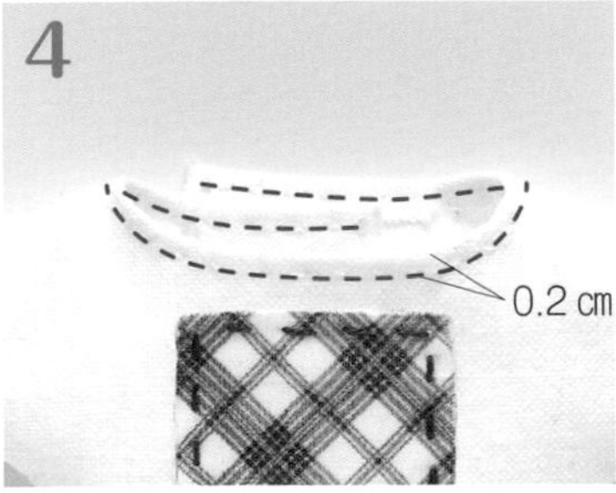

把領口縫起來。

平針縫1股線

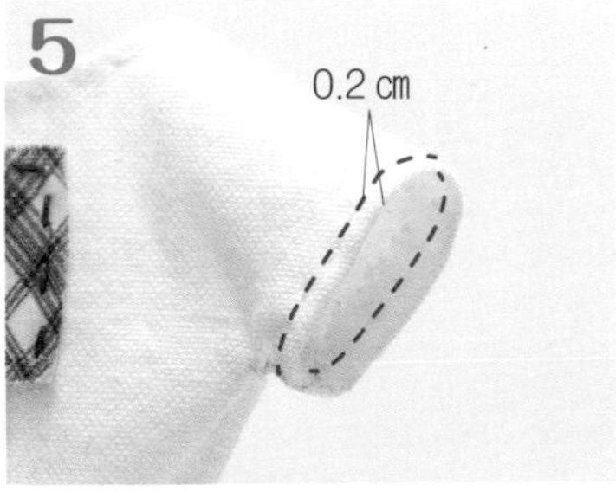

把袖口依完成線折疊縫好。

平針縫1股線

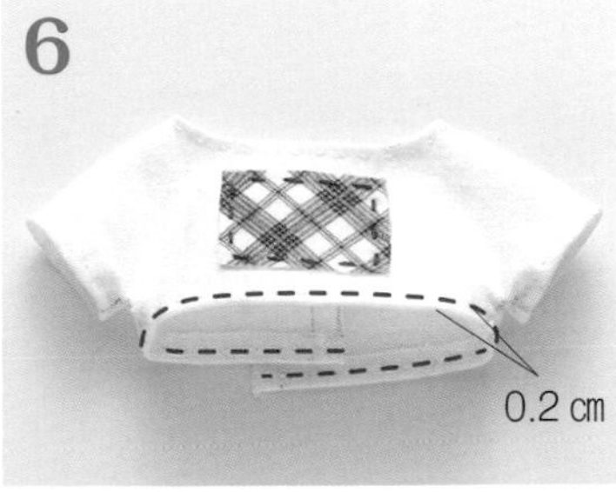

把下擺依完成線折疊縫好。

平針縫1股線

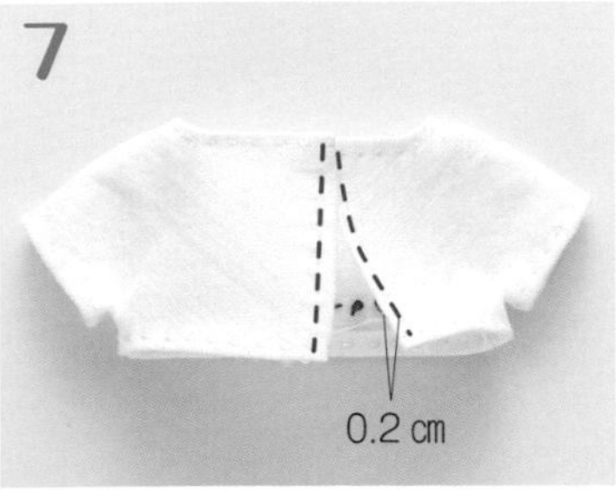

把後開口依完成線折疊縫好。

平針縫1股線

5 縫上魔鬼氈

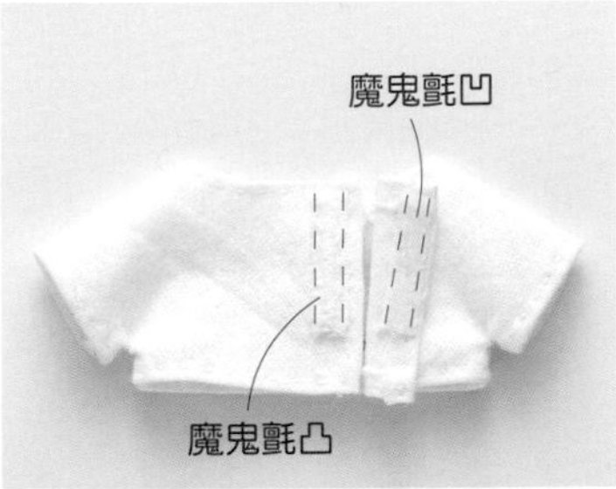

把魔鬼氈剪好，縫合固定。

（參照P81） 平針縫1股線

T恤完成了！

來製作褲子吧！

材料　布:20cm×5cm

刊載 P04　紙型 P87

1 描繪紙型進行裁剪

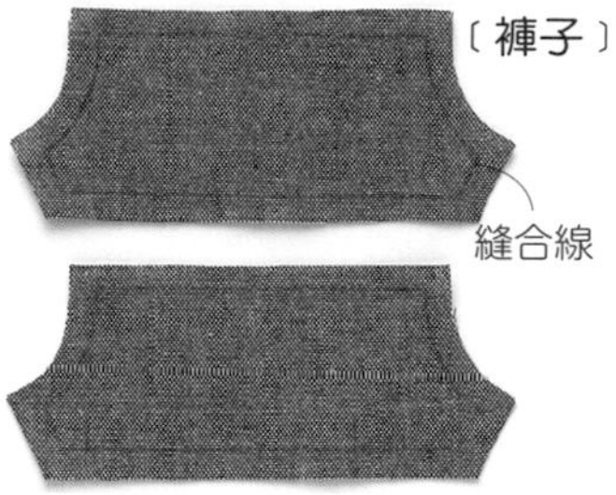

描繪紙型進行裁剪，畫上縫合線。（參照P33 2）做布邊處理。（參照P41 2）

2 依形狀縫合

1

把下擺依完成線折疊縫好。

平針縫1股線

2

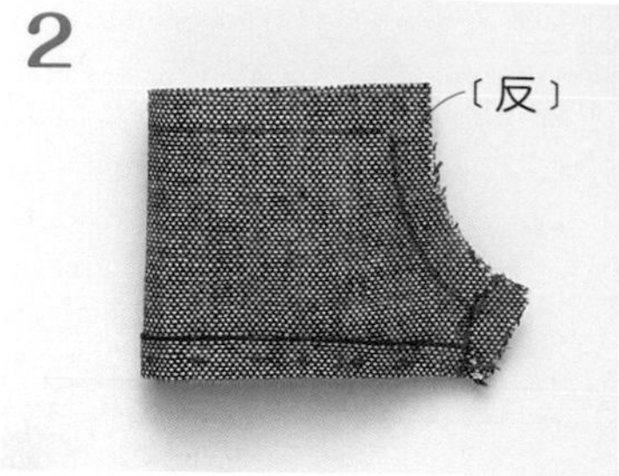

把股下縫起來。另一條也依照同樣方式縫好。

半回針縫1股線

3

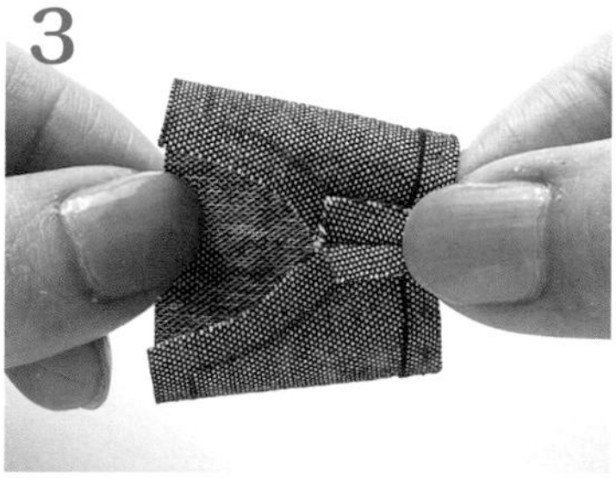

把縫份攤開。

利用指尖或指甲

4

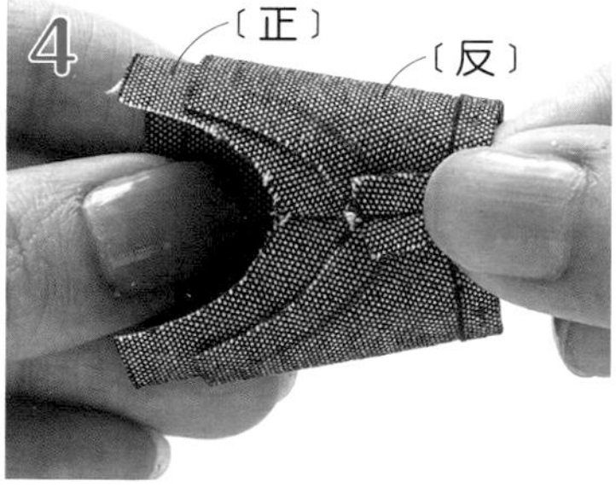

把反面朝外的一片，放入正面朝外的一片當中。

5

把股上縫起來。

半回針縫1股線

6

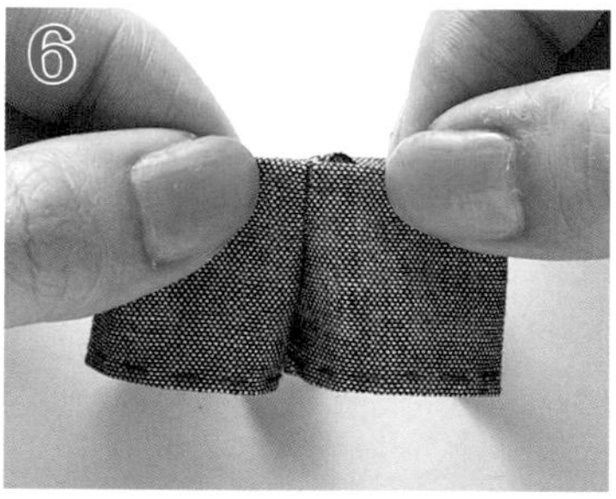

翻回正面之後把縫份攤開，將褲子的上部依完成線折好。

7

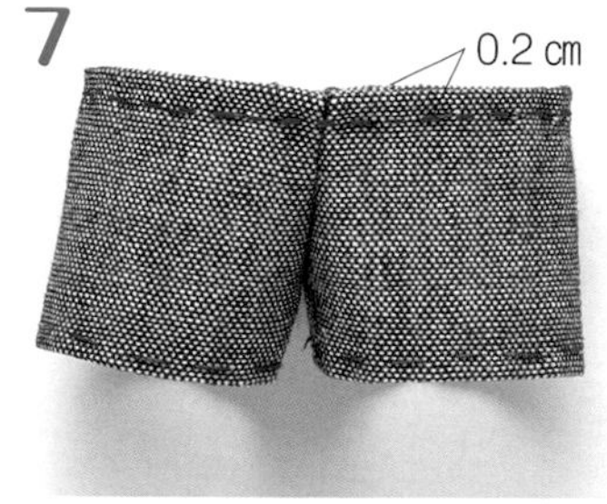

把褲子的上部縫起來。

平針縫1股線

褲子完成了！

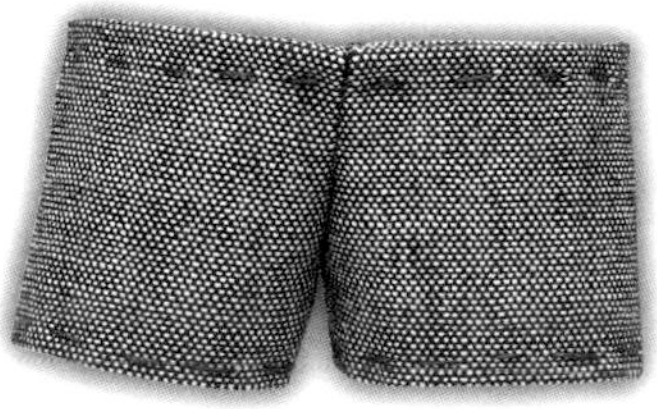

來製作鞋子吧！

材料　布:5cm×5cm
※使用彈性皮革用

刊載 P04　紙型 P88

1 描繪紙型進行裁剪

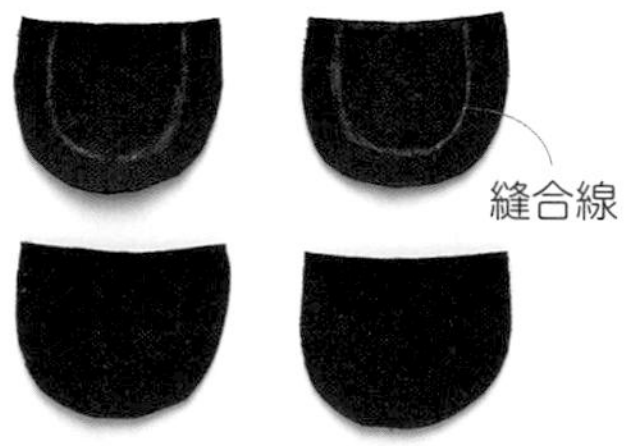

描繪紙型進行裁剪，畫上縫合線。（參照P33 2）

2 依形狀縫合

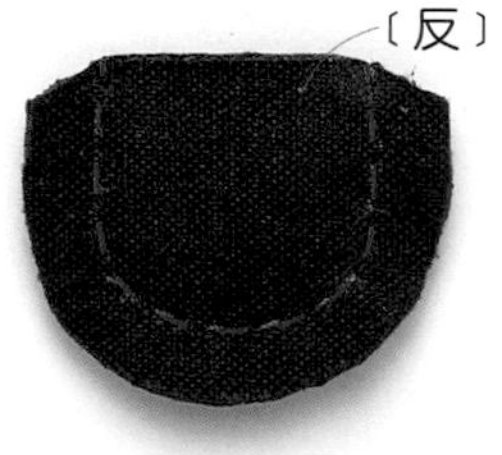

2片重疊縫合之後，將縫份斜斜地剪掉。

半回針縫1股線

鞋子完成了！

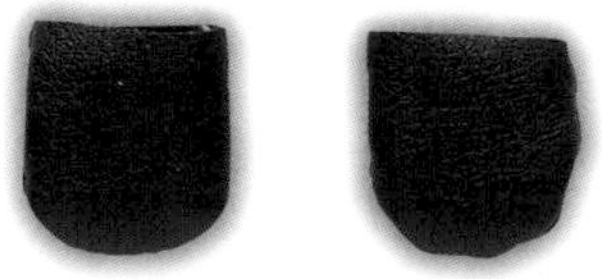

鞋子是拍攝用的。
由於容易脫落，
因此只在拍攝時穿上。

基本的娃娃（小）完成了！

世界上獨一無二的……
原創娃娃完成了！

放大
125%

把紙型放大的話
就能製作大號的娃娃

也來挑戰一下
拍出好看的
照片吧！

享受為娃娃穿上喜歡的
衣服的樂趣！

基本學會了之後
就可以自由變化做出喜歡的棉花娃！
做越多個越有趣喔！

變化！  貼上臉的部件來製作

紙型 P24

1 準備不織布

1

在不織布的反面，用竹籤等薄薄地抹上白膠。

2

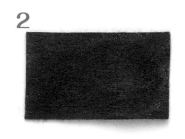

自然乾燥。

3

乾燥之後從正面用熨斗按壓熨燙，把不織布的厚度壓扁。

2 依紙型裁剪

1

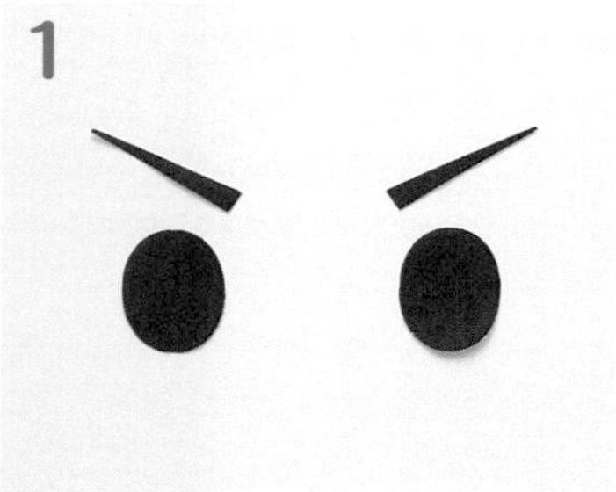

把紙型描繪或影印好，裁剪下來。

2

把眼睛的紙型放在不織布上用透明膠帶貼住。

3

連同透明膠帶，沿著紙型裁剪。

4

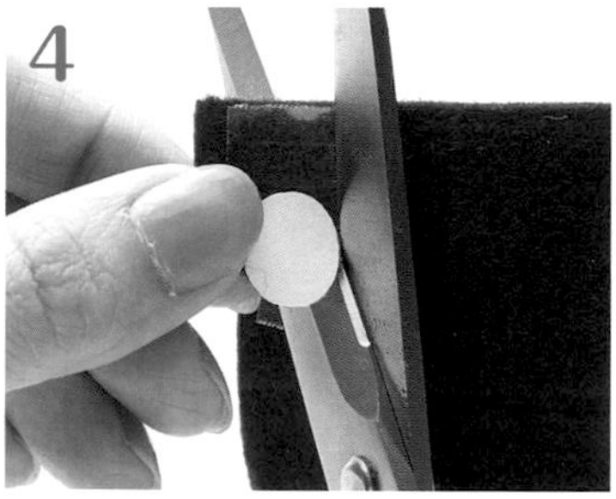

不要轉動剪刀，要以轉動不織布的方式來剪。

5

轉動半圈之後，以回到另一側的方式剪完。

6

剪掉多餘的部分，把紙型拿掉。

7

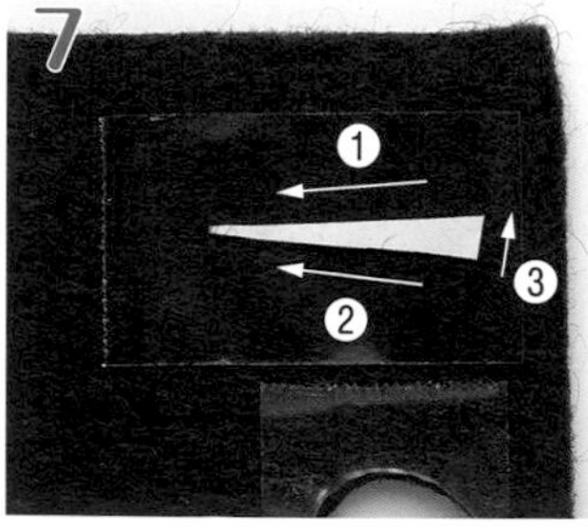

在不織布上把眉毛的紙型用透明膠帶貼住。

8

依照 7 的①～③的順序裁剪。

9

另一邊的眉毛、眼睛以及嘴巴也以同樣方式裁剪。

3 在眉毛・眼睛・嘴巴的安裝位置做記號

1

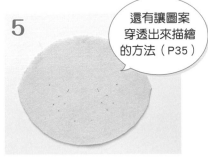

把臉的布剪好。

2

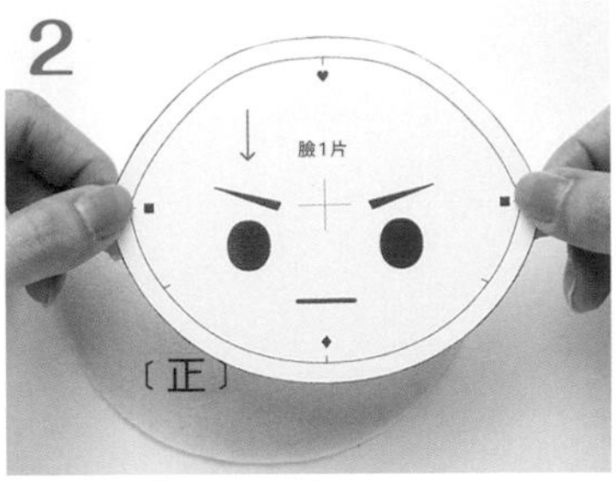

放上臉的紙型。

3

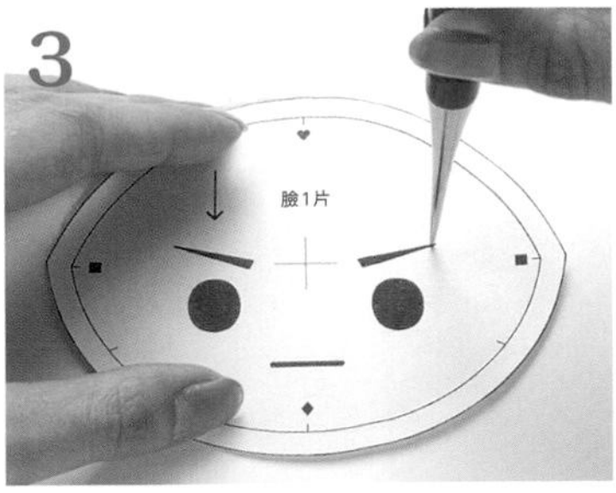

在眉毛・眼睛・嘴巴的部分，分別用錐子鑽洞。

4

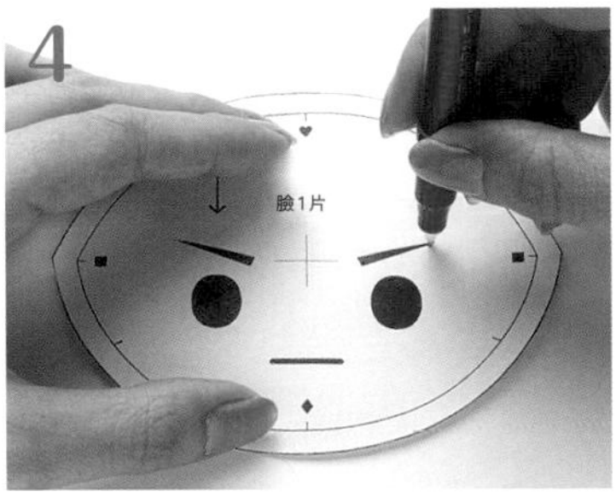

在鑽洞的位置，畫上小點做記號。

用熱消筆

5

還有讓圖案穿透出來描繪的方法（P35）

做好記號的樣子。

4 貼上眉毛・眼睛・嘴巴

1

先把角度和位置確認好！

把眉毛・眼睛・嘴巴放在安裝位置。

2

在部件的反面，用竹籤等薄薄地塗上白膠。

3

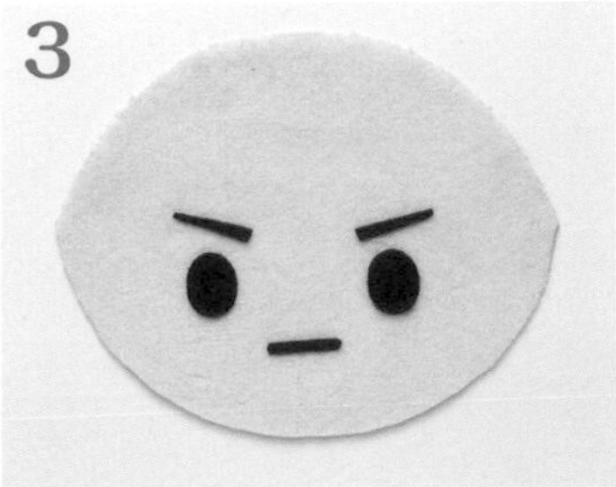

貼在臉上。

和刺繡（P34）組合搭配也OK！請以喜歡的方式製作。

重點小提示

也有貼上就行的燙布貼。
在市場上面可買到各種不同類型及尺寸的眼睛・眉毛・嘴巴的燙布貼。
搭配著使用也很不錯喔。

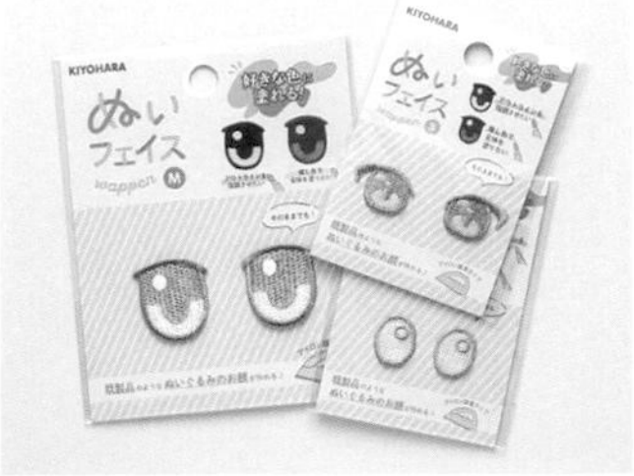

頭髮的變化

變化！

刺蝟頭的作法

刊載 P06　紙型 P83

1 製作刺蝟髮・前髮

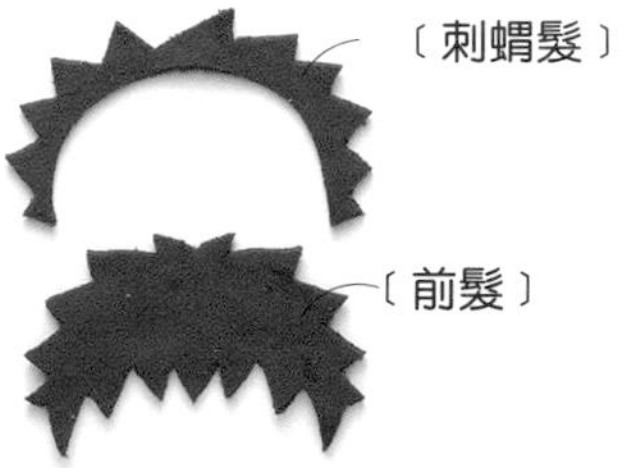

把2片布貼合起來（參照P32 1），描繪紙型進行裁剪。

3

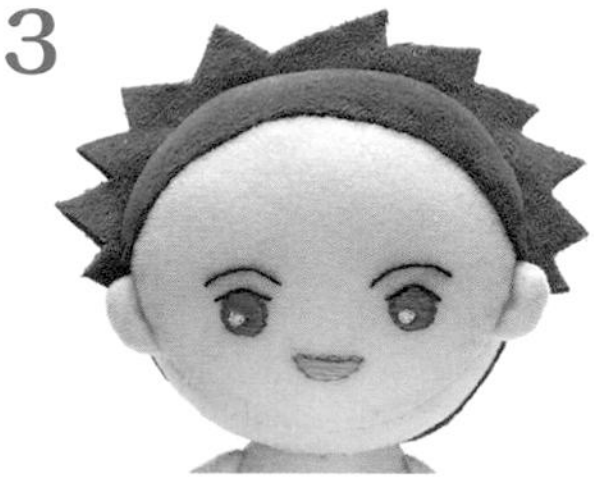

縫合至邊端為止。

2 安裝刺蝟髮・前髮

1

將刺蝟髮對齊頭部的縫合線，用珠針固定。

4

把前髮對齊耳上位置用珠針固定，在頭部用竹籤等薄薄的塗上白膠，貼住。

2

將刺蝟髮的邊端和頭部以捲針縫縫合。（參照P80）

捲針縫1股線

刺蝟頭完成了！

變化！

長髮的作法

刊載 P07　紙型 P85

1 製作後髮・前髮

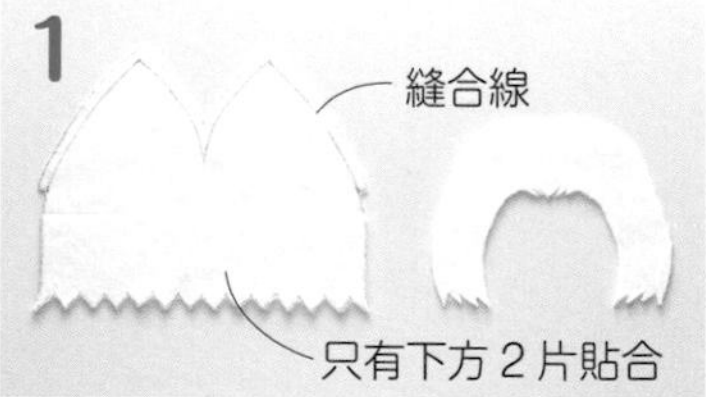

把2片布貼合起來（參照P32 1），描繪紙型進行裁剪。後髮要畫上縫合線。

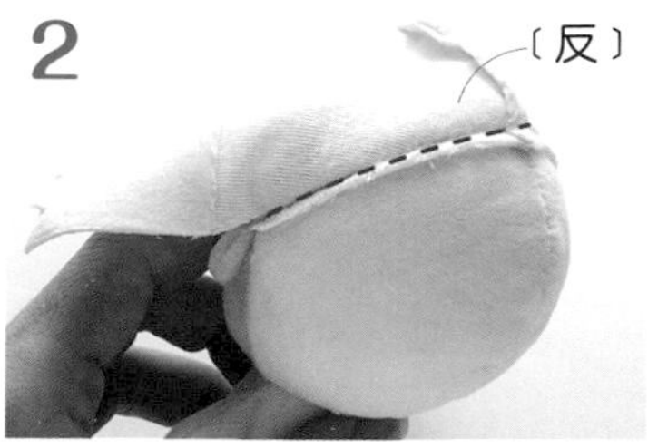

把後髮和頭部縫合起來。

半回針縫1股線

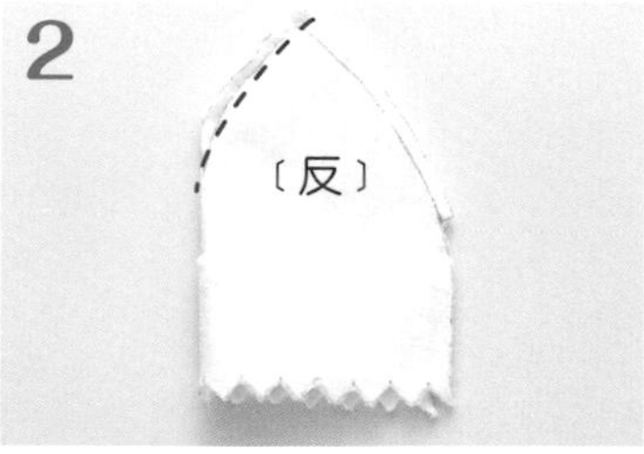

把後髮的尖褶縫起來。

半回針縫1股線

把後髮翻回去。

2 安裝後髮・前髮

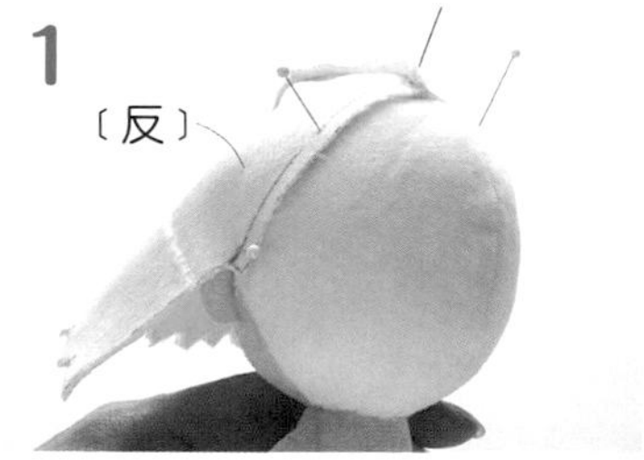

如圖片所示將後髮對齊頭部的縫合線，用珠針固定。

長髮完成了！

在頭部塗抹白膠，把前髮貼上去。

變化！

丸子頭的作法

刊載 P07　紙型 P84

1 製作丸子

1

描繪紙型進行裁剪。

2

在周圍細縫一圈。線尾留長一點備用。

平針縫1股線

3

把線拉緊縮口，塞入棉花。在開口縫上十字打結固定。

2 安裝丸子

1

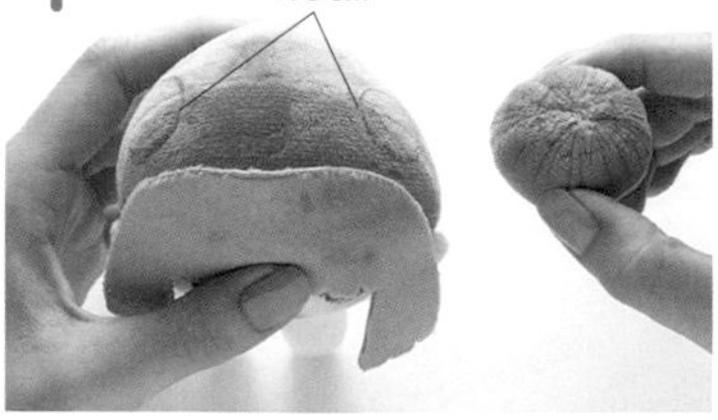

在頭的丸子安裝立置，以及丸子的縮口面，畫上圓圈記號。

2

對齊安裝位置，縫一圈固定。

ㄇ字形縫法1股線

丸子頭完成了！

變化！

雙馬尾的作法

刊載 P08　紙型 P86

1 製作雙馬尾

1

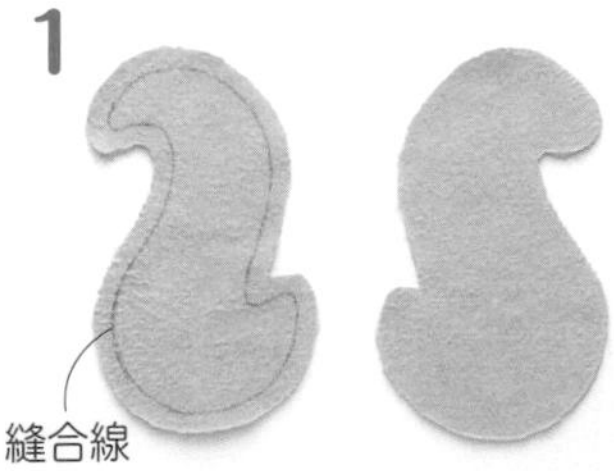

描繪紙型進行裁剪，畫上縫合線。

2

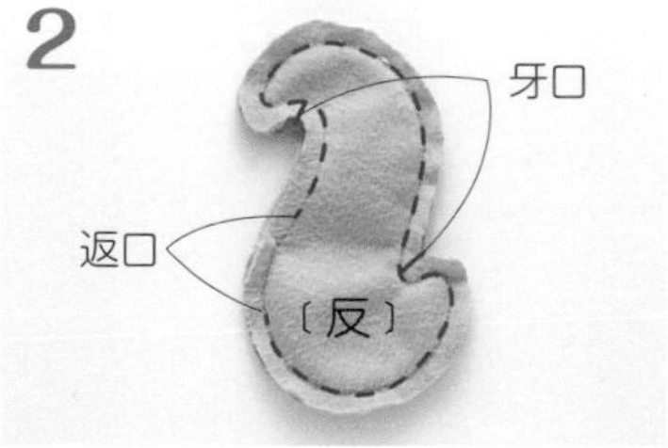

把2片正正相對疊好，留下返口之後縫合起來，剪牙口。

半回針縫1股線

3

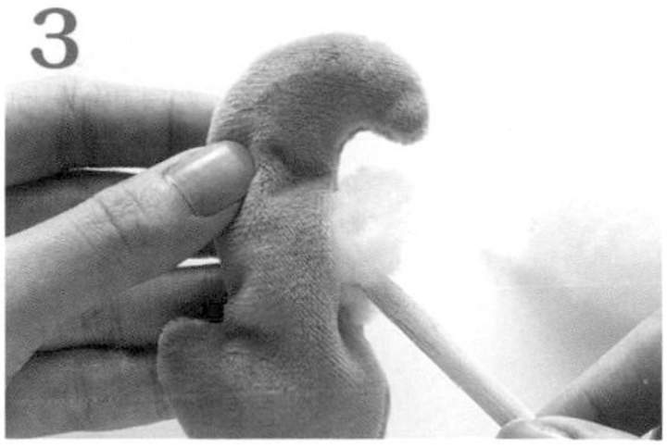

翻回正面，塞入棉花。

4

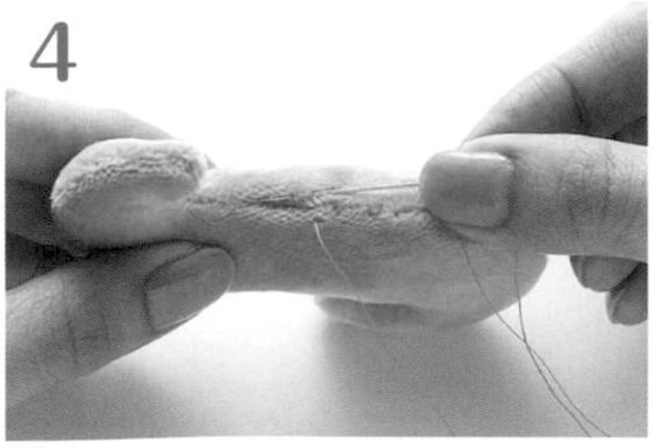

把返口縫合。

ㄇ字形縫法1股線

2 安裝雙馬尾

在頭部的雙馬尾安裝位置、以及雙馬尾的頂端畫上圓圈記號。對齊記號縫一圈固定。

ㄇ字形縫法1股線

雙馬尾完成了！

連帽上衣的作法

材料　布：30cm×15cm
圓繩：30cm

刊載 P04　紙型 P88

1 描繪紙型進行裁剪

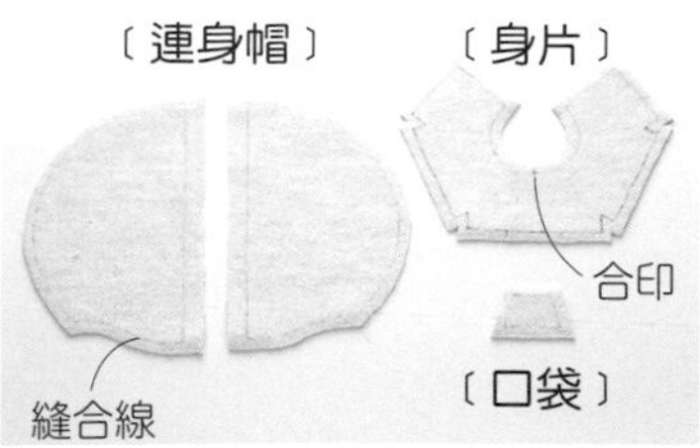

描繪紙型進行裁剪，畫上縫合線、合印。

2 製作連身帽

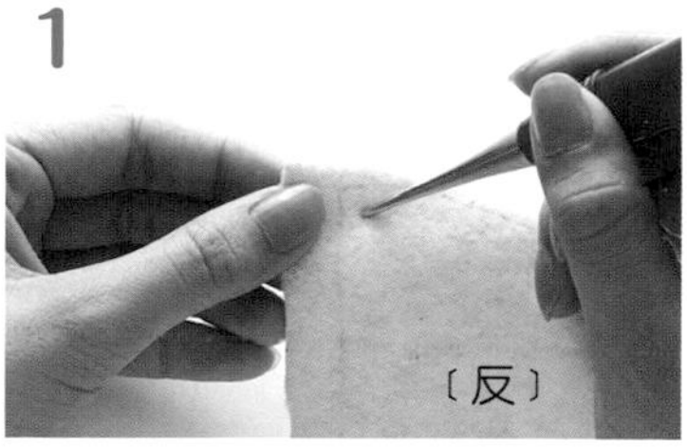

在穿繩口的反面塗上白膠或防綻液，用錐子鑽洞。

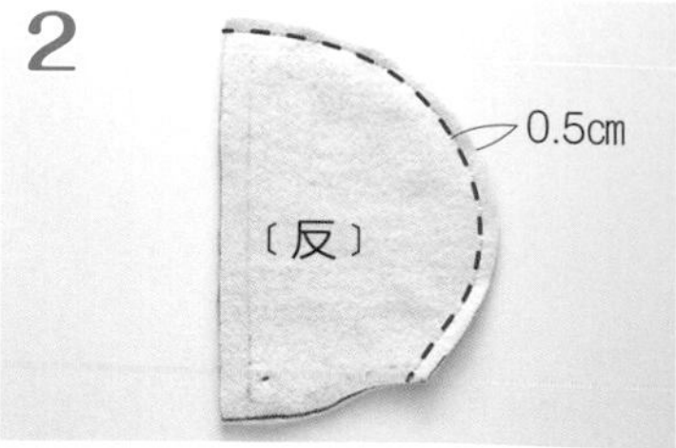

把2片正正相對疊好，將後中心縫合起來。

半回針縫1股線

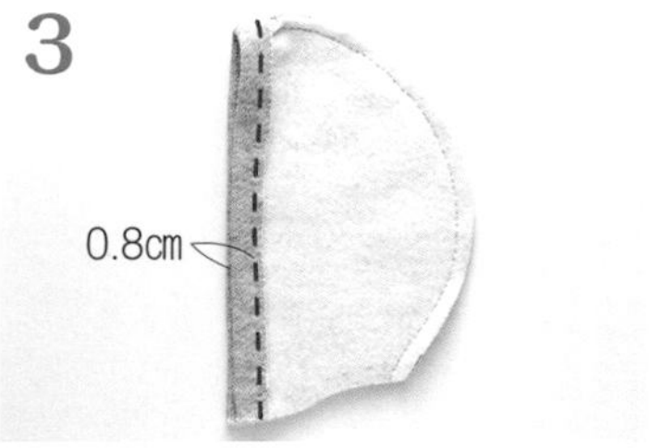

把前端反折縫好。

平針縫1股線

3 安裝口袋

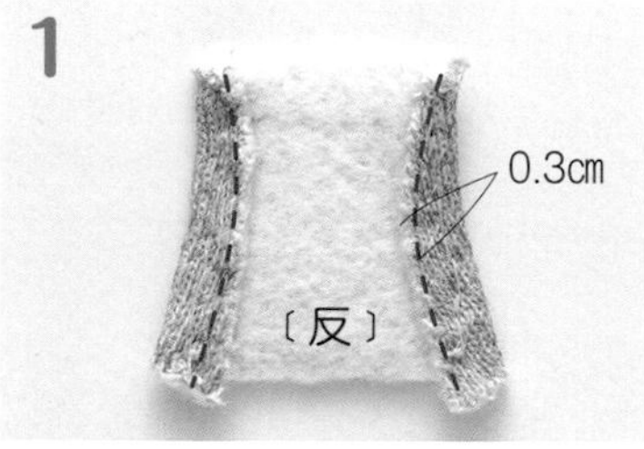

把口袋的左右反折縫好。

平針縫1股線

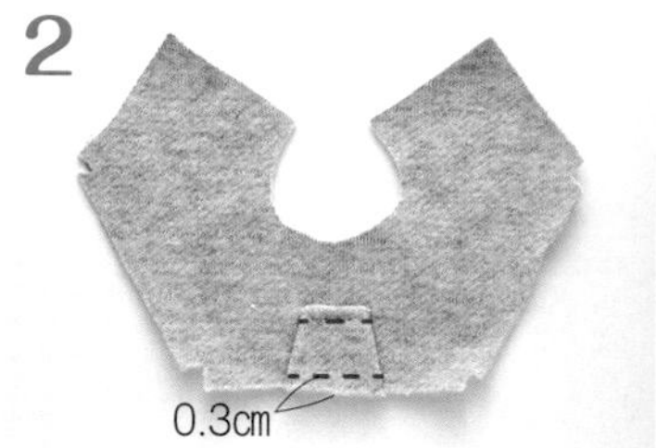

把口袋的上方依完成線折好，縫在身片上。

4 縫製身片

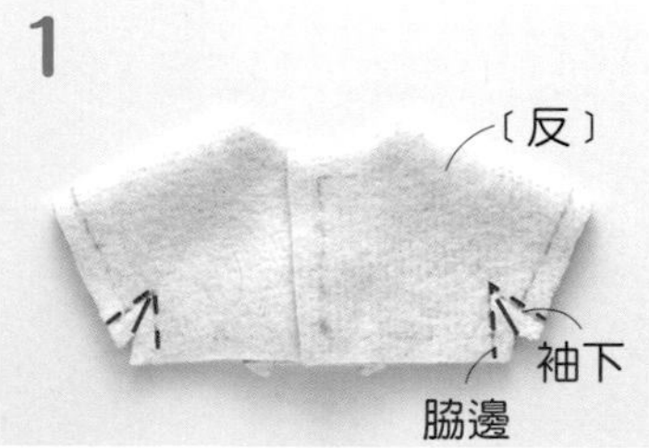

把身片從肩膀處折好，將袖下和脇邊縫起來，在脇邊剪牙口。

半回針縫1股線

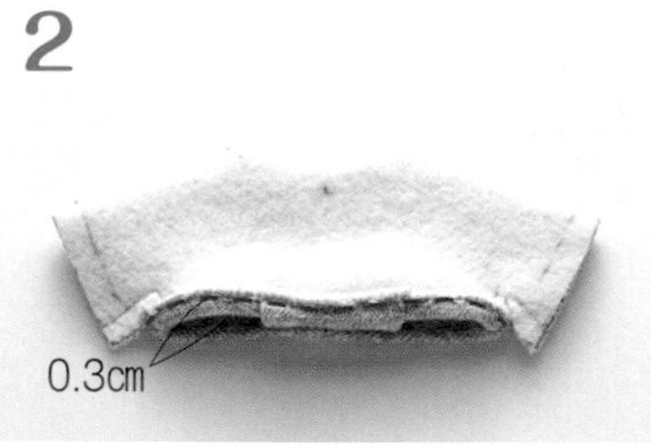

把下擺依完成線折疊縫好。

平針縫1股線

5 安裝連身帽

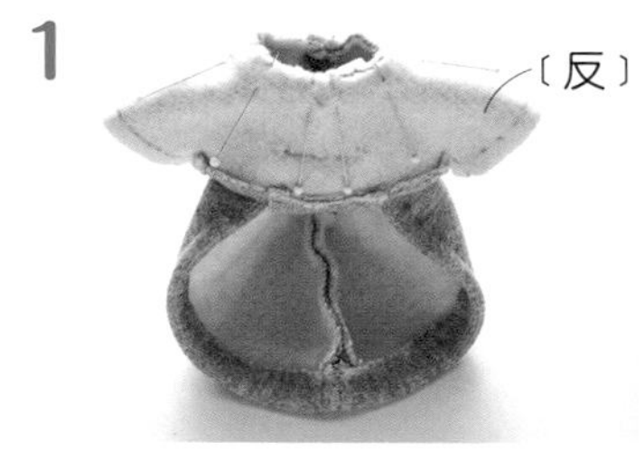

把身片和連身帽的領口接合起來，用珠針固定。

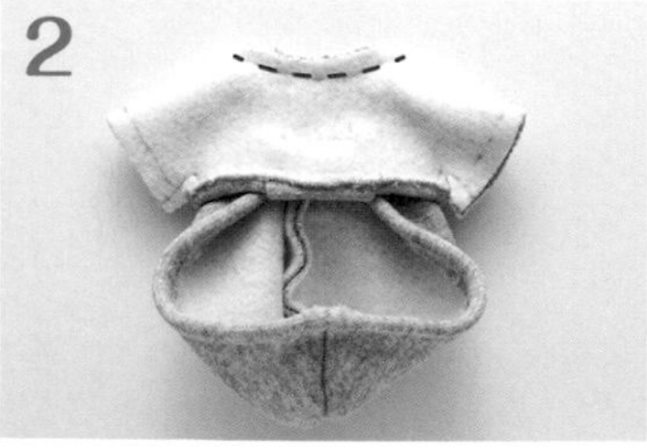

把領口縫起來。

半回針縫1股線

6 縫好袖口，穿入拉繩

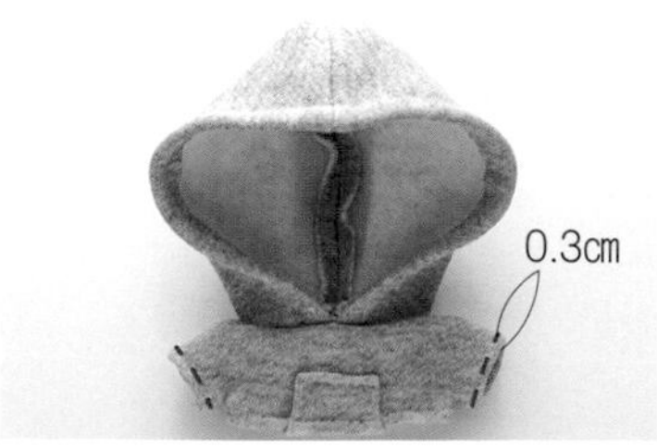

把袖口依完成線折疊縫好。

平針縫1股線

連帽上衣完成了！

穿入圓繩，將兩端打結。

襯衫的作法

材料
布：25cm×10cm
魔鬼氈：2.5cm
直徑0.5cm鈕釦：3個

刊載 P06　紙型 P93

1 描繪紙型進行裁剪

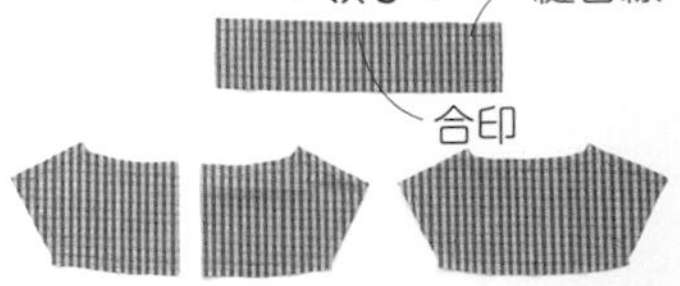

描繪紙型進行裁剪，畫上縫合線、合印。

2 縫製身片

1

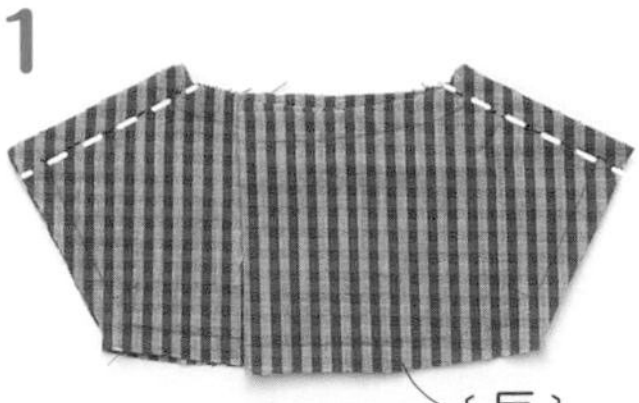

把前身片正正相對疊在後身片上，將肩膀縫合起來。

半回針縫1股線

2

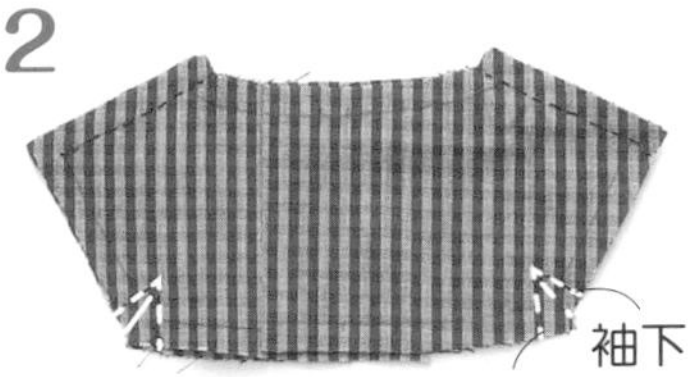

把袖下和脇邊縫起來，在脇邊剪牙口。

3

把袖口依完成線折疊縫好。

平針縫1股線

3 接上領子

1

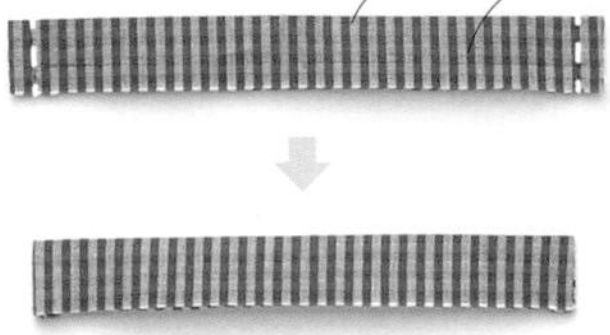

把領子對折，左右縫起來，翻回正面。

半回針縫1股線

2

把領子疊在身片（正）上，將領子的內側和身片縫合起來，在領子兩側的身片上剪牙口。

平針縫1股線

3

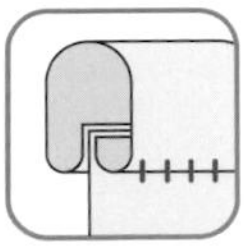

把領子依完成線折好，將領子的內側縫在身片上。

立針縫1股線

4 縫製下擺・門襟

1

把下擺依完成線折疊縫好。

平針縫1股線

2

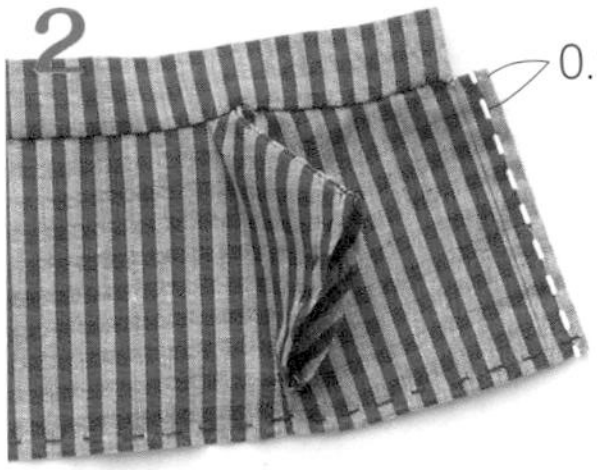

把門襟依完成線折疊縫好。另一邊也以同樣方式縫好。

5 縫上魔鬼氈・鈕釦

1

把魔鬼氈剪好，縫上去。（參照P81）

2

把鈕釦縫上去。

襯衫完成了！

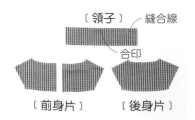

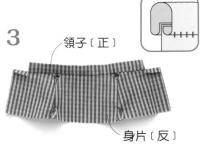

背帶褲的作法

材料 材料 布：15cmX10cm
0.5cm扁型鬆緊帶：15cm
直徑0.5cm鈕釦：2個

刊載 P06 紙型 P87

1 描繪紙型進行裁剪

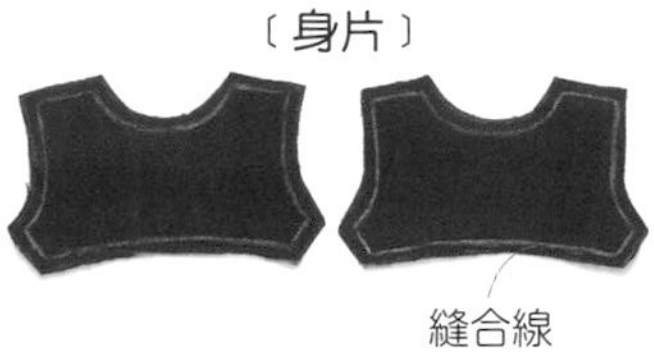

描繪紙型進行裁剪，畫上縫合線。

2 縫製身片

1

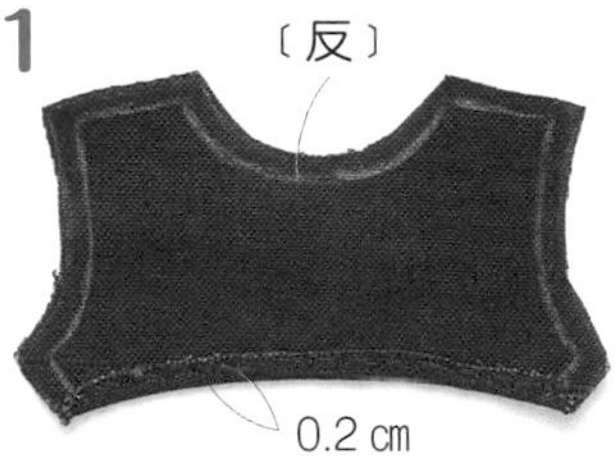

把下擺依完成線折疊縫好。

平針縫1股線

2

把 1 對折，將股下縫起來。製作2片 半回針縫1股線

3

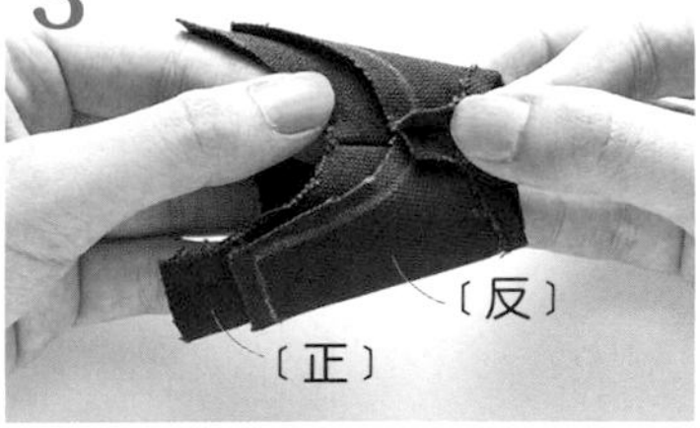

把2片正正相對，如圖片所示重疊起來。

4

從前中心縫合至後中心。

半回針縫1股線

5

翻回正面，在脇邊下部的縫份剪牙口。

平針縫1股線

6

把上端和脇邊的下部依完成線折疊縫好。

平針縫1股線

3 縫上背帶・鈕釦

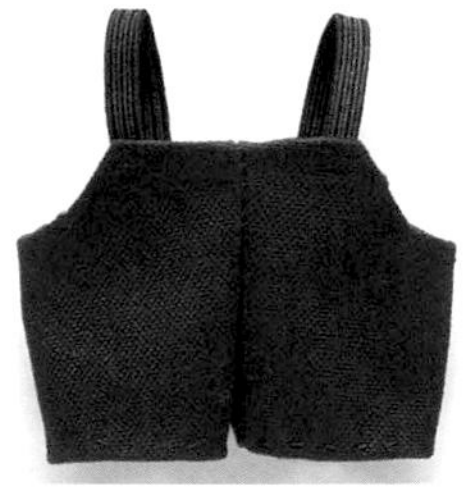

把扁型鬆緊帶縫在身片的內側。

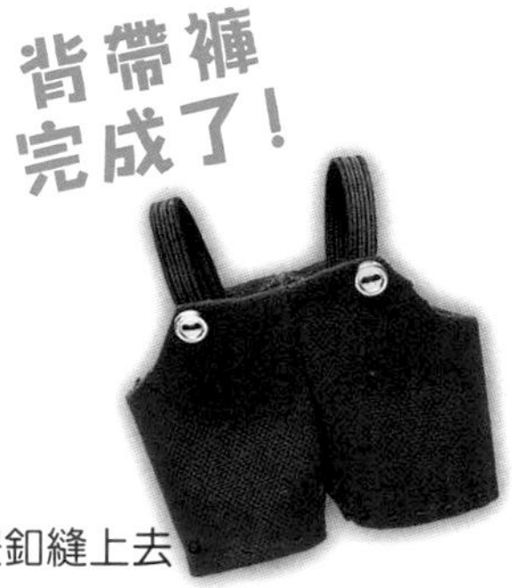

把鈕釦縫上去

裙子的作法

材料 布：25cm×5cm

刊載 P07 紙型 P93

1 描繪紙型進行裁剪

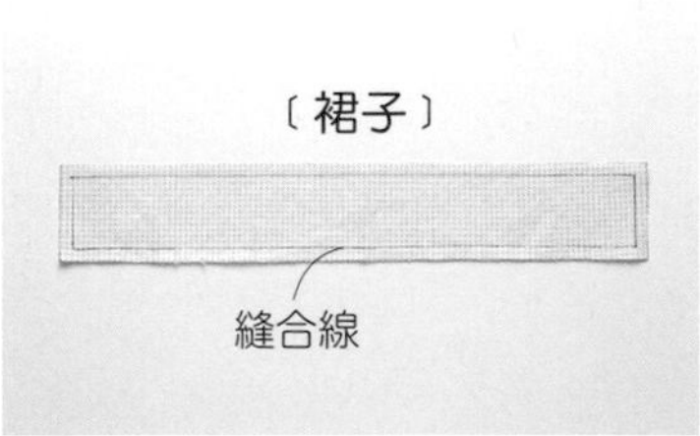

描繪紙型進行裁剪，畫上縫合線。

2 縫製

1

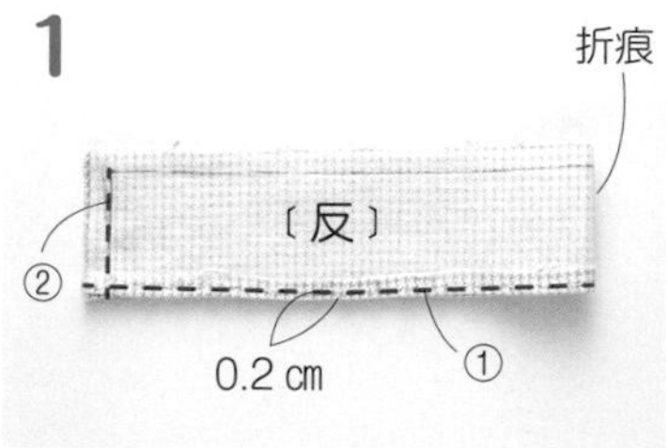

把下擺依完成線折疊縫好（①），對折之後再將橫邊縫起來（②）。

平針縫1股線

帽子的作法

(材料) 布：各45cm×15cm

(刊載) P07 (紙型) P89

1 描繪紙型進行裁剪

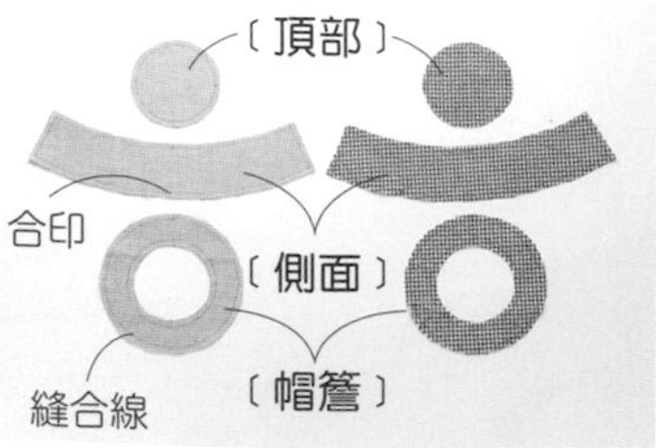

描繪紙型進行裁剪，畫上縫合線、合印。

2 製作本體和帽簷

1

把側面對折，將橫邊縫起來。

半回針縫1股線

2

把側面和頂部縫合起來。

半回針縫1股線

3

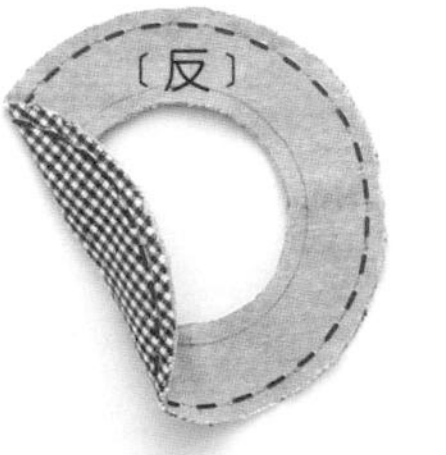

把2片帽簷正正相對疊好，將外側縫合起來。

4

把帽簷翻回正面。

3 把本體和帽簷縫合

1

把帽簷和1片本體縫合起來。

半回針縫1股線

2

將另一片本體的縫份依完成線折好。

3

把2放入1中，縫合起來。

ㄇ字形縫法1股線

2

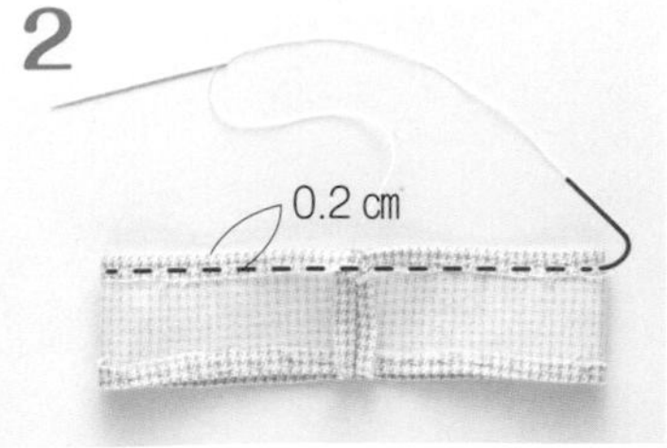

把縫份攤開，上方依完成線折疊縫好。線尾留長一點備用。

3

穿在娃娃本體上，配合腰圍把線拉緊，打結固定，調整裙子。

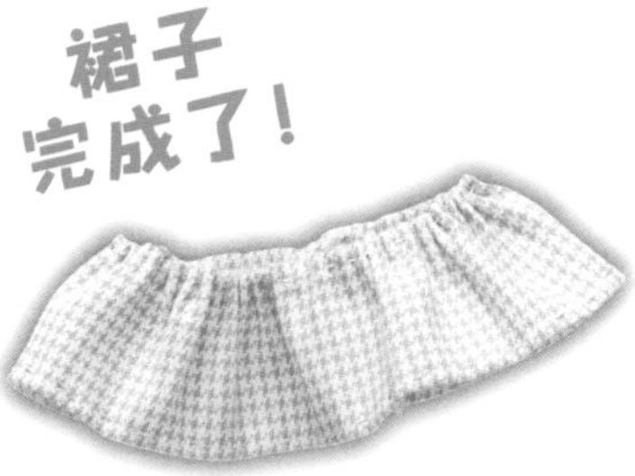

外套的作法

材料 布：30cmX10cm
直徑0.5cm鈕釦：2個

刊載 P07　紙型 P90

1 描繪紙型進行裁剪

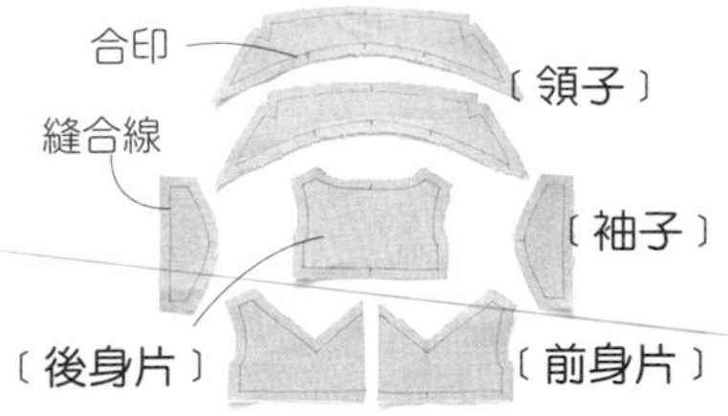

描繪紙型進行裁剪，畫上縫合線、合印。

2 縫製身片及袖子

1

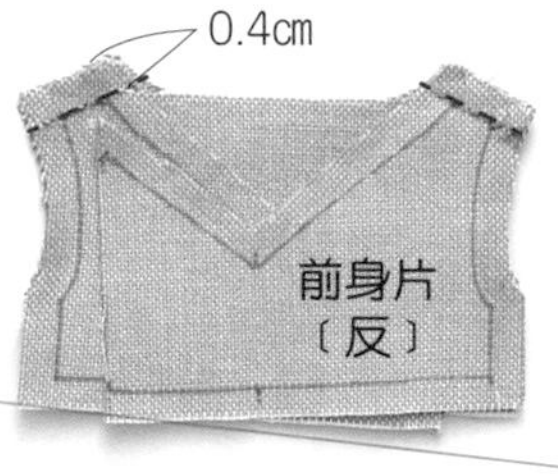

把後身片和前身片正正相對疊好，將肩膀縫起來。

半回針縫1股線

2

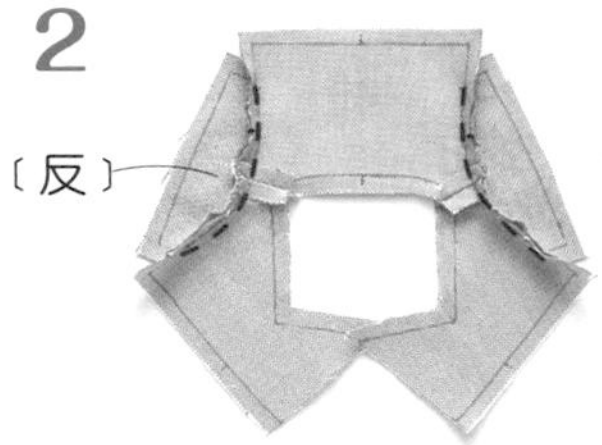

把身片和袖子縫合起來。

半回針縫1股線

3

把袖下和脇邊縫起來。

半回針縫1股線

4

把袖口依完成線折疊縫好。

平針縫1股線

3 製作領子，接合

1

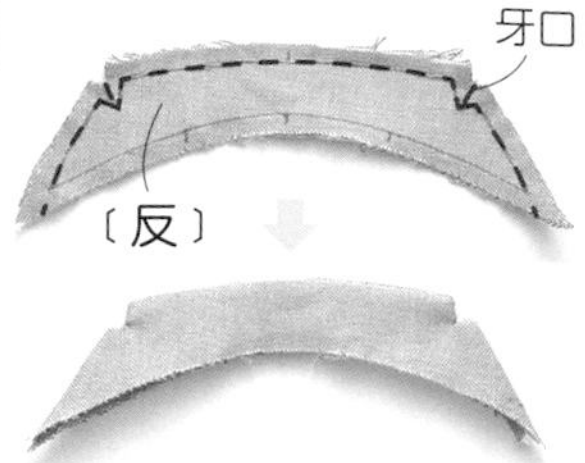

把領子正正相疊，外側縫起來之後剪牙口，翻回正面。

半回針縫1股線

2

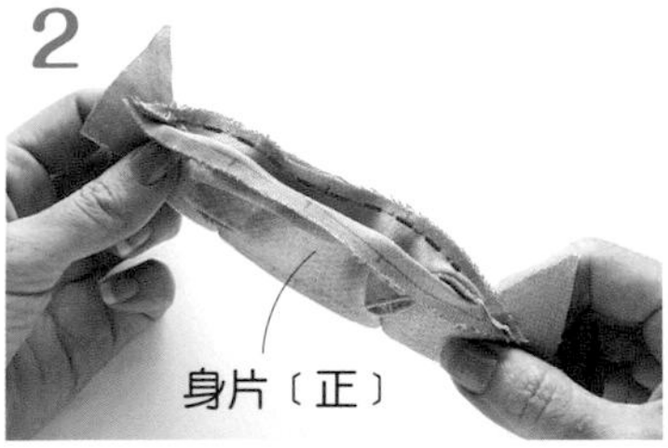

把領子和身片接合，將領子內側的1片和身片縫合起來。

平針縫1股線

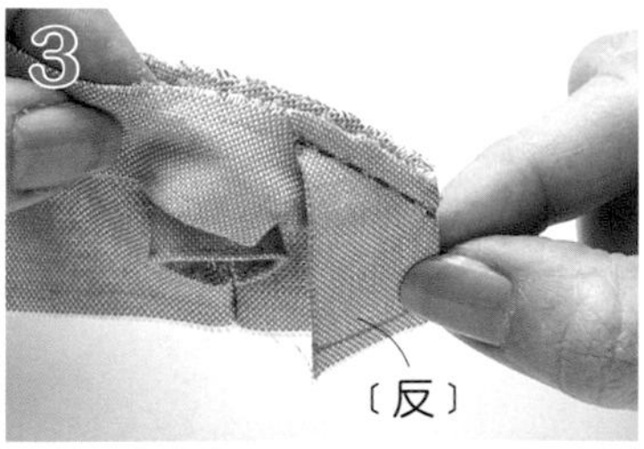

把前身片的折邊反折，和領子外側的1片縫合起來。

4

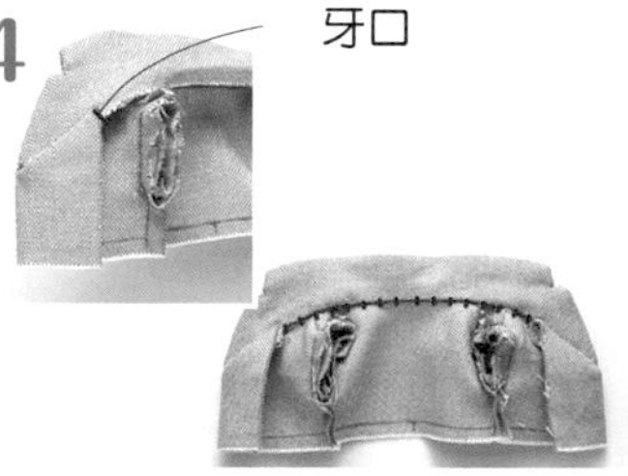

把折邊翻到正面，在縫份剪出牙口，將縫份往領子側折進去縫起來。**立針縫1股線**

4 縫製下擺，安裝鈕釦

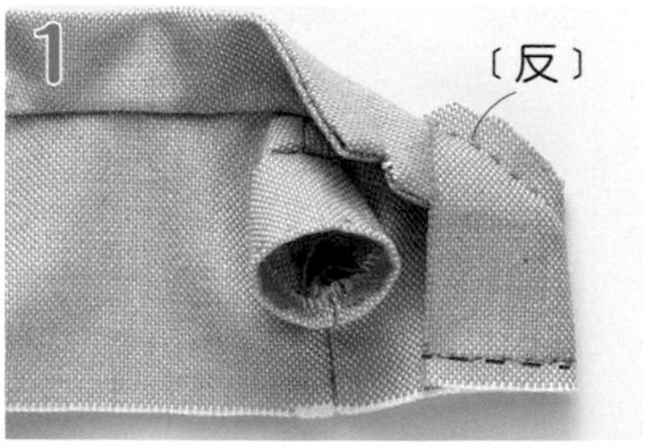

把折邊翻到反面，將下擺縫好。

半回針縫1股線

2

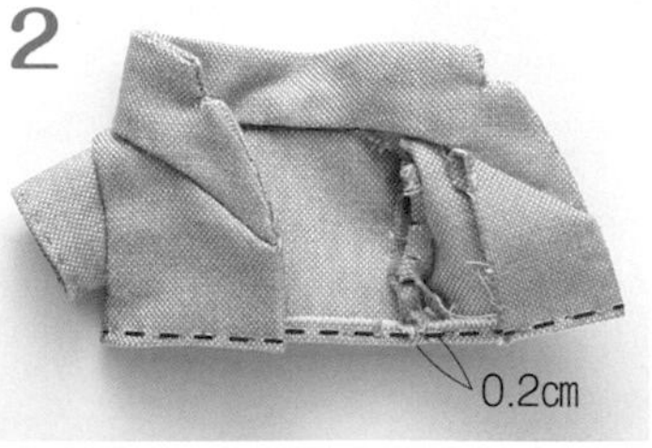

把折邊翻回正面，將下擺依完成線折疊縫好。

平針縫1股線

把鈕釦縫上去。

洋裝的作法

材料　布：25cmX15cm
魔鬼氈：4cm

刊載 P06　紙型 P87

1 描繪紙型進行裁剪

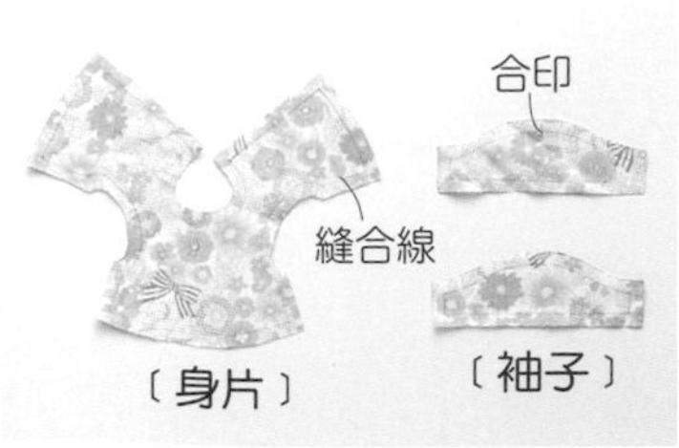

描繪紙型進行裁剪，畫上縫合線、合印。

2 縫製領口

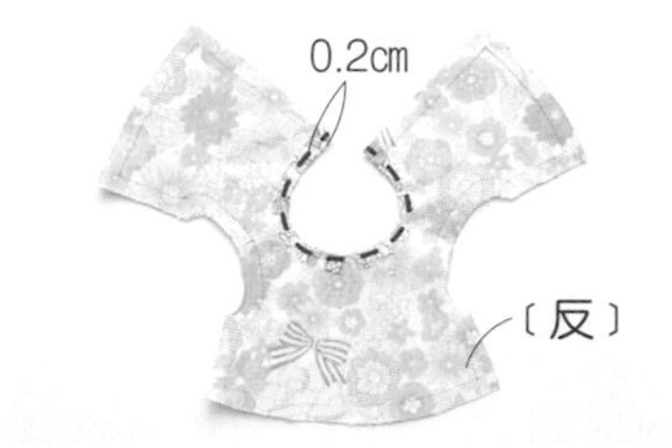

在領口的縫份剪牙口，依完成線折疊縫好。

平針縫1股線

3 製作袖子、縫合

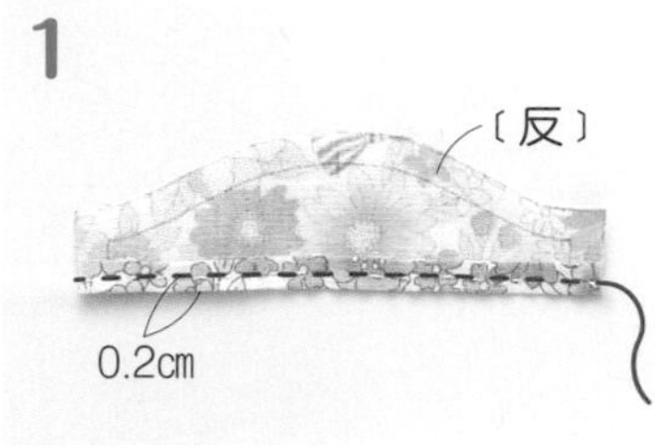

把袖口依完成線折疊縫好。線尾留長一點備用。

平針縫1股線

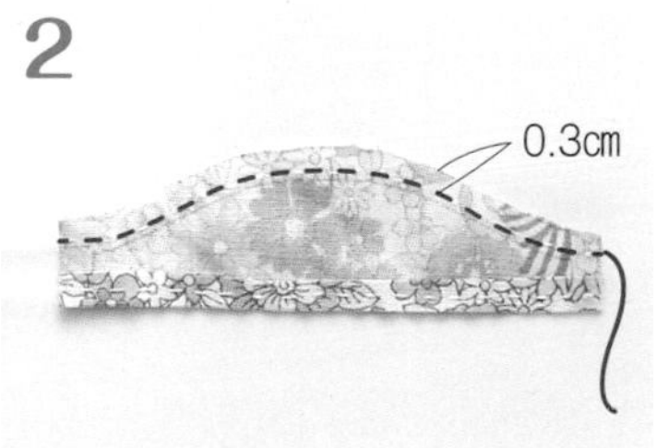

把袖子的上側縫起來，線尾留長一點備用。

平針縫1股線

對齊身片的合印之後把2的線拉緊縮短，用珠針固定。

把袖子和身片縫合起來。

半回針縫1股線

4 縫製身片

把身片的袖下和脇邊縫起來。

半回針縫1股線

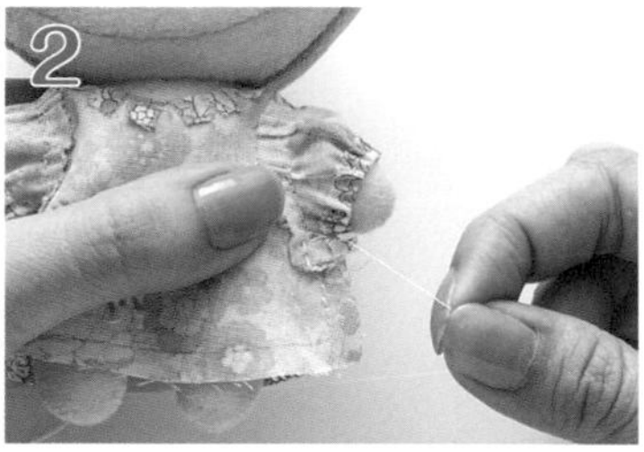

穿在娃娃本體上，把在3 1預留的線配合手圍拉緊，打結固定。

把下擺依完成線折疊縫好。

平針縫1股線

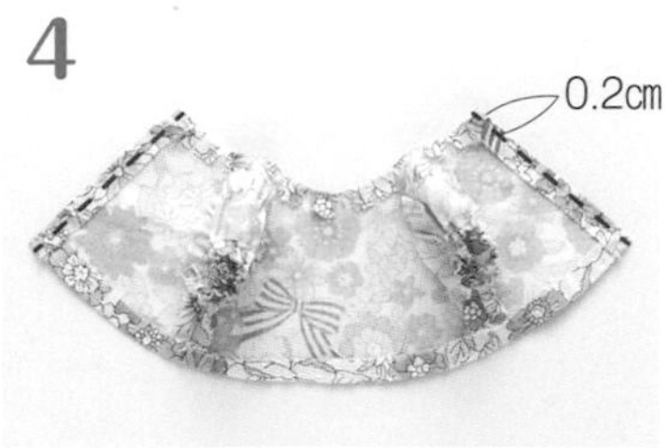

把後身片的邊端依完成線折疊縫好。

平針縫1股線

縫上魔鬼氈
（參照P81）

洋裝完成了！

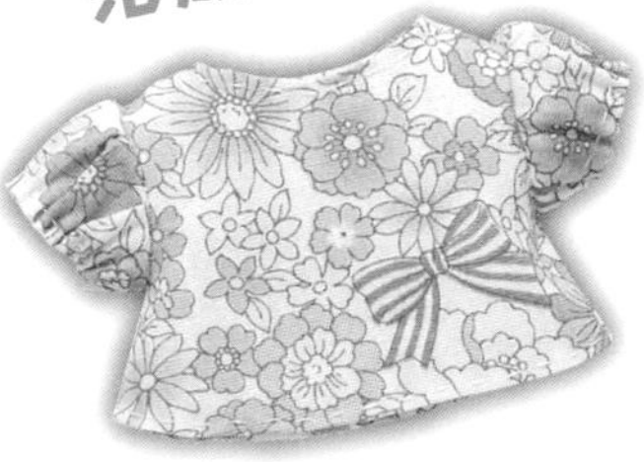

和服（短）的作法

材料 布：25cm×15cm

刊載 P10　紙型 P95

1 描繪紙型進行裁剪

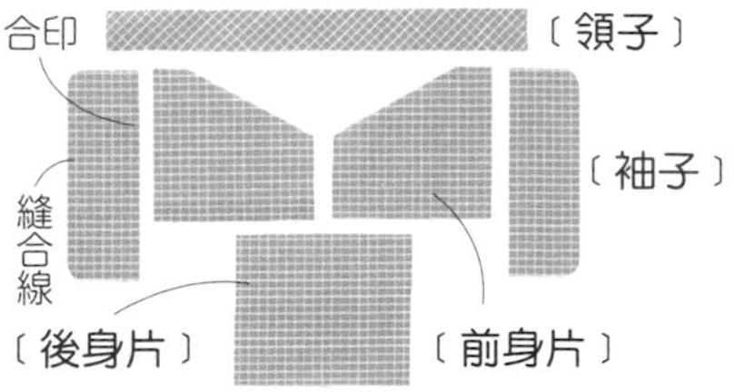

描繪紙型進行裁剪，畫上縫合線、合印。

2 縫製身片的肩膀

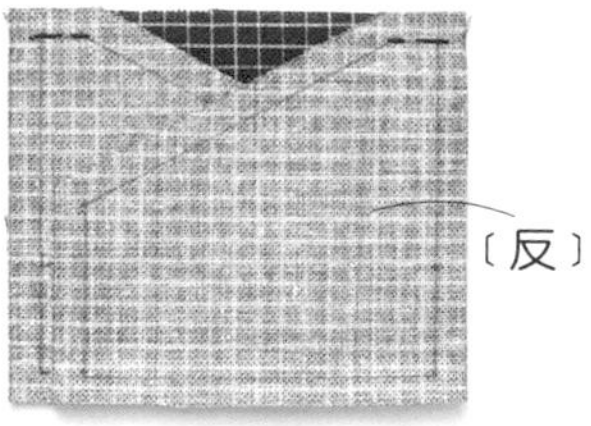

把後身片和前身片正正相對疊好，將肩膀縫起來。

半回針縫1股線

3 接上袖子

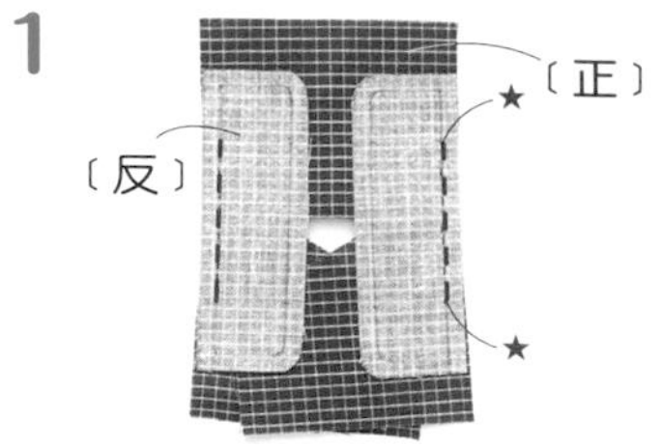

把袖子正正相對疊在身片上，將脇邊的開口★縫起來。

半回針縫1股線

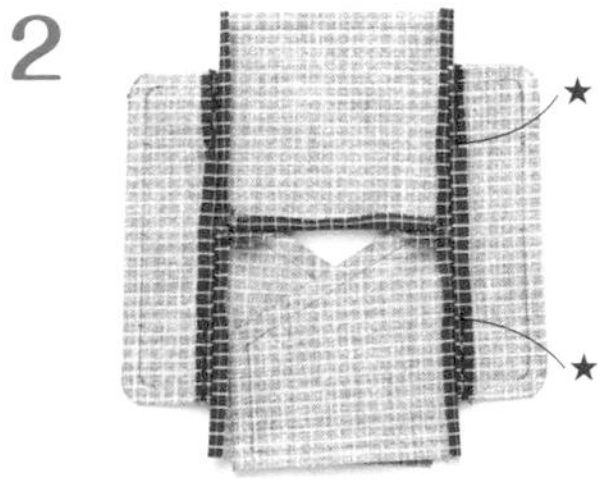

把縫份反折，從★縫到邊端為止。

平針縫1股線

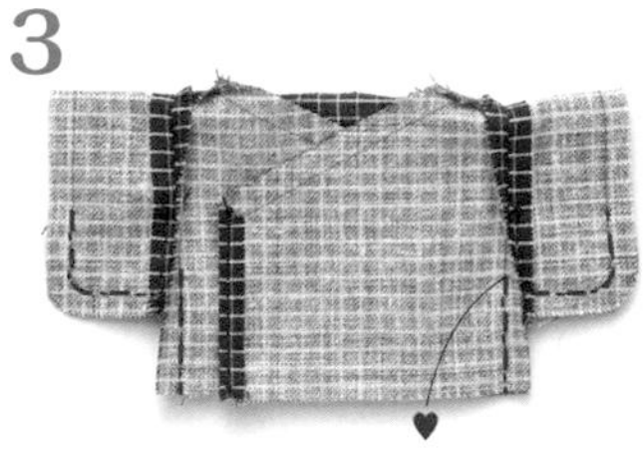

把身片從肩膀處折好，將脇邊從♥縫到邊端，再把袖下縫起來。

半回針縫1股線

4 縫製身片周圍

把身片的領口、前端、下擺依完成線折疊縫好。脇邊的開口也縫起來。

平針縫1股線

5 接上領子

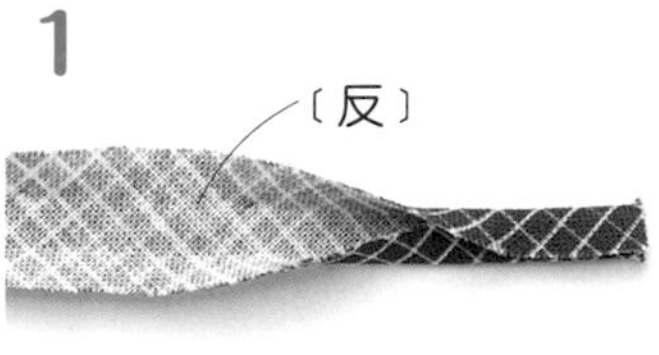

把領子折成三褶，用熨斗燙出折痕。

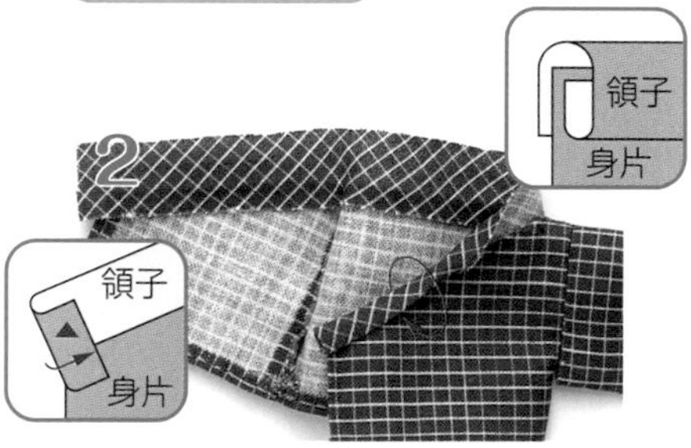

將1攤開，把內側用白膠黏在身片上，邊端（▲）朝內側折疊，整體依完成線折疊之後把外側用白膠黏住。

和服（短）完成了！

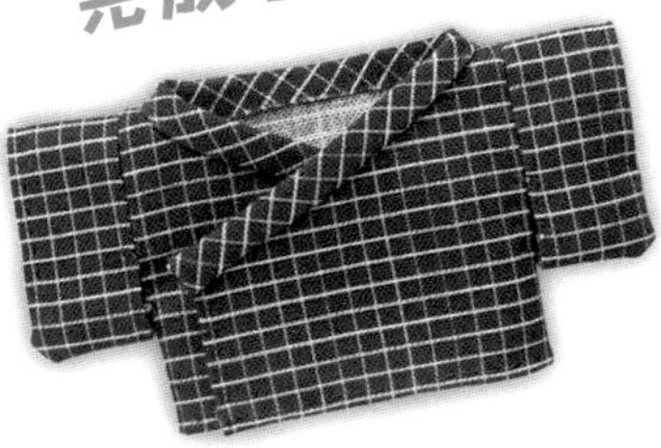

和服的作法

材料 材料 布：30cmX15cm
1cm緞帶：30cm※作為腰帶使用

刊載 P10　紙型 P95

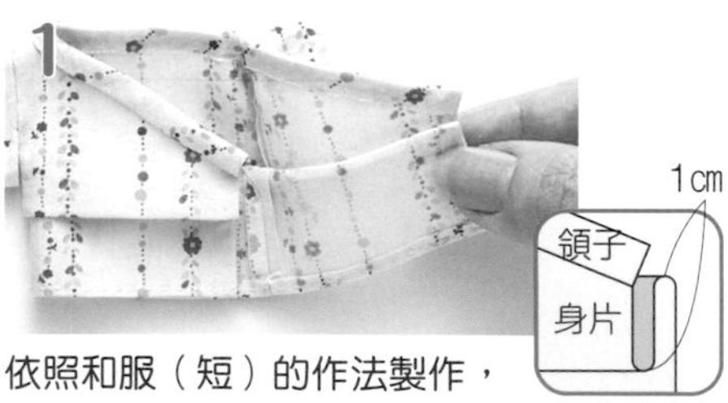

依照和服（短）的作法製作，把身片如圖片所示折起1cm。

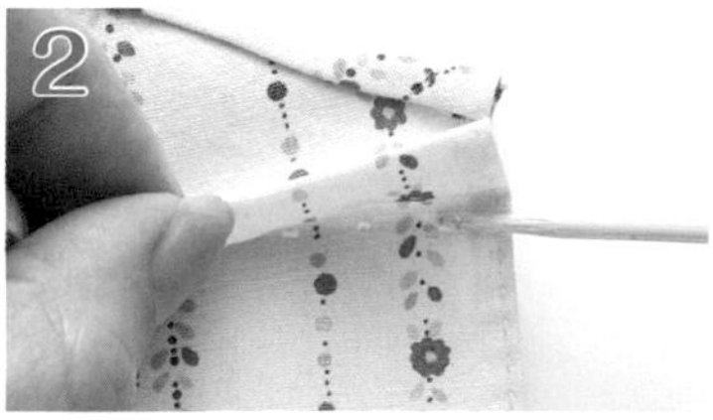

在折痕內側的幾個地方塗上白膠黏住固定。

和服完成了！

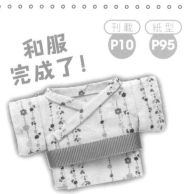

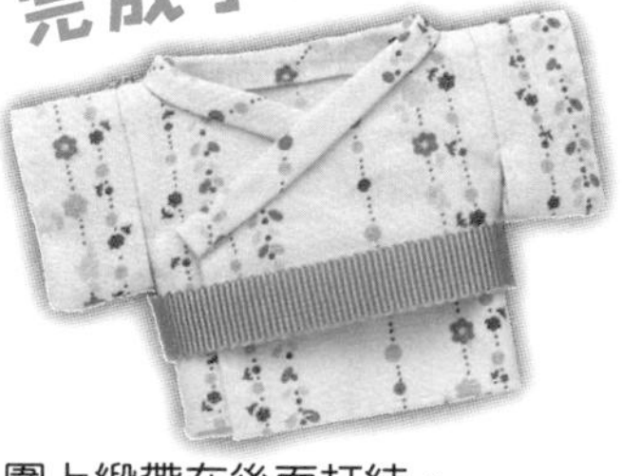

圍上緞帶在後面打結。

袴的作法

材料 布:30cm×10cm

刊載 P10 紙型 P95

1 描繪紙型進行裁剪

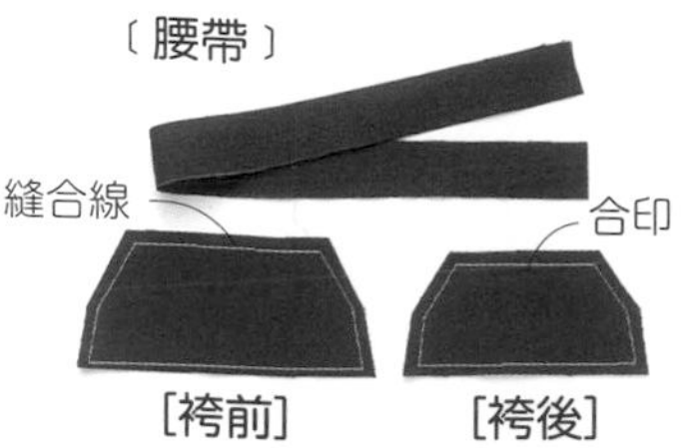

描繪紙型進行裁剪，畫上縫合線、合印。

2 縫製袴

1

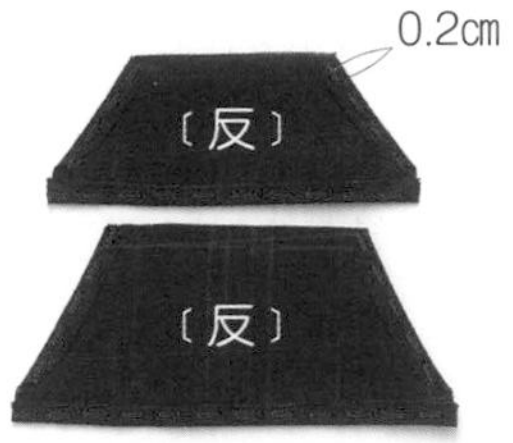

把袴前和袴後的下擺以及脇邊的打斜縫份依完成線折疊縫好。

平針縫1股線

2

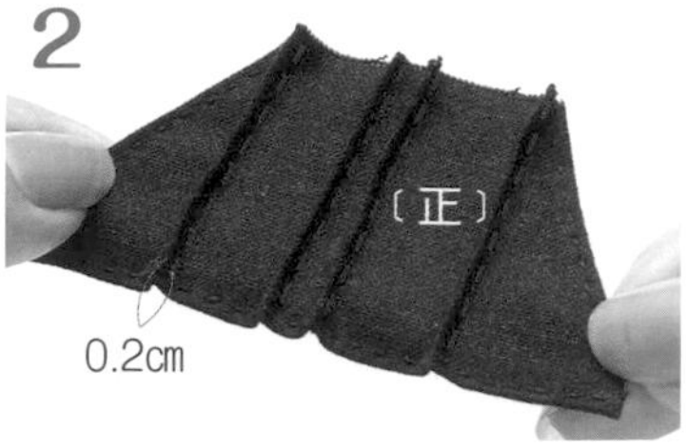

把袴前的褶子縫起來。

平針縫1股線

3

將2的褶子倒向中心側，上方依完成線折疊縫好 平針縫1股線

4

把袴前・後正正相對疊好，將兩側縫起來。

半回針縫1股線

5

翻回正面，把股下縫起來。

平針縫1股線

3 安裝腰帶

1

把腰帶折成四折用熨斗燙出折痕，邊角剪掉。

2

把腰帶的兩端折到內側，做出折痕。

3

把2攤開，合印對齊袴後的中心疊好，縫合起來。

平針縫1股線

4

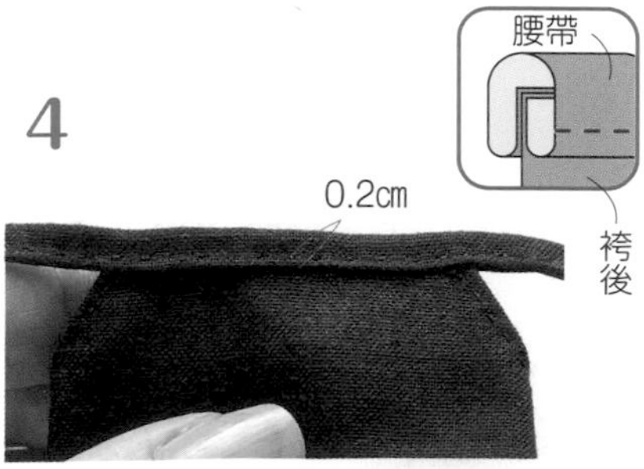

以夾住袴後縫份方式把腰帶依完成線折疊好，將腰帶的邊端縫起來。 平針縫1股線

袴
完成了！

布偶裝（小熊）的作法

材料
布：30cmX20cm
1.5cm緞帶：20cm
棉花：少許

刊載 P12
紙型 P96 P97

1 描繪紙型進行裁剪

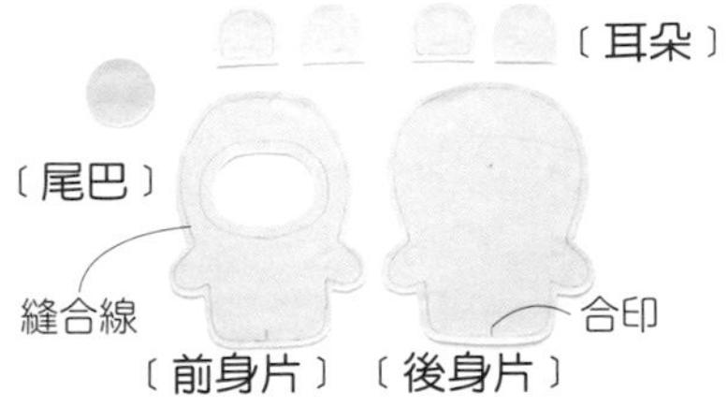

描繪紙型進行裁剪，畫上縫合線、合印。

2 安裝耳朵

1

把耳朵正正相疊縫合起來

半回針縫1股線

2

翻回正面。製作2片。

3

把後身片的尖褶縫起來。

半回針縫1股線

4

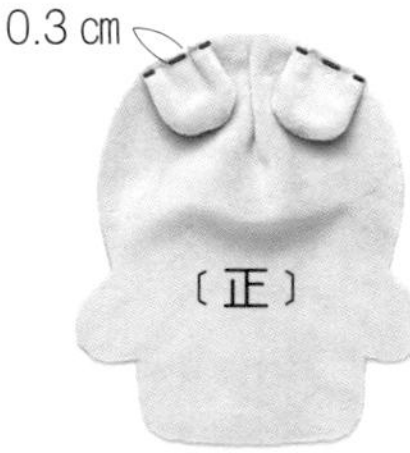

把耳朵縫在後身片上。

平針縫1股線

3 縫製身片

1

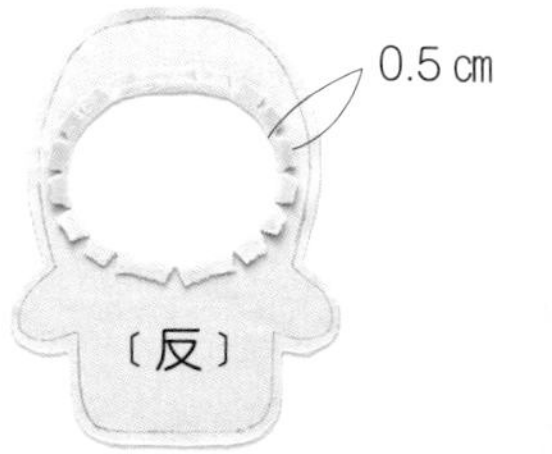

在前身片的露臉開口的縫份剪牙口，反折起來。

2

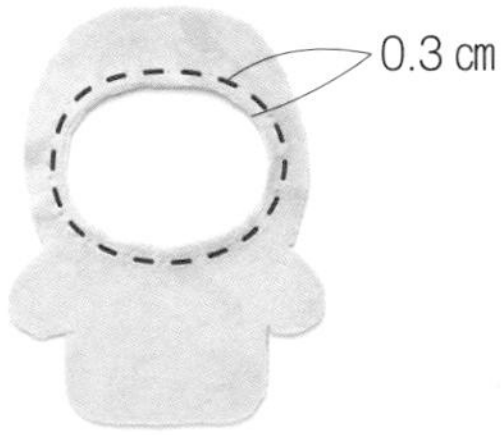

把露臉開口的周圍縫起來。

平針縫1股線

3

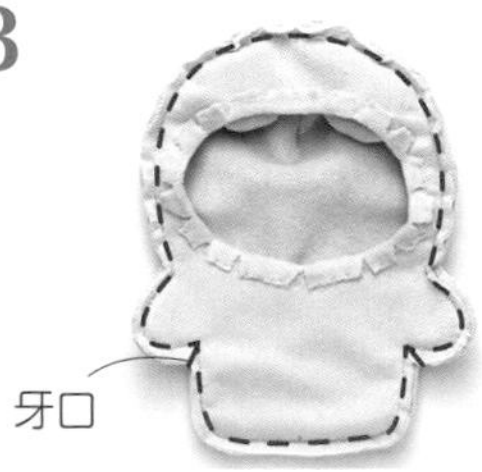

把前身片和後身片正正相對疊好，將周圍縫合起來。

半回針縫1股線

4 安裝尾巴・蝴蝶結

1

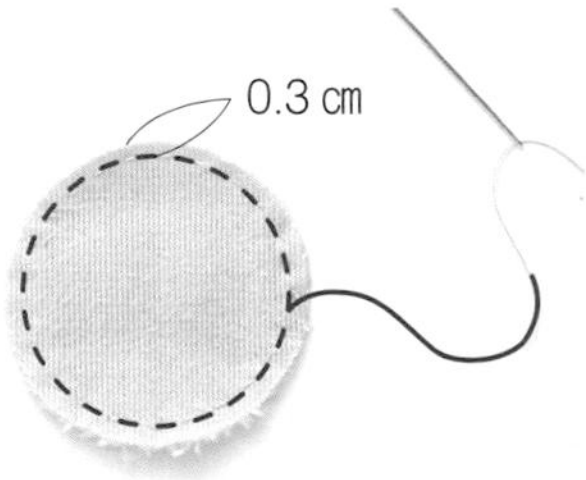

在尾巴的周圍縫一圈。線尾留長一點備用。 平針縫1股線

2

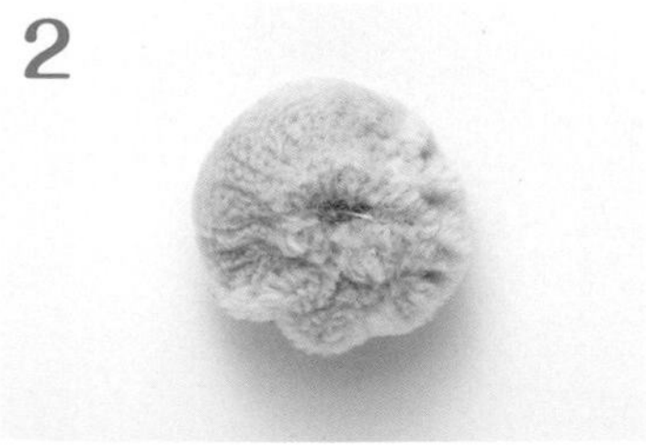

把線拉緊縮口，塞入棉花。在開口縫上十字打結固定。

3

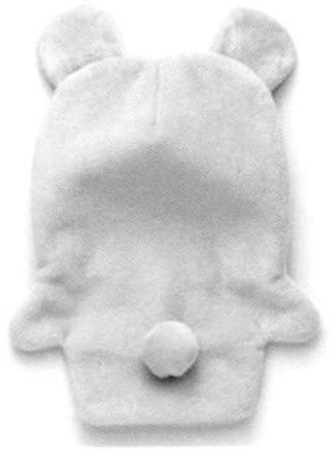

縫在後身片上。

布偶裝完成了！

把緞帶打結縫上去。

昆蟲（蝴蝶）的作法

材料
布：20cmX10cm 不織布：各10cmX10cm
魔鬼氈：2.5cm 0.3cm緞帶：60cm
直徑1cm絨球：2個
水鑽貼紙：適量　毛根：1支

刊載 P14
紙型 P98

1 描繪紙型進行裁剪

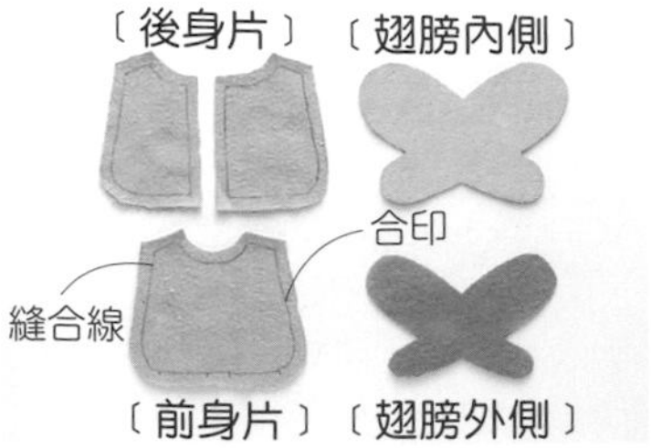

描繪紙型進行裁剪，畫上縫合線、合印。

2 縫製身片，縫上魔鬼氈

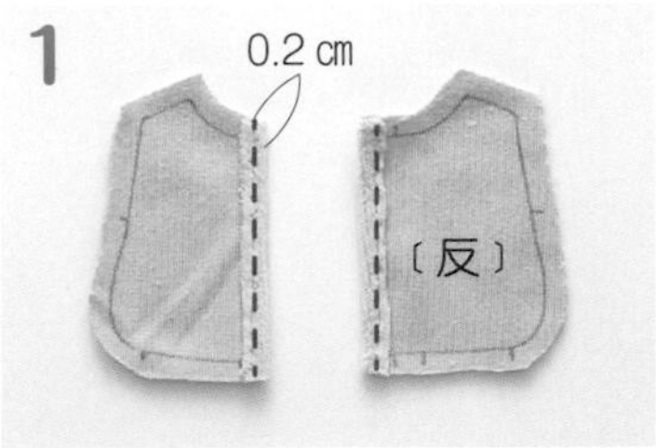

把後身片的邊端依完成線折疊縫好。 平針縫1股線

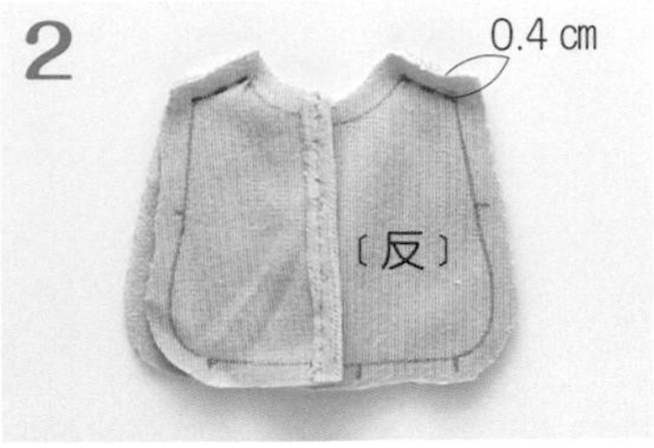

把前身片和後身片正正相對疊好，將肩膀縫合起來。
半回針縫1股線

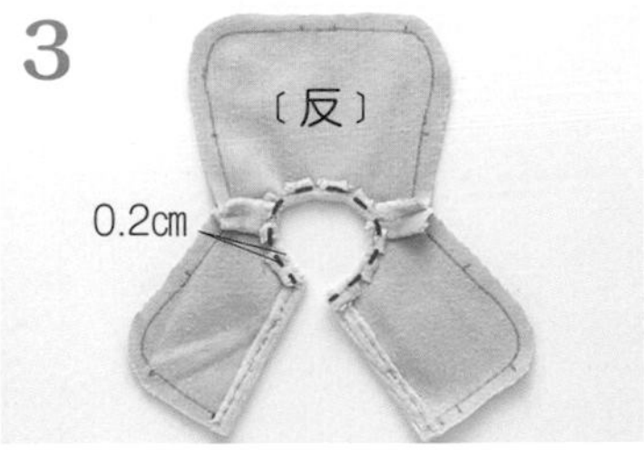

在領口的縫份剪牙口，依完成線折疊縫好。 平針縫1股線

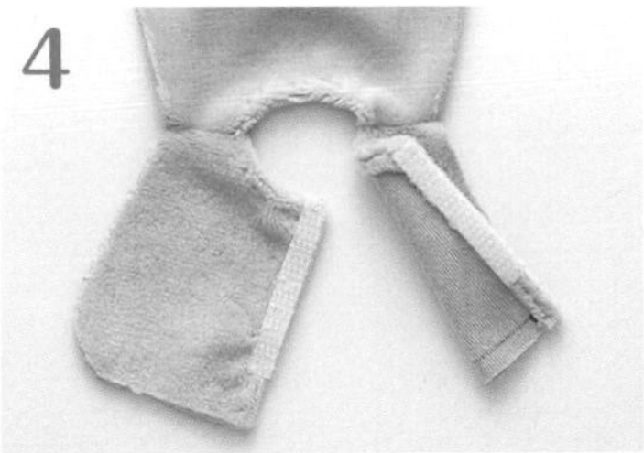

縫上魔鬼氈。（參照P81）

留下袖口・下擺開口之後縫合起來。 半回針縫1股線

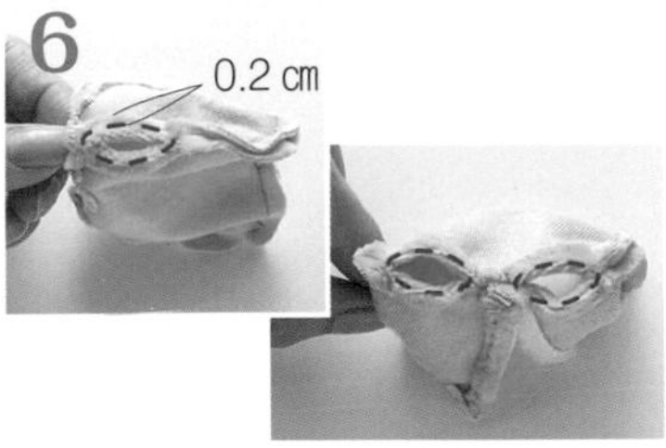

把袖口・下擺開口的縫份依完成線折疊縫好。 平針縫1股線

3 製作翅膀

在翅膀內側的安裝位置縫上緞帶8.3cm。

在另一邊也縫上緞帶，將翅膀內側和外側用白膠黏合，貼上水鑽貼紙。

4 製作髮帶

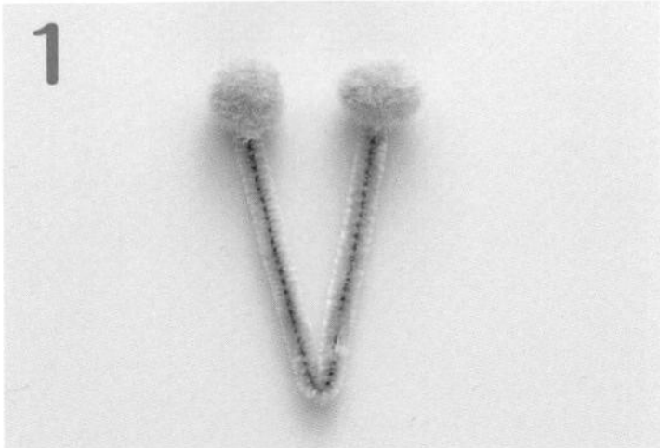

把毛根9cm折成V字形，在尖端塗抹白膠，把絨球插上去黏住固定。

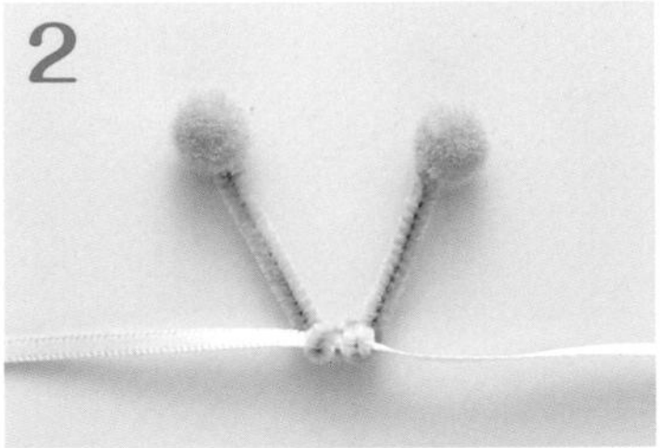

在緞帶40cm的中心用毛根纏繞一圈加以固定。

蝴蝶
完成了！

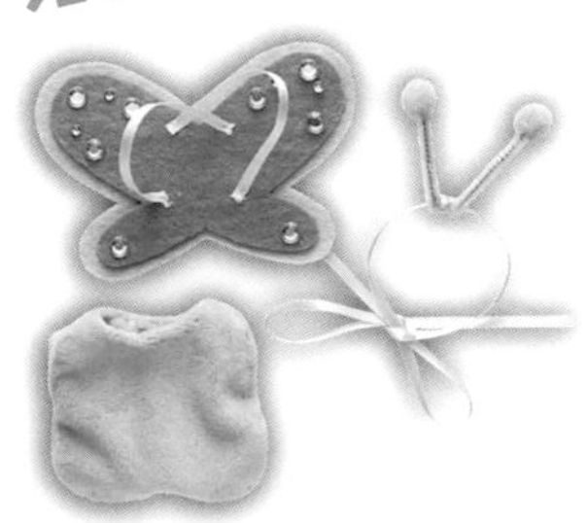

水果（草莓）的作法

材料　布：25cmX10cm　不織布：15cmX10cm
0.4cm扁型鬆緊帶：25cm
大圓珠：適量

刊載 P15　紙型 P99

1 描繪紙型進行裁剪

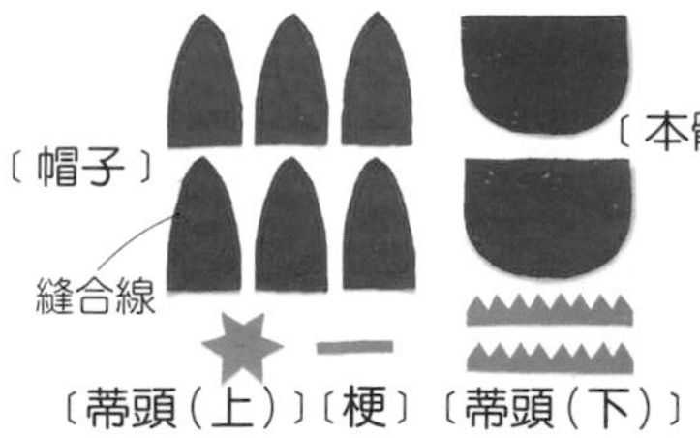

描繪紙型進行裁剪，畫上縫合線。

2 縫製帽子，安裝蒂頭

1

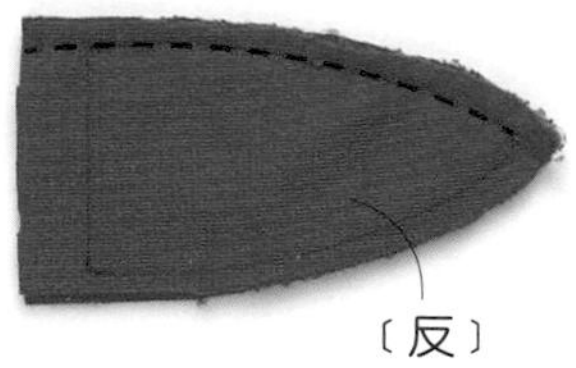

把2片正正相疊，縫合起來。製作3組。
半回針縫1股線

2

把1組合成帽子的形狀，縫合起來。 半回針縫1股線

3

翻回正面，將下擺依完成線折疊縫好。 平針縫1股線

4

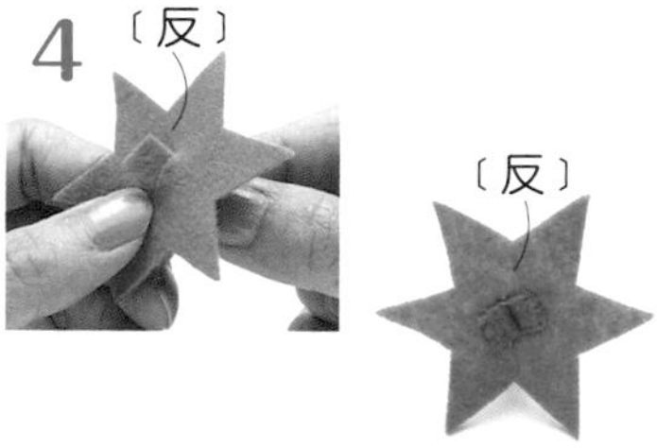

在蒂頭（上）的中心剪出切口，把梗對折插進去，末端用白膠黏住。

5

把蒂頭用白膠黏在帽子的中心。

3 製作本體 安裝蒂頭

1

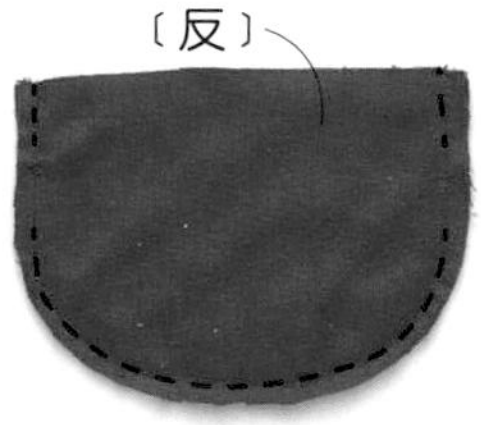

留下袖口之後將本體縫合起來。
半回針縫1股線

2

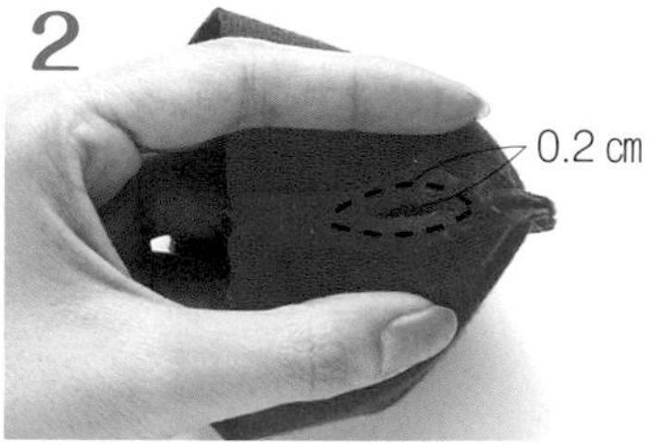

把袖口依完成線折好，將袖口縫起來。 平針縫1股線

3

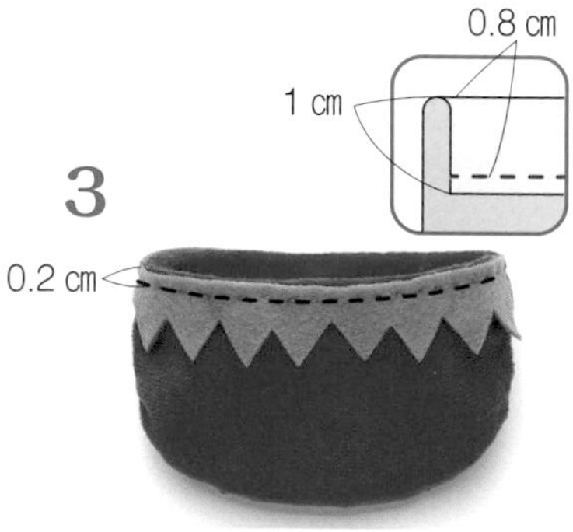

將本體的上方依完成線折好，留下鬆緊帶穿入口之後縫起來。外側用蒂頭（下）圈起來縫住固定。
平針縫1股線

3 縫上珠子・鬆緊帶

1

把珠子均勻地縫在整體表面。

2

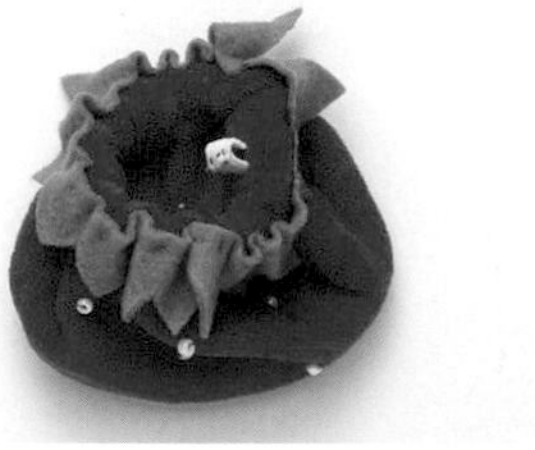

將鬆緊帶穿入本體，兩端縫合固定。

草莓完成了！

嬰兒帽的作法

材料
布：30cmX10cm
花邊蕾絲：25cm
0.3cm緞帶：20cm

刊載 P16　紙型 P100 P101

1 描繪紙型進行裁剪

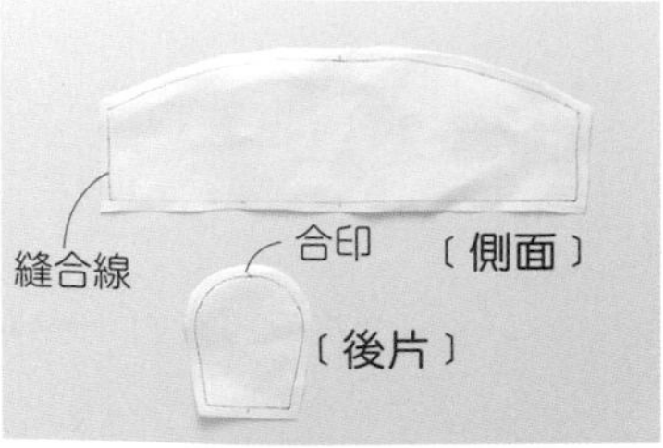

描繪紙型進行裁剪，畫上縫合線、合印。

2 在本體側面縫上蕾絲

把本體側面的前側依完成線折疊起來。

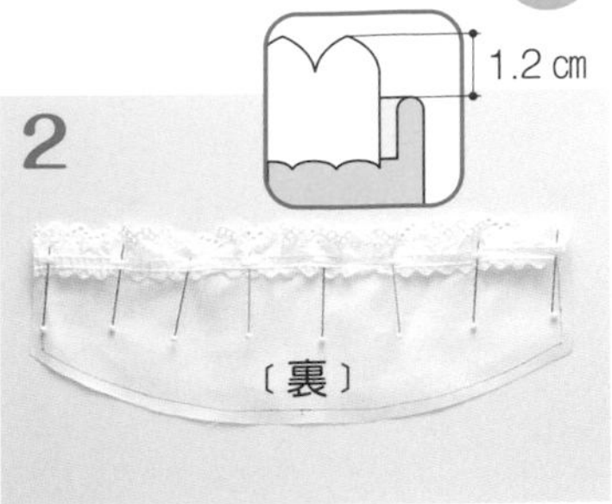

把蕾絲用珠針固定。

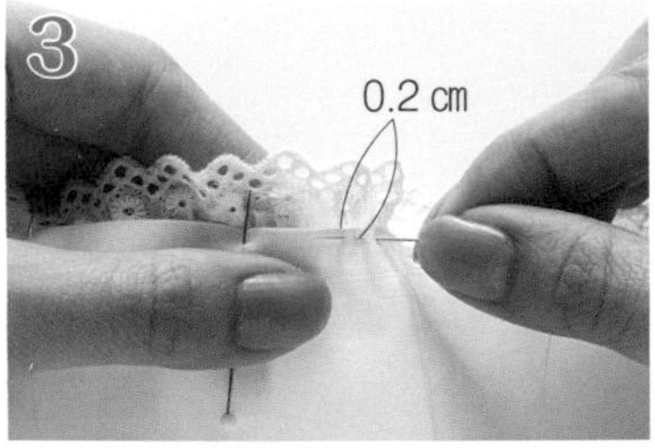

把蕾絲縫上去。

平針縫1股線

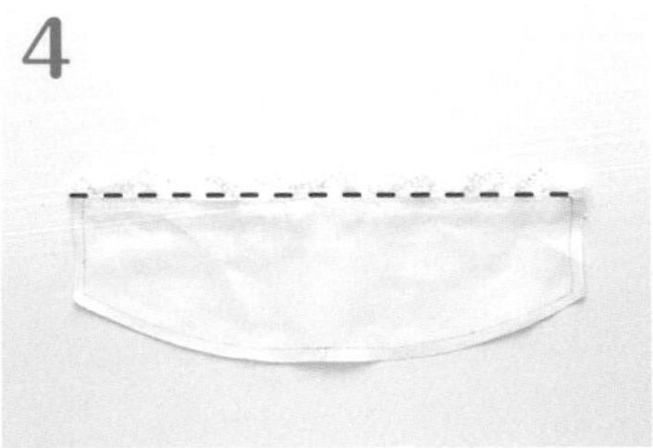

縫上蕾絲的樣子。

3 把本體後片和側面接合

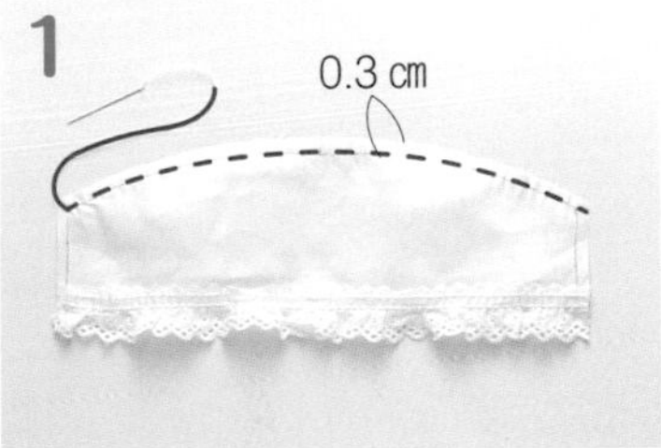

把本體側面的後側縫起來。線尾留長一點備用

平針縫1股線

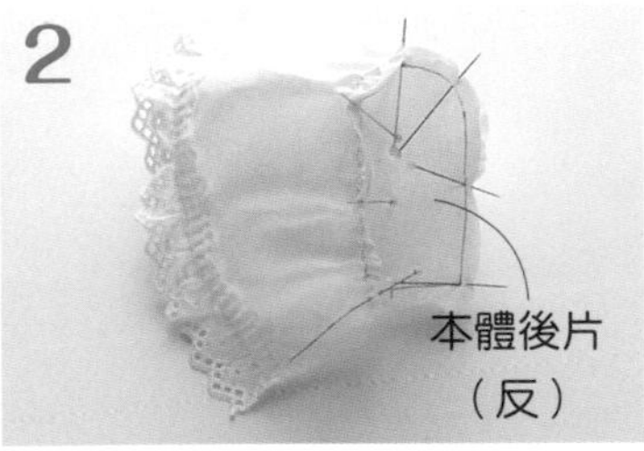

對齊本體後片的合印之後把 1 的線拉緊縮口，用珠針固定。

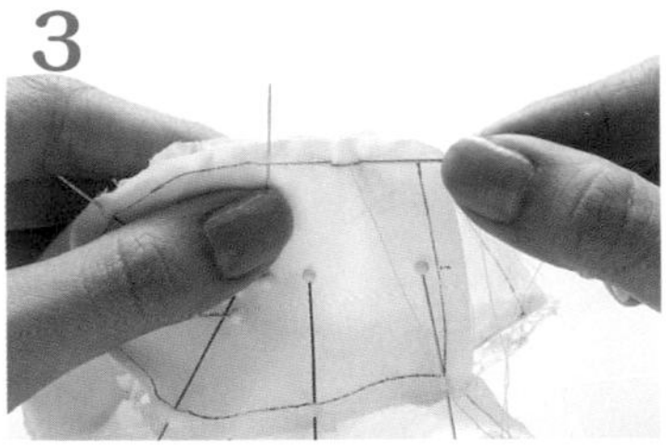

把本體後片和側面縫合起來。

半回針縫1股線

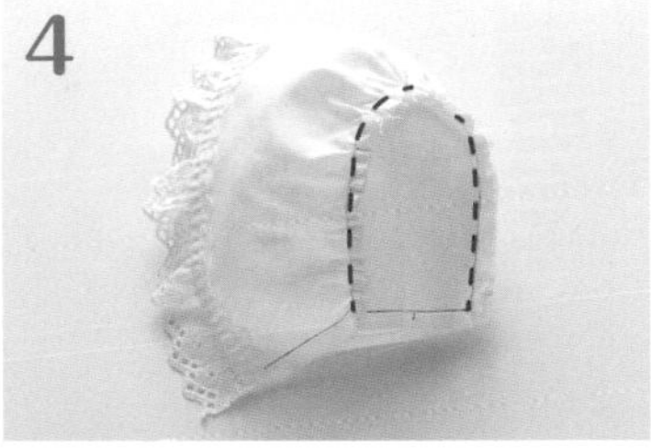

縫合完畢的樣子。

4 縫好下擺，安裝綁帶

把下擺依完成線折好，在側面的兩端將緞帶用白膠黏住。

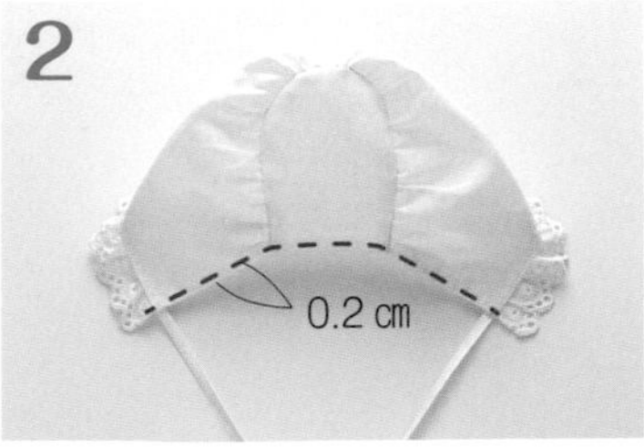

把下擺縫好。

平針縫1股線

嬰兒帽完成了！

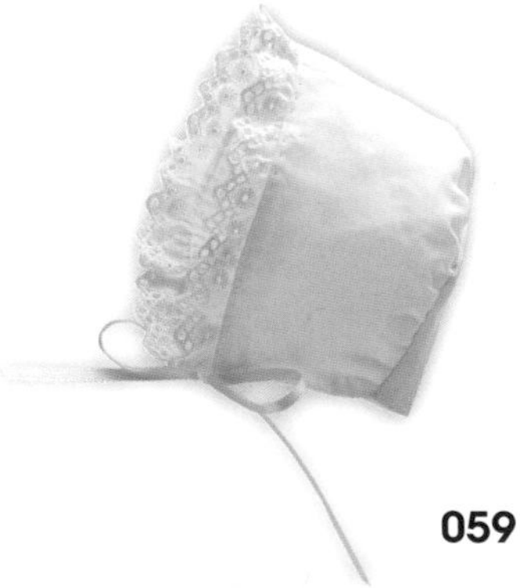

禮服的作法

材料
布（棉質）：25cmX15cm
布（網紗）：30cmX10cm
魔鬼氈：2cm
0.3cm緞帶：40cm　水鑽貼紙：適量

刊載 P11
型紙 P96

1 描繪紙型進行裁剪

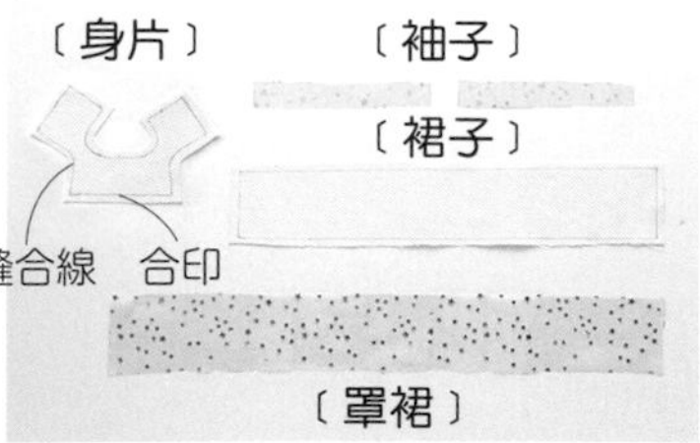

參照紙型和尺寸圖裁剪布料，畫上縫合線、合印。

2 縫製身片

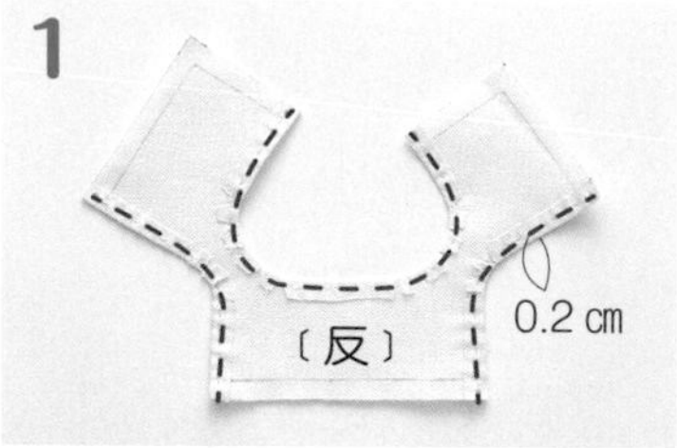

在身片的領口和脇邊的縫份剪牙口，依完成線折疊縫好。
平針縫1股線

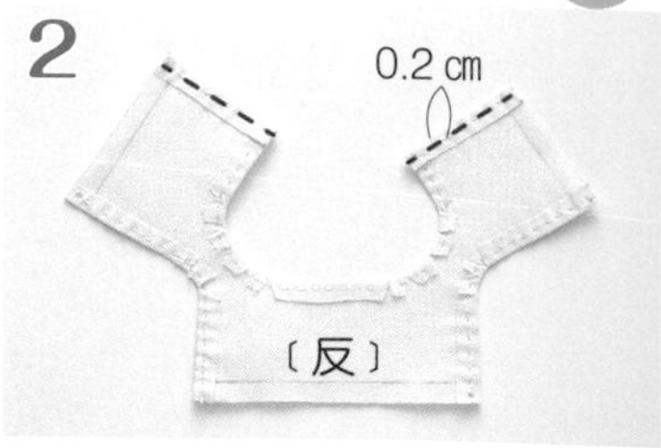

將後身片的邊端依完成線折疊縫好。平針縫1股線

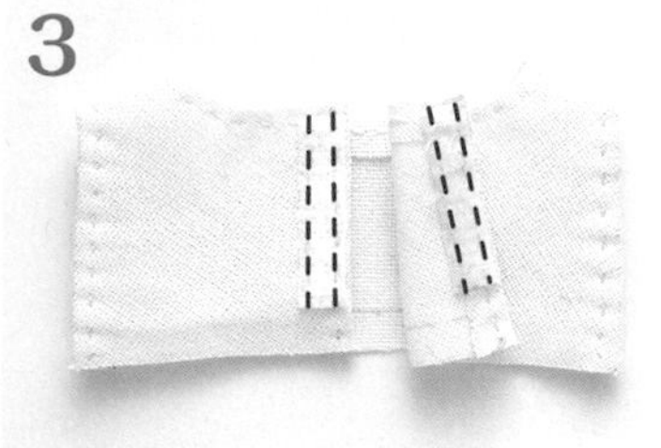

縫上魔鬼氈。（參照P81）

3 製作裙子、接合

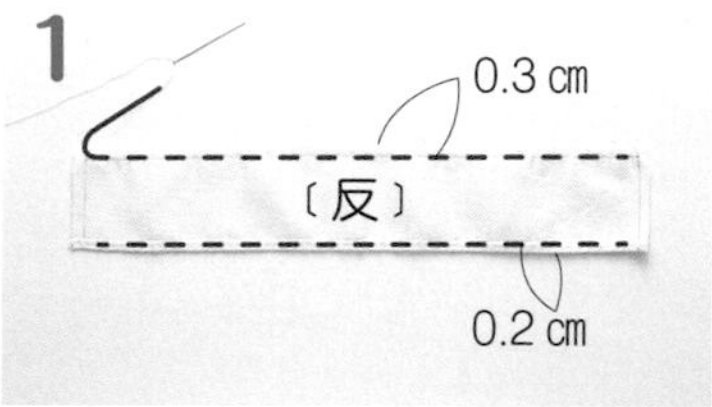

把裙子的下擺依完成線折疊縫好，將腰側縫起來。腰側的線尾要留長一點備用。平針縫1股線

對折之後把橫邊縫起來。
半回針縫1股線

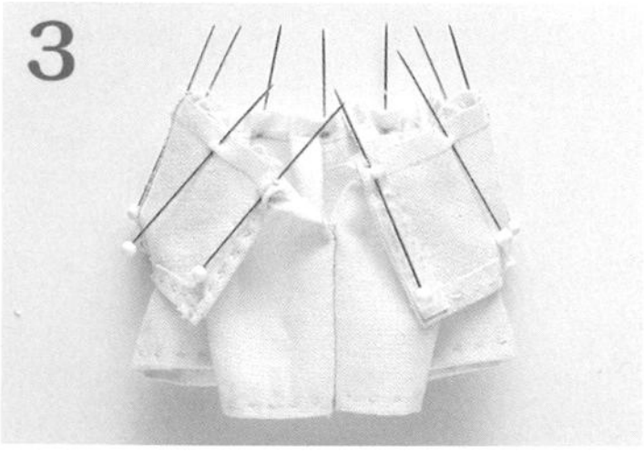

對齊身片的合印之後把 1 的線拉緊縮短，用珠針固定。

把身片和裙子縫合起來。
半回針縫1股線

4 製作袖子、接合

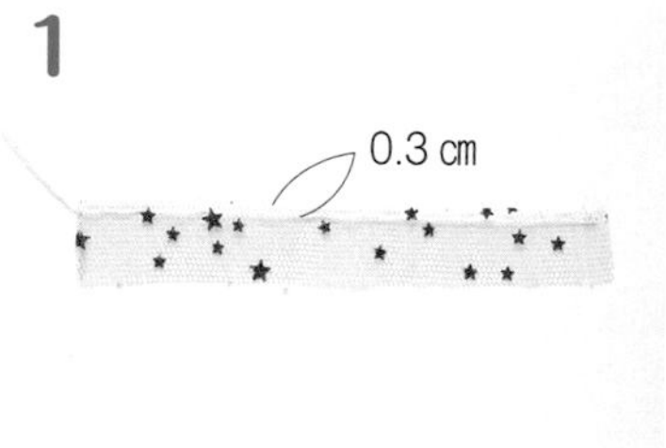

把袖子的上側縫起來。線尾留長一點備用。平針縫1股線

把 1 的線拉緊，縮短成1.2cm，打結固定。製作2片。

在肩膀的內側縫合固定。
平針縫1股線

5 貼上水鑽

翻回正面，在領口用白膠貼上一圈水鑽。

6 製作罩裙

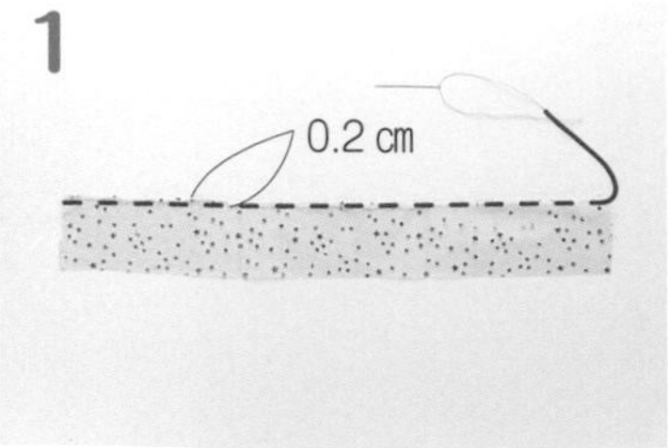

把罩裙的腰側縫起來。線尾留長一點備用。 平針縫1股線

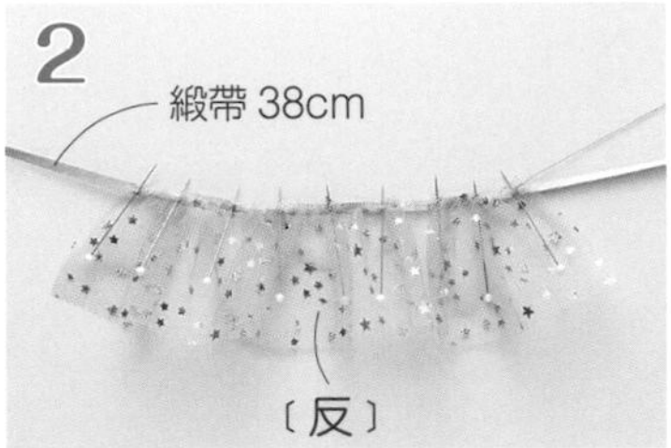

把 1 的線拉緊，縮短成1.2cm，對齊緞帶的中心，用珠針固定。

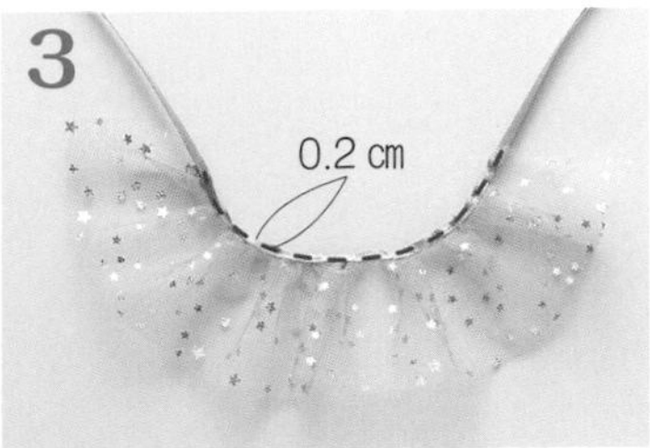

把緞帶和罩裙縫合起來。

平針縫1股線

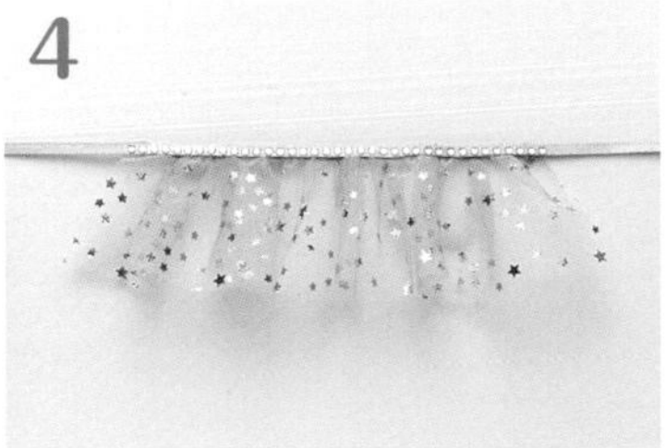

在緞帶的外側用白膠貼上水鑽。

禮服完成了！

罩在禮服的裙子上將緞帶打結。

水鑽貼紙
不要選單顆型的，
使用一整排的長條型
做起來才簡單。

皇冠的作法

材料 毛根：2支

刊載 P11 紙型 P103

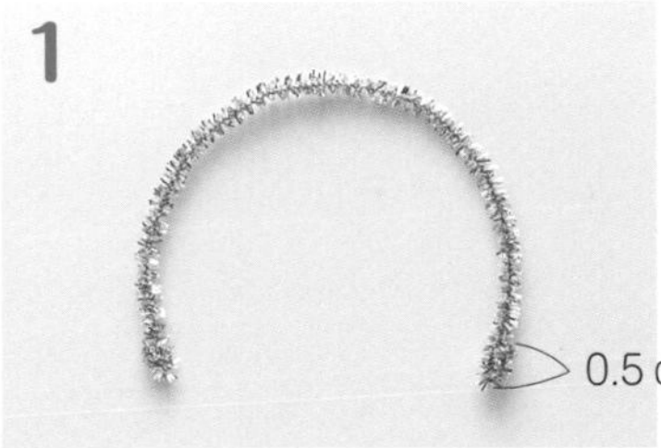

把毛根16cm折彎，兩端反折0.5cm。

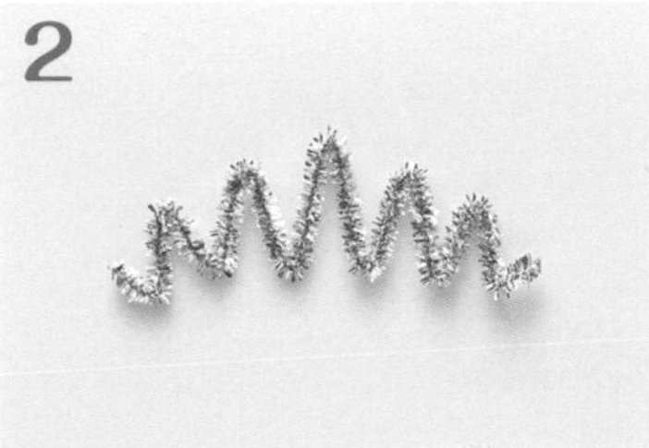

把毛根20cm配合紙型從中心開始折成鋸齒狀。

皇冠完成了！

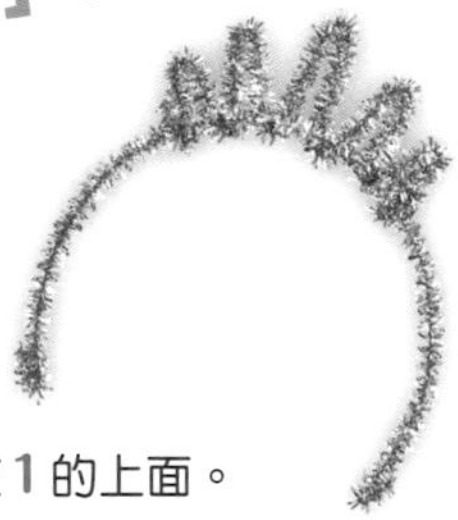

把 2 掛在 1 的上面。

帽子的作法

材料 布：25cm×10cm

刊載 P17 紙型 P104

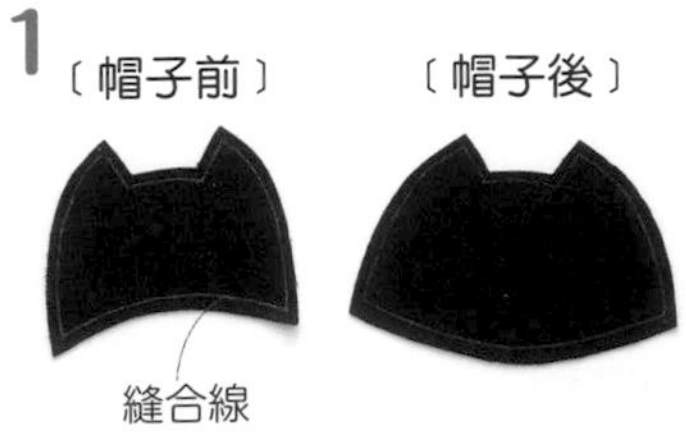

描繪紙型進行裁剪，畫上縫合線。

把2片正正相對疊好，周圍縫合起來。

半回針縫1股線

帽子完成了！

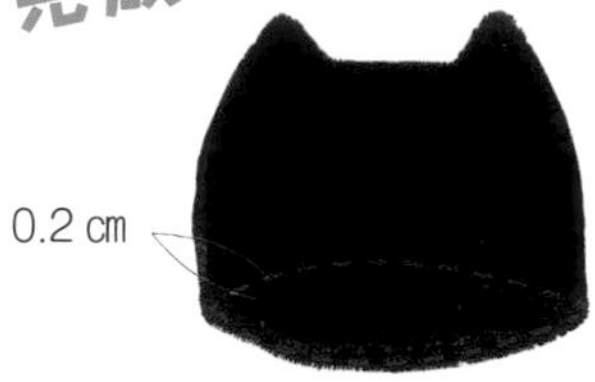

把下擺依完成線折疊縫好。

平針縫1股線

基本的趴娃

Basic

隨時隨地都在一起！
這是形狀像麻糬一樣的玩偶「趴娃」。
圓滾滾的可愛造型很不錯呢。
來，一起從基本的趴娃來做做看吧！

NO.M1

NO.M2

隨時隨地
都在一起！

把小巧的趴娃
放在包包裡
一起出門去！

自由搭配
展現創意！

把喜愛的角色做成趴娃。
可以挑選髮型和表情
做出各式各樣的搭配組合。

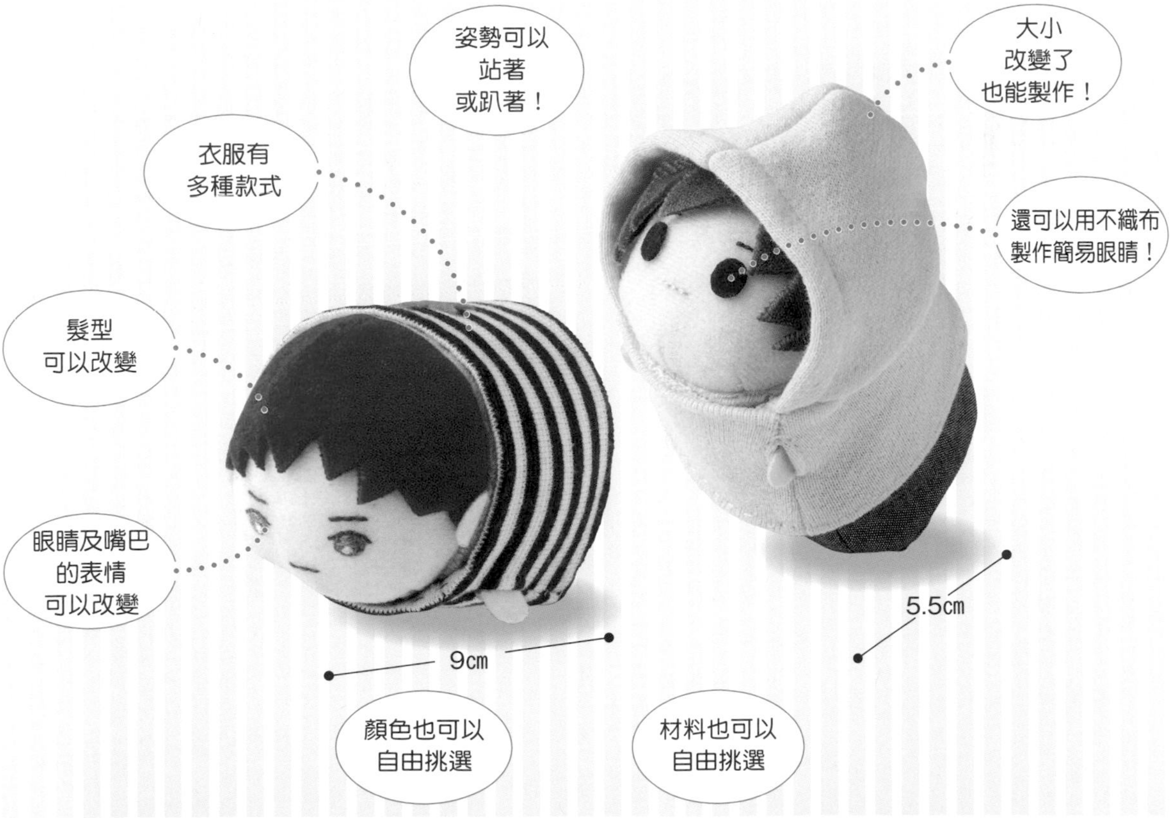

姿勢可以
站著
或趴著！
大小
改變了
也能製作！
衣服有
多種款式
還可以用不織布
製作簡易眼睛！
髮型
可以改變
眼睛及嘴巴
的表情
可以改變
5.5㎝
9㎝
顏色也可以
自由挑選
材料也可以
自由挑選

天天HAPPY！

SCHOOL&可愛的趴娃

穿著運動服和帥帥制服的趴娃
和穿著可愛布貼T恤的趴娃！
School
NO.M3
NO.M4

可以站著，可以趴著
在教室裡的趴娃

便服裝扮的趴娃
最適合隨身攜帶！

什麼都能扮！

變裝的可愛趴娃

扮成可愛的動物
或憧憬的女僕小姐……
什麼都能扮，真是太可愛了。

NO.M7
兔子

NO.M8
小熊

Animal
Costume

套上毛絨絨的布偶裝！
耳朵是魅力亮點

粉紅色斗篷和女僕裝都是
歡樂的換裝服飾。

來製作趴娃吧！

把頭和身體做好，再縫一圈接合起來，作法非常簡單！

[基本的趴娃]

1 描繪紙型進行裁剪 P68
2 添加臉的部件（刺繡） P69
3 製作頭 P69
4 製作身體 P70
5 把頭和身體接合 P70

■ 身體的材料，不管是奈銳克思或軟毛絨都是相同的作法。

紙型

身體 P105　臉的部件 P105　頭髮 P105

材料

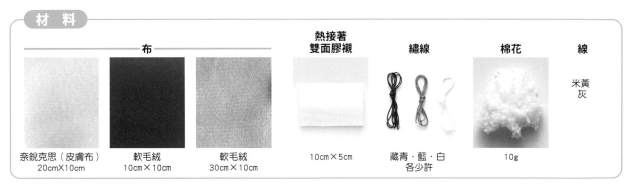

布			熱接著雙面膠襯	繡線	棉花	線
奈銳克思（皮膚布）20cmX10cm	軟毛絨 10cm×10cm	軟毛絨 30cm×10cm	10cm×5cm	藏青・藍・白 各少許	10g	米黃 灰

1 描繪紙型進行裁剪

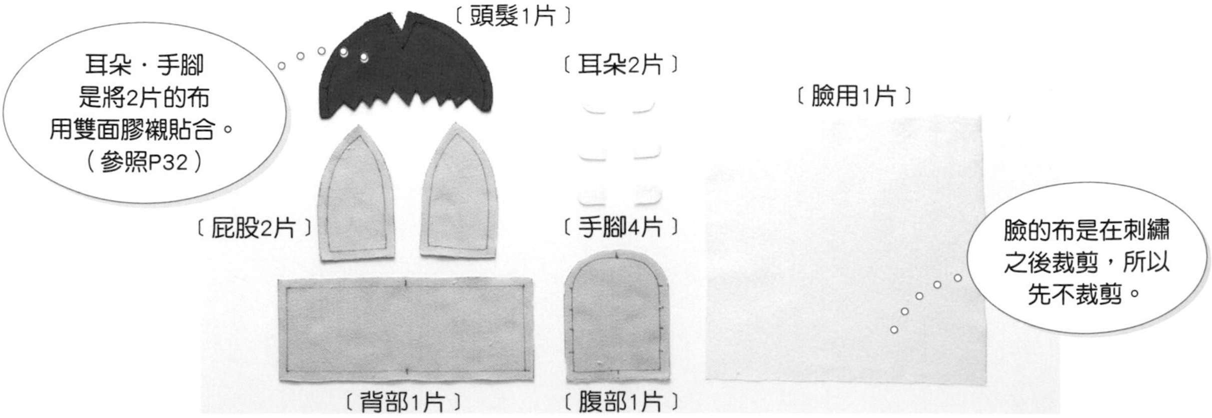

耳朵・手腳是將2片的布用雙面膠襯貼合。（參照P32）
〔頭髮1片〕
〔耳朵2片〕
〔臉用1片〕
〔屁股2片〕
〔手腳4片〕
臉的布是在刺繡之後裁剪，所以先不裁剪。
〔背部1片〕
〔腹部1片〕

在布上描繪紙型進行裁剪。（參照P32）

2 添加臉的部件（刺繡）

◆ 用不織布製作部件的人見44頁

1

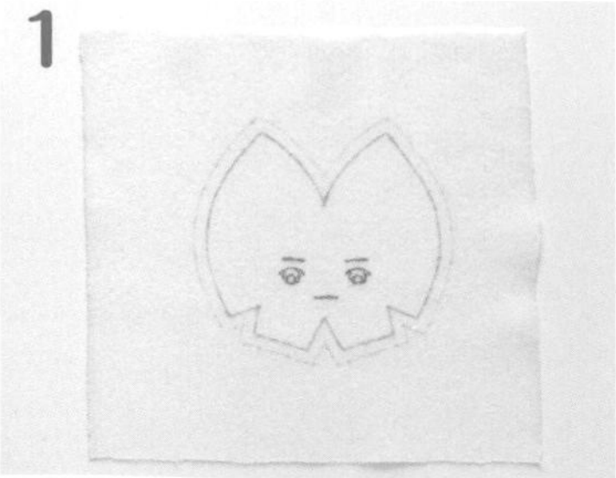

在布上把臉的紙型和部件的圖案描繪好。（參照P34）

用熱消筆

2

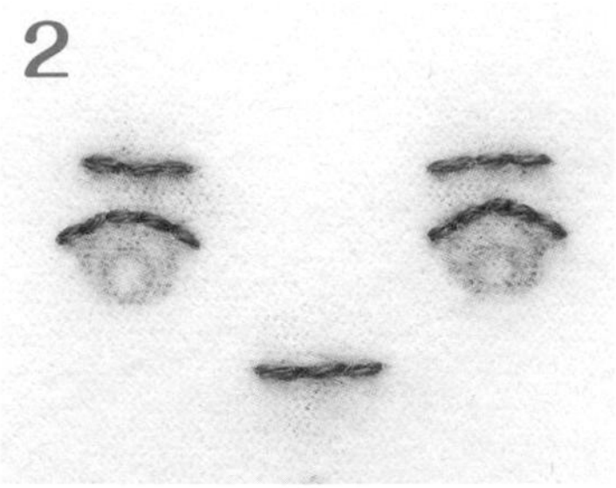

眉毛、眼睛上方的線條、嘴巴用回針繡（P35）來刺繡。

3股線

刺繡針法及順序

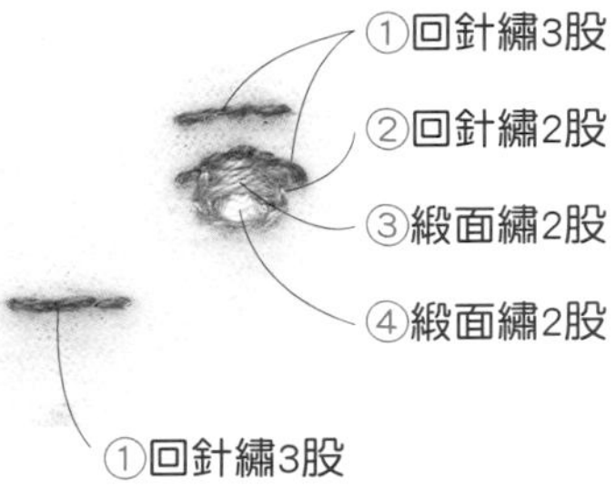

3

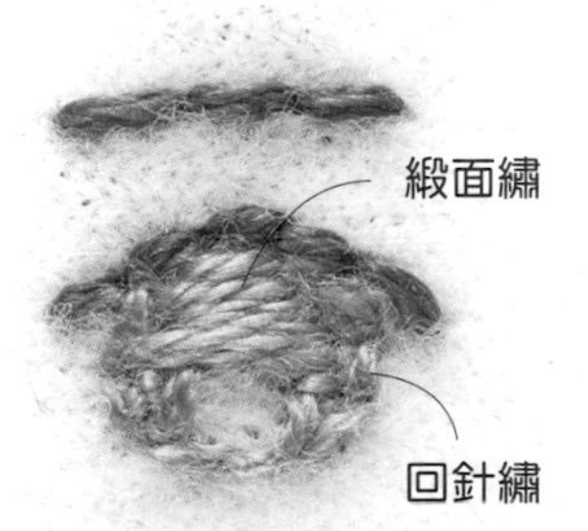

眼睛的周圍用回針繡、中間用緞面繡來刺繡。 2股線

4

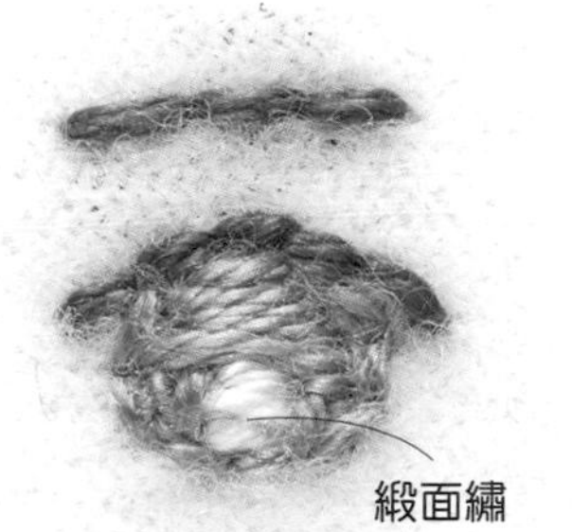

眼睛的白色部分用緞面繡來刺繡。

2股線

5

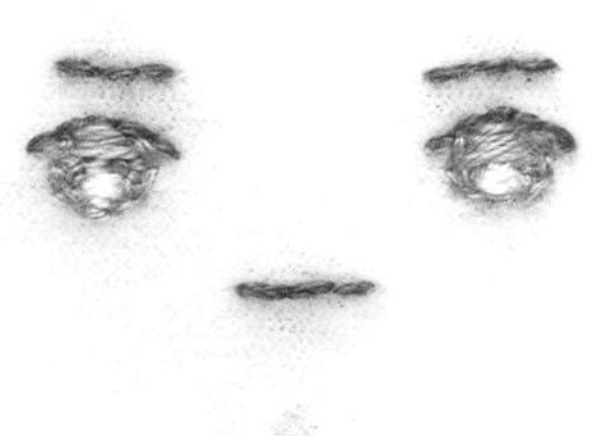

刺繡完畢的樣子。

3 製作頭

1

沿著描繪好的紙型線把臉裁剪下來。

2

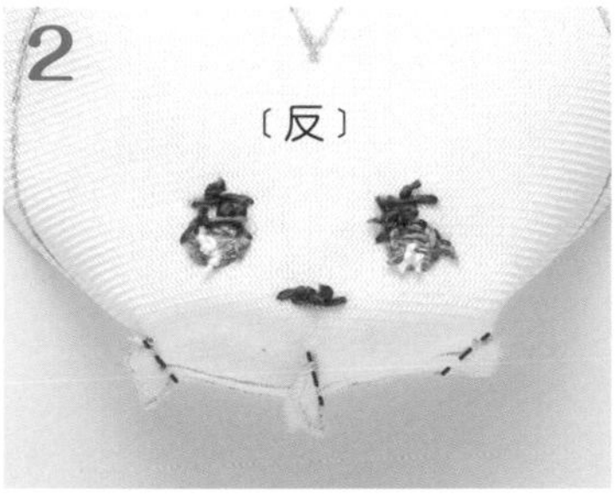

把下巴的3處尖褶縫起來。

半回針縫1股線

3

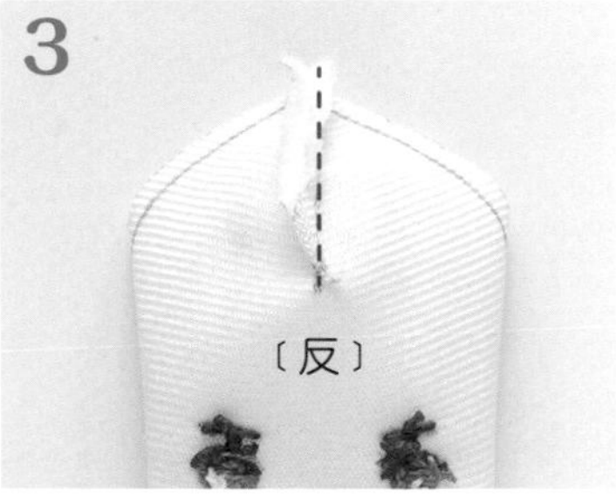

把額頭的尖褶縫起來。

4

把頭髮的尖褶縫起來。

5

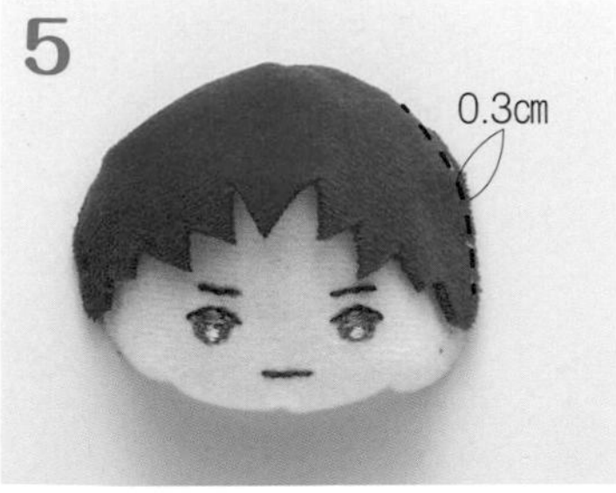

把頭髮覆蓋在臉上，在邊端假縫固定。 平針縫1股線

6

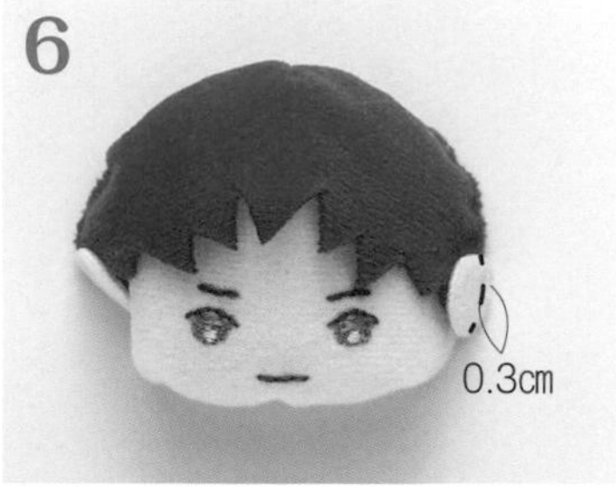

把耳朵假縫在臉上。

4 製作身體

1

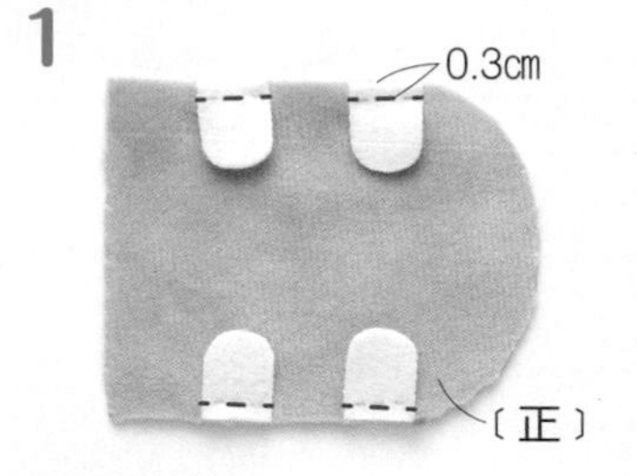

把手腳假縫在腹部上。

平針縫1股線

2

把2片屁股正正相對疊好，將後中心縫合起來。

半回針縫1股線

3

把背部和屁股縫合起來。

半回針縫1股線

4

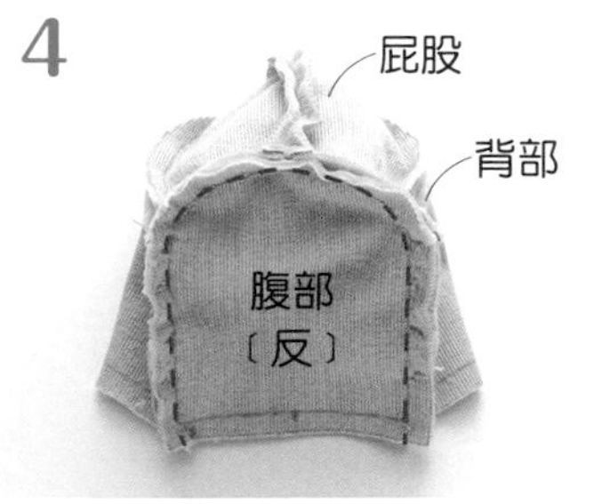

把3和腹部縫合起來。

半回針縫1股線

重點小提示

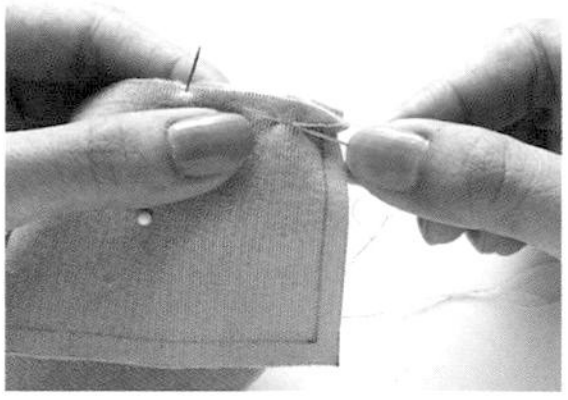

由於是曲線與直線的接合，為了避免移位，最好先用珠針確實固定再進行縫合。縫合的時候，要看著腹部來縫。

5 把頭和身體接合

1

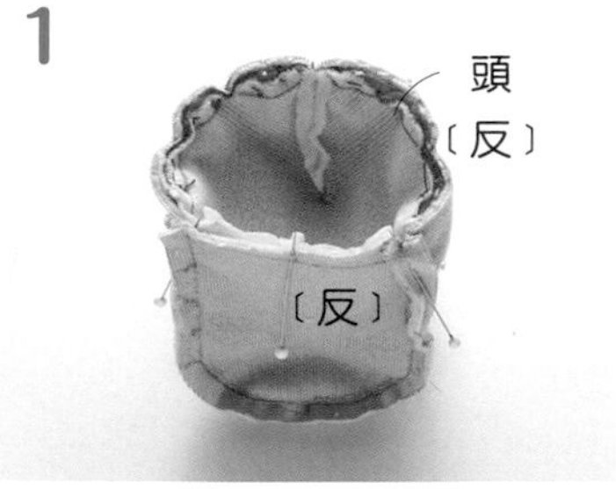

把頭放入身體中，正正相對疊好，用珠針固定。

2

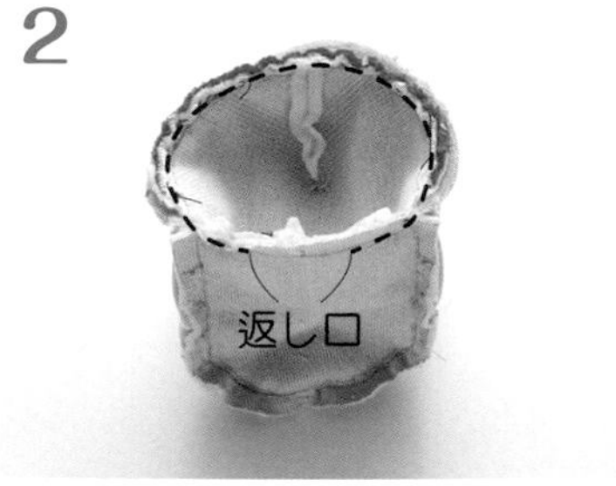

留下返口之後縫合起來。

半回針縫1股線

3

翻回正面，塞入棉花。

4

留下少許返口之後把頭和身體縫合起來，繼續均勻地塞入棉花。

ㄇ字形縫法1股線

5

把返口縫合。

趴娃完成了！

來製作趴趴T恤吧！

材料　布：20cmX10cm
不織布：少許

刊載 P62
紙型 P108

1 描繪紙型進行裁剪

描繪紙型進行裁剪，畫上縫合線、合印。

2 縫製身片

1

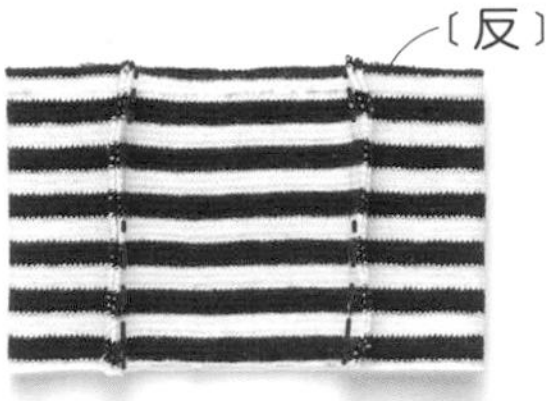

把前身片和後身片，空出袖口部分之後縫合成圈狀。

半回針縫1股線

2

把縫份往左右攤開。

3

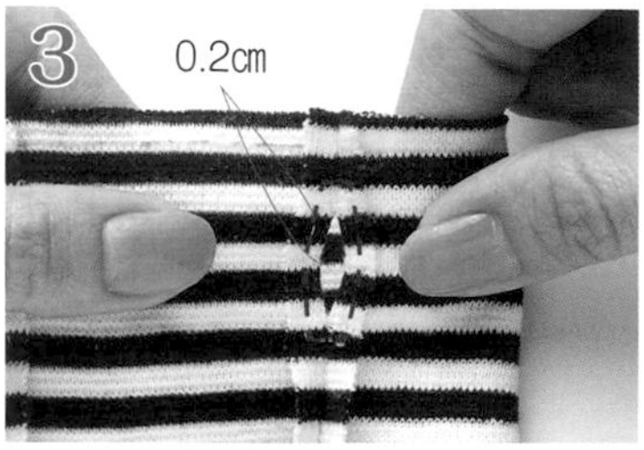

把袖口的左右縫起來。

平針縫1股線

3 安裝布貼

1

在布貼的反面塗上少許白膠。

2

貼在後身片的安裝位置，在周圍縫一圈固定。

立針縫1股線

3

把下擺和上端依完成線折疊縫好。

平針縫1股線

趴趴T恤完成了！

基本的縫紉針法

立針縫

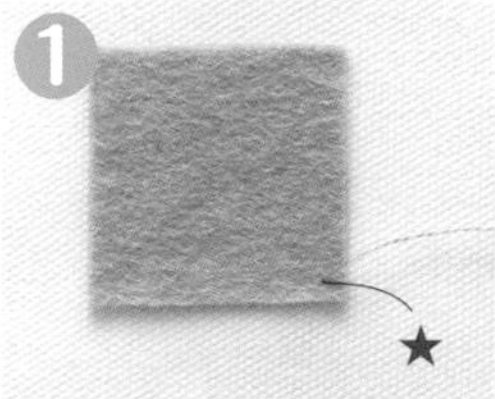

把線從不織布（★）穿出。

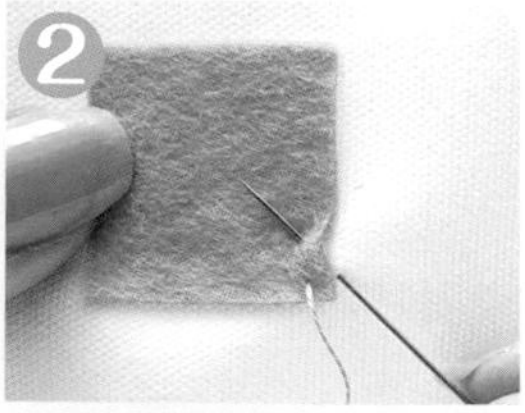

以針腳和邊緣呈直角的方式把針插進布裡，從1針的前端位置出針。

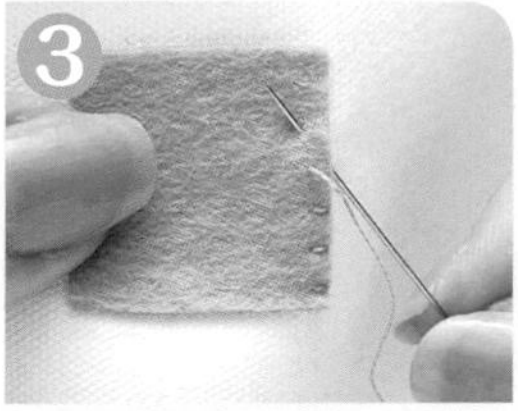

重複同樣的動作。

立針縫完成。

變化！

趴趴刺蝟頭的作法

刊載 P64　紙型 P106

1 製作刺蝟髮

把2片布貼合起來（參照P32 1 ），描繪紙型進行裁剪。

2 安裝刺蝟髮

將刺蝟髮對齊頭部的縫合線，用珠針固定。

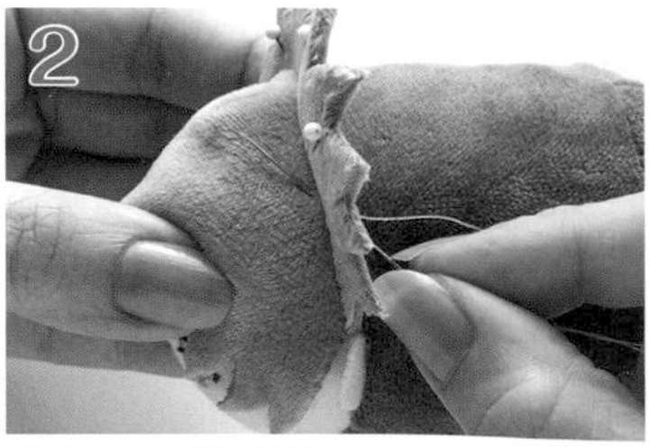

將刺蝟髮的邊端和頭部以捲針縫縫合。（參照P80）

捲針縫1股線

刺蝟頭
完成了！

重點小提示

塗上防綻液

刺蝟髮及前髮等
沒做過布邊處理的部件
最好先塗上防綻液。

變化！

趴趴丸子頭的作法

刊載 P65　紙型 P107

1 製作丸子

描繪紙型進行裁剪。

在周圍細縫一圈。線尾留長一點備用。

平針縫1股線

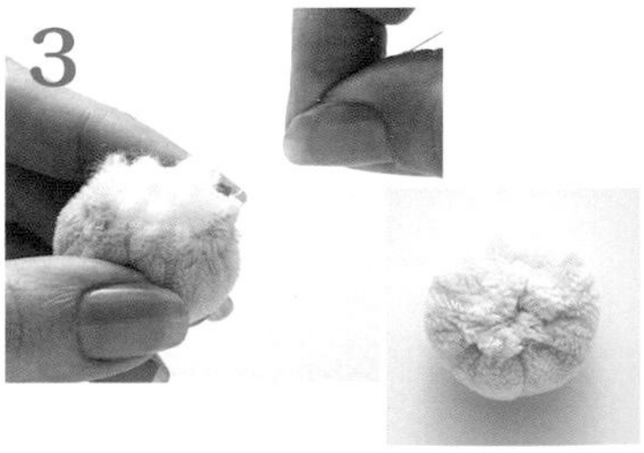

把線拉緊縮口，塞入棉花。在開口縫上十字打結固定。

4 安裝丸子

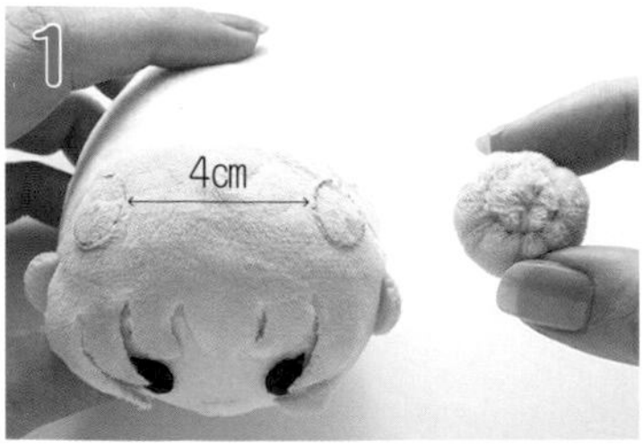

在頭的丸子安裝立置，以及丸子的縮口面，畫上圓圈記號。

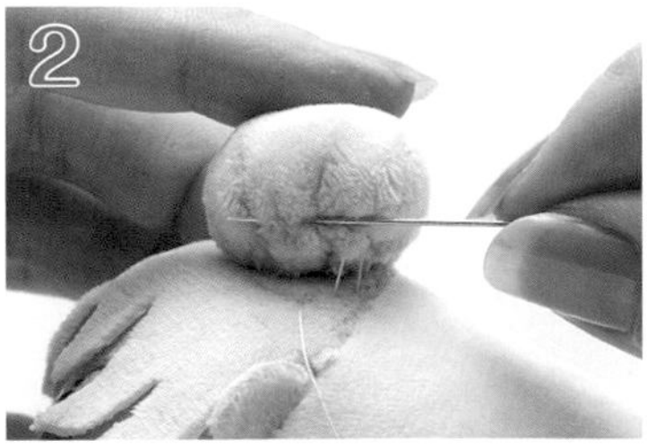

對齊安裝位置，縫一圈固定。

ㄇ字形縫法1股線

趴趴丸子頭
完成了！

趴趴布偶裝（兔子）的作法

材料　布：30cmX15cm
不織布：10cmX10cm
棉花：少許

刊載 P66　紙型 P110 P111

1 描繪紙型進行裁剪

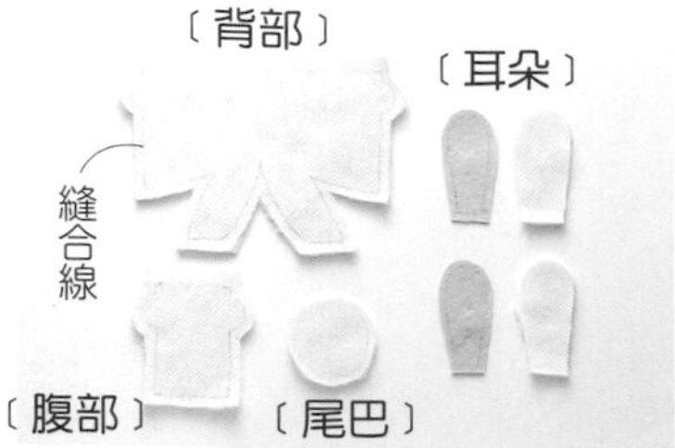

描繪紙型進行裁剪，畫上縫合線。

2 縫製身片

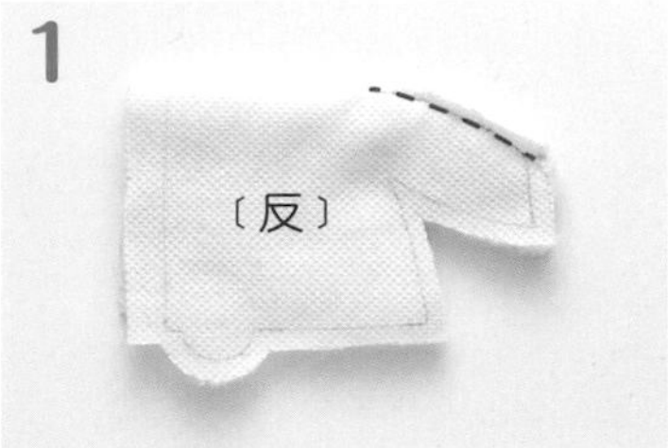

把背部的後中心的尖褶縫起來。

半回針縫1股線

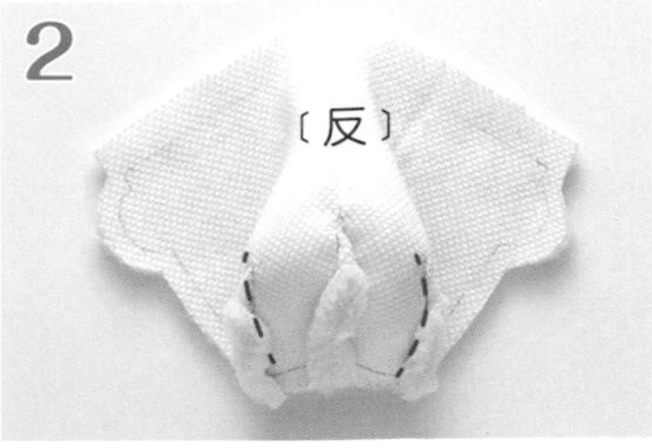

把 1 的左右的尖褶縫起來。

半回針縫1股線

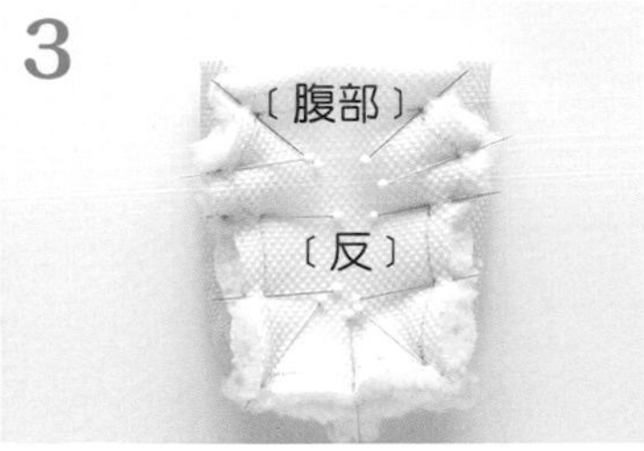

把背部和腹部接合，用珠針固定。

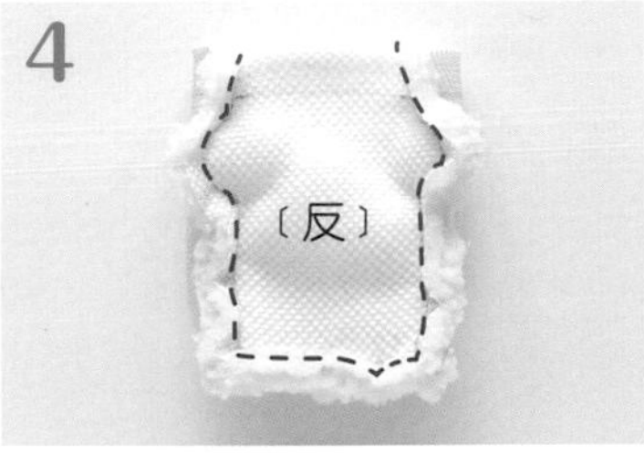

把背部和腹部縫合起來。

半回針縫1股線

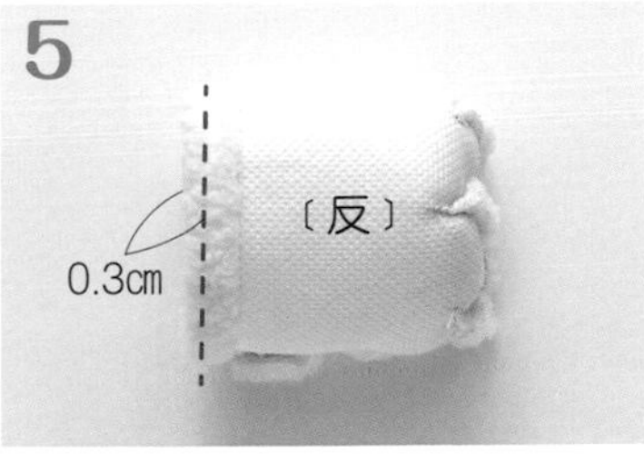

把頸側依完成線折疊縫好。

平針縫1股線

3 製作耳朵，安裝

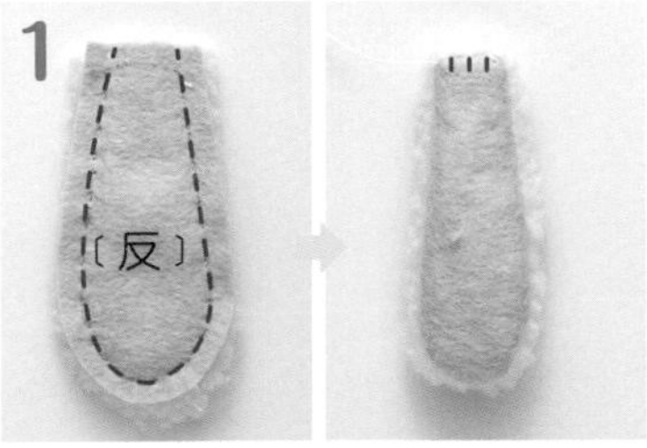

把耳朵的布和不織布正正相疊縫合起來。翻回正面，將根部側的縫份往內側折入，把開口縫合。

半回針縫1股線　ㄇ字形縫法1股線

縫在本體上。

立針縫1股線

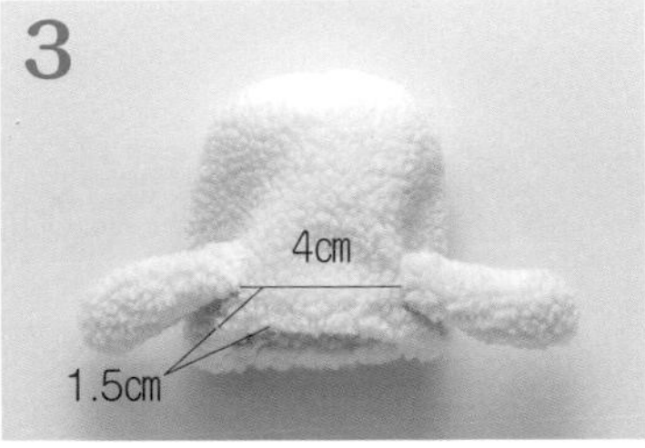

另一邊也縫上去。

4 製作尾巴，安裝

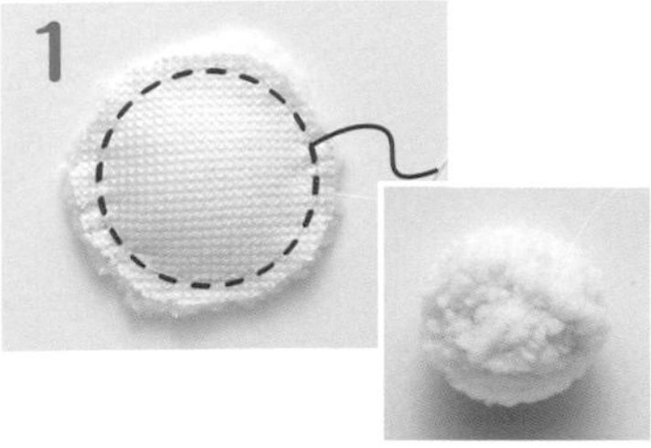

在尾巴的周圍縫一圈，塞入棉花，把線拉緊縮口。

平針縫1股線

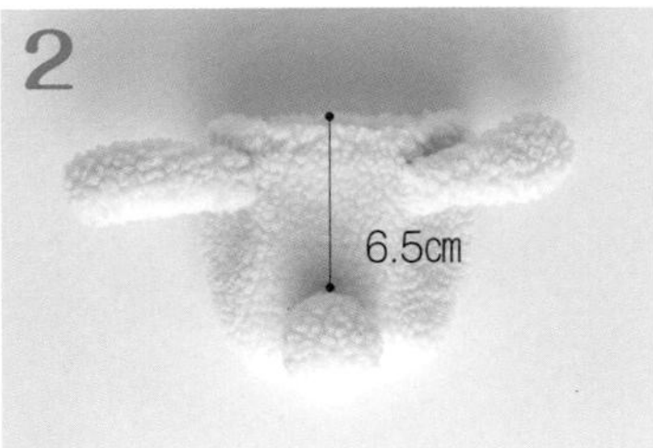

縫在本體上。

趴趴布偶裝完成了！

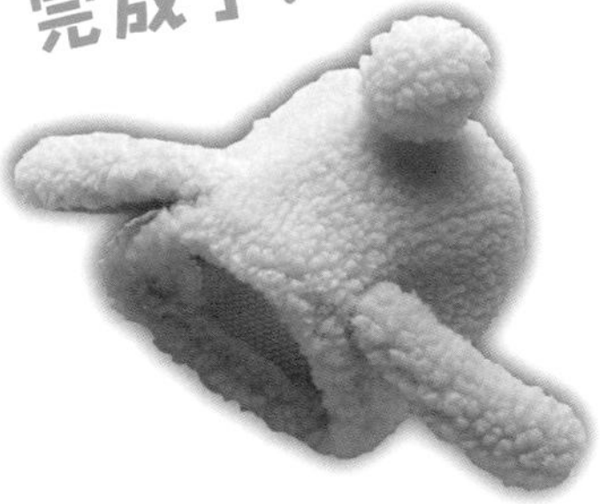

趴趴裙的作法

材料　布：40cm×10cm

刊載 P65　紙型 P109

1 描繪紙型進行裁剪

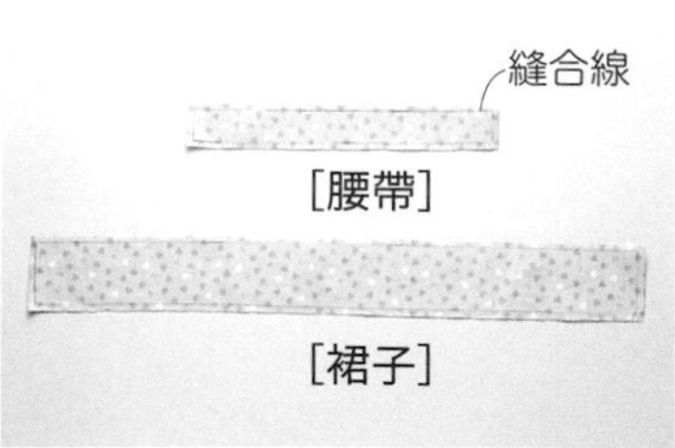

參照尺寸圖裁剪布料，畫上縫合線。

2 縫製裙子，接上腰帶

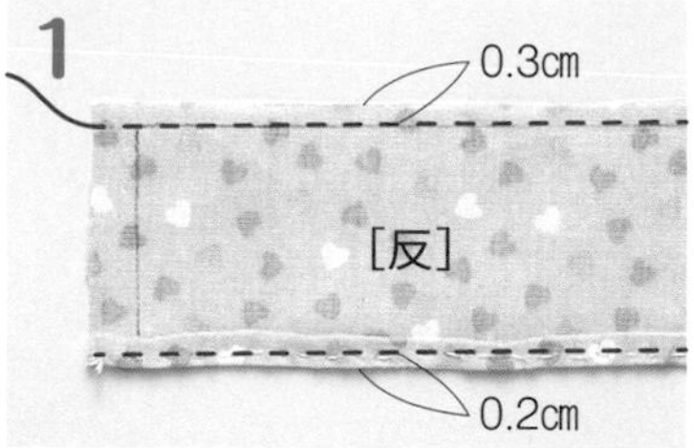

把裙子的下擺依完成線折疊縫好，將腰側縫起來。腰側的線尾要留長一點備用。 平針縫1股線

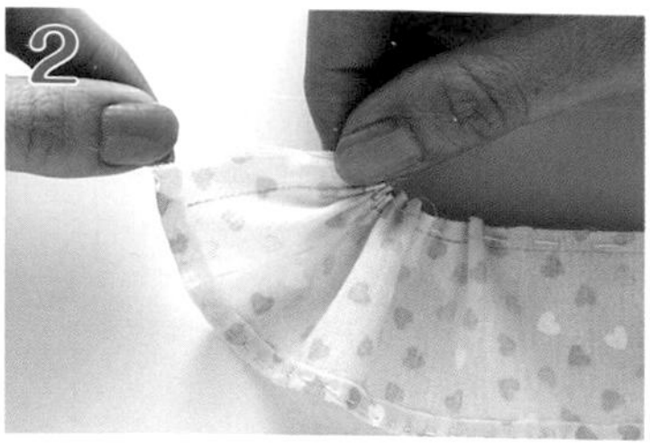

把1的線拉緊縮短。

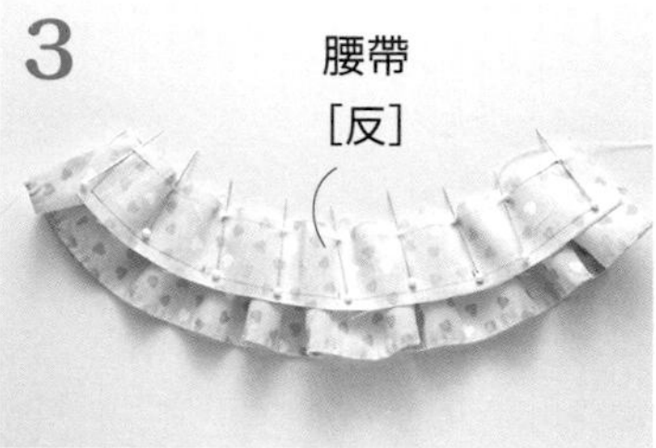

配合腰帶擺好，用珠針固定。

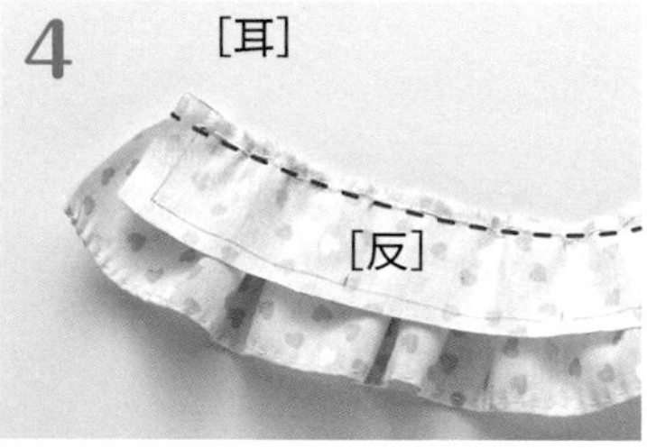

把裙子和腰帶縫合起來。
平針縫1股線

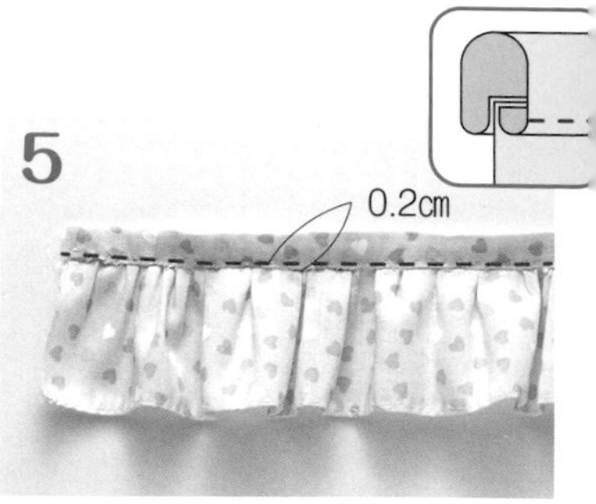

以夾住裙子縫份的方式把腰帶依完成線折疊好，將邊端縫起來。
平針縫1股線

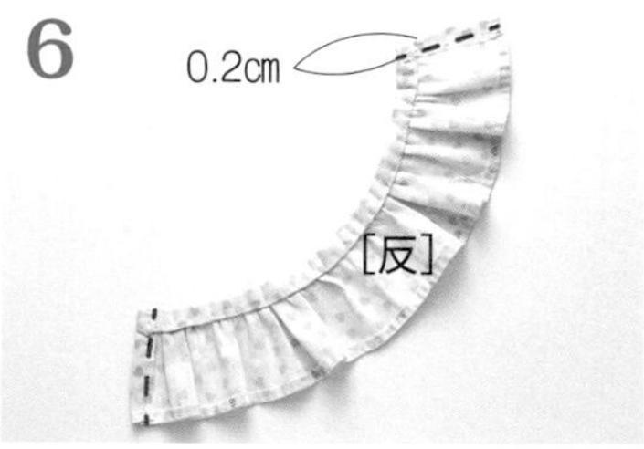

把左右兩端依完成線折疊縫好。
平針縫1股線

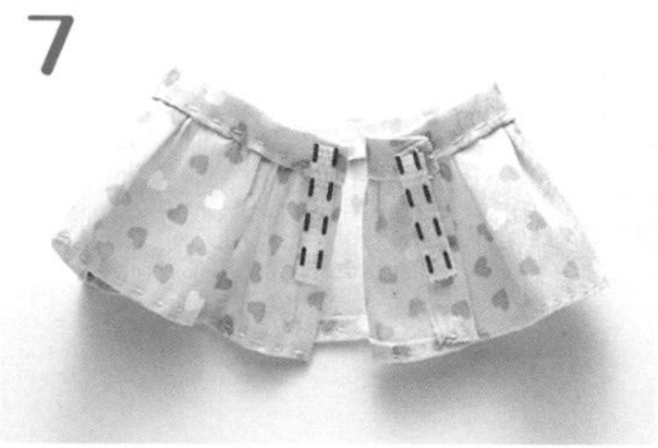

縫上魔鬼氈。
（參照P81）

趴趴裙完成了！

趴趴褲的作法

材料　布：30cm×10cm

刊載 P62　紙型 P107

1 描繪紙型進行裁剪

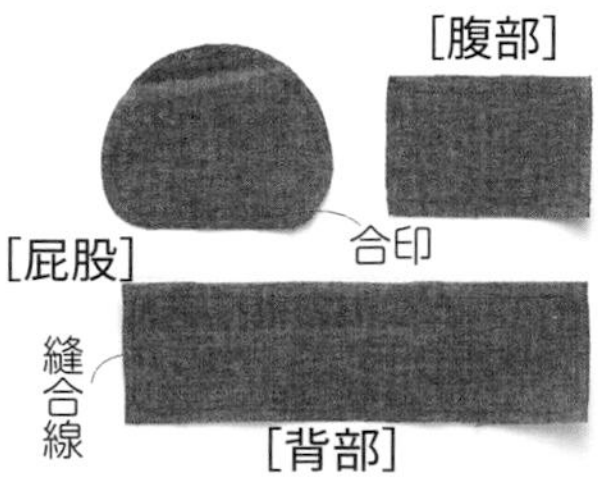

描繪紙型進行裁剪，畫上縫合線、合印。

2 縫合

把腹部和背部縫合成圈狀。
半回針縫1股線

趴趴連帽上衣的作法

材料 布（針織棉布）：25cmX20cm

揭載 P62 型紙 P108

1 描繪紙型進行裁剪

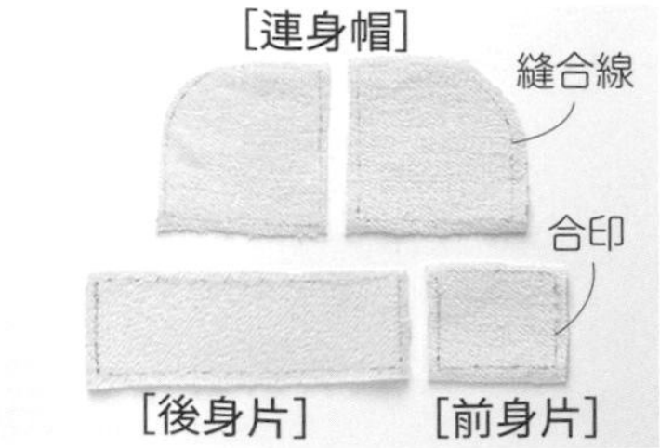

參照紙型和尺寸圖裁剪布料，畫上縫合線、合印。

2 縫製身片

1

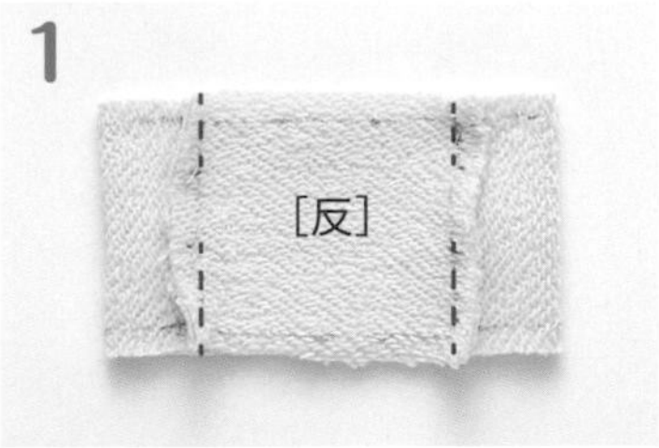

把前身片和後身片，空出袖口部分之後縫合成圈狀。

半回針縫1股線

2

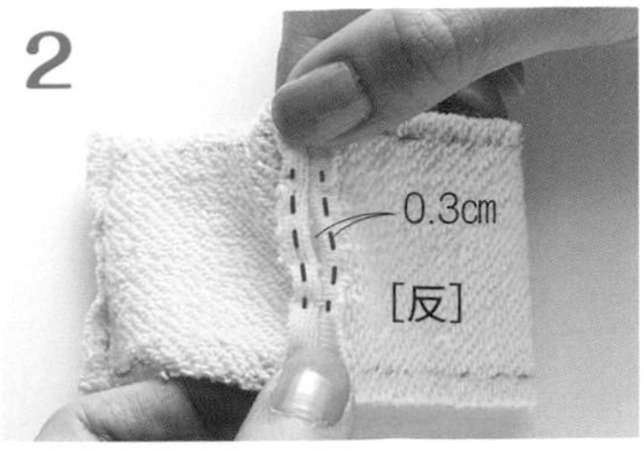

把脇邊的縫份攤開，將袖口縫起來。平針縫1股線

3

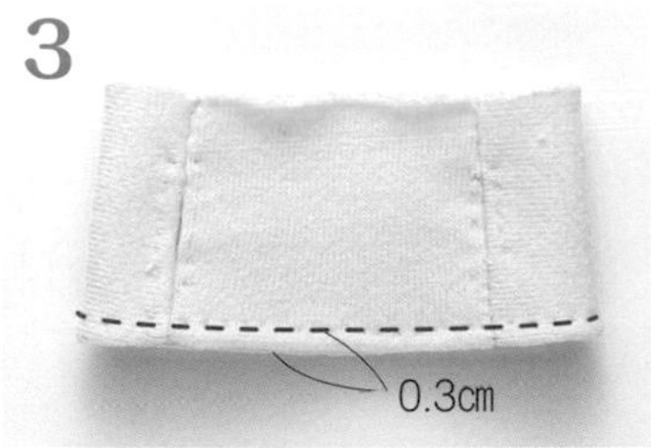

把下擺依完成線折疊縫好。

平針縫1股線

3 製作連身帽，接合

1

把2片連身帽正正相對疊好，將後中心縫起來。

半回針縫1股線

2

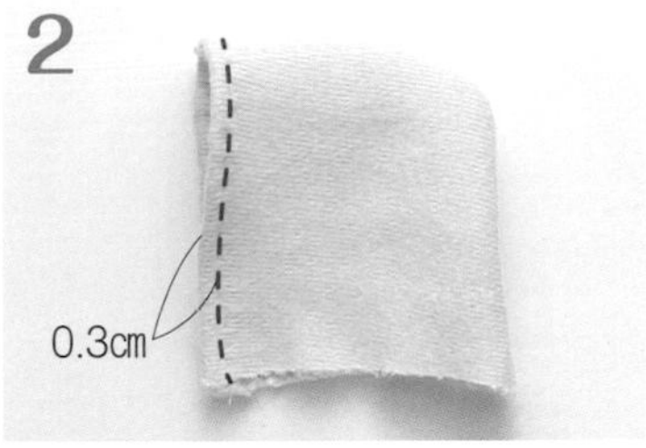

把連身帽的前端依完成線折疊縫好。平針縫1股線

3

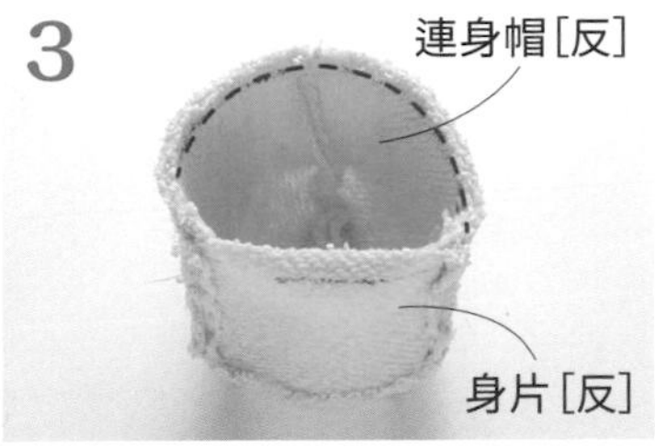

把連身帽放入身片中正正相對疊好，縫合起來。

半回針縫1股線

4

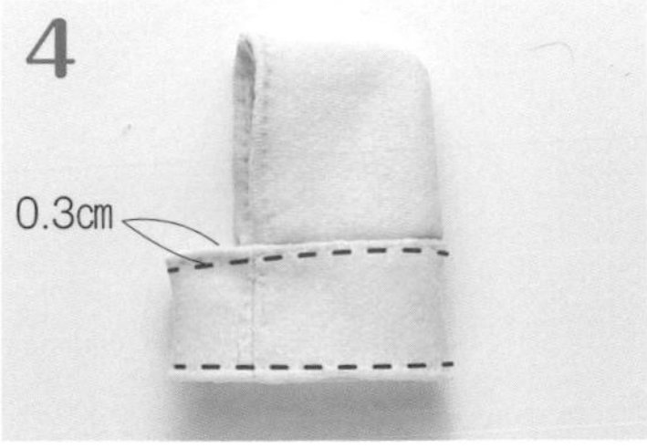

把身片的上下依完成線折疊縫好。

平針縫1股線

趴趴連帽上衣完成了！

2

把1和屁股縫合起來。

3

把腰側依完成線折疊縫好。

平針縫1股線

趴趴褲完成了！

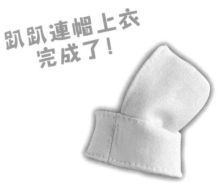

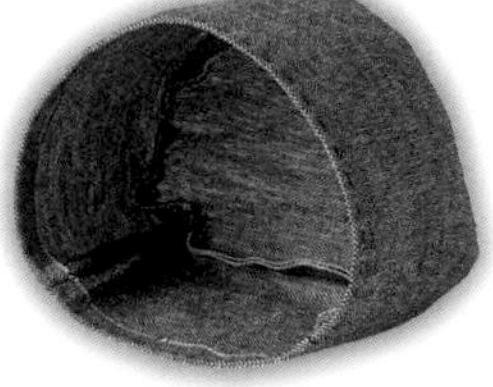

趴趴女僕裝的作法

材料
布（身片）：20cmX10cm
布（裙子）：40cmX10cm
布（領子、圍裙）：20cmX10cm
花邊蕾絲：20cm　0.3cm緞帶：40cm

刊載 P67　紙型 P109

1 描繪紙型進行裁剪

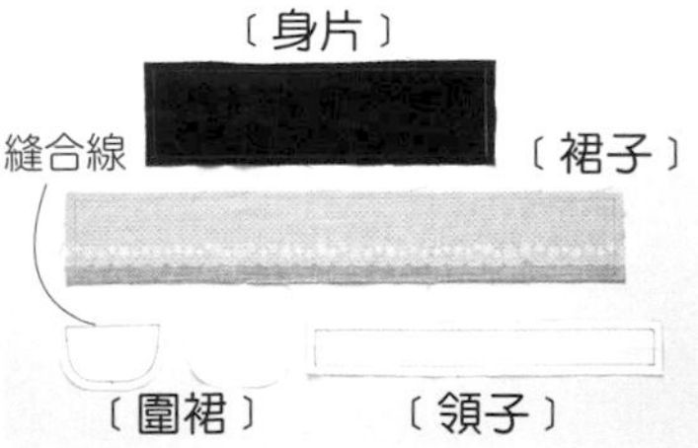

參照紙型和尺寸圖裁剪布料，畫上縫合線。

2 製作裙子，縫製身片

1

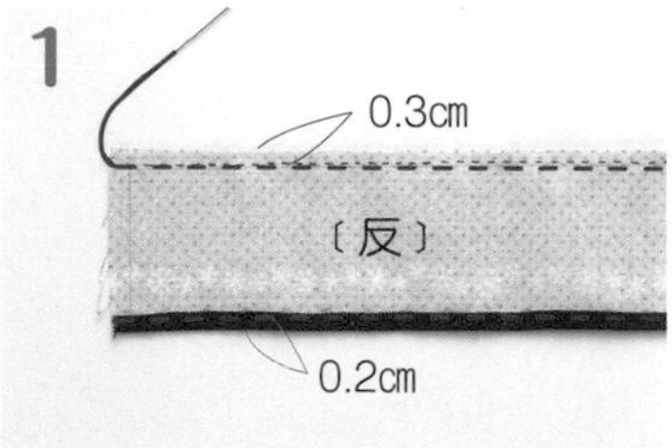

把裙子的下擺依完成線折疊縫好，將腰側縫起來。腰側的線尾要留長一點備用。 平針縫1股線

2

配合身片把 1 的線拉緊縮短，用珠針固定。

3

把身片和裙子縫合起來。
半回針縫1股線

4

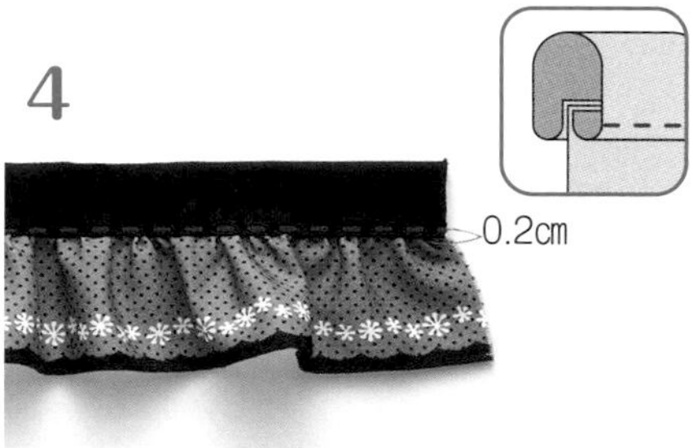

以夾住裙子縫份的方式把身片依完成線折好，將邊端縫起來。
平針縫1股線

5

把 4 對折，將邊端縫起來。
半回針縫1股線

3 製作領子，接合

1

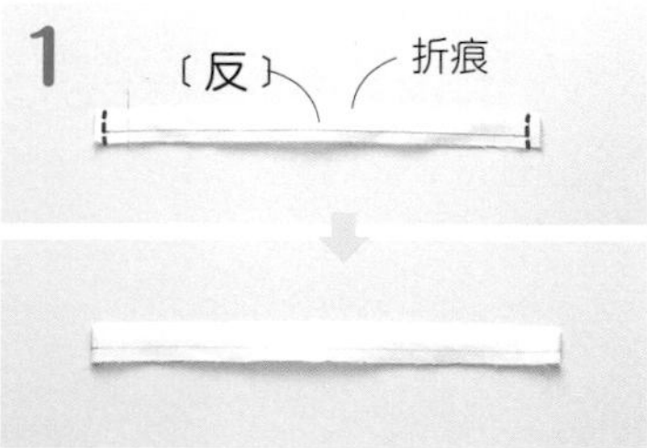

把領子對折，兩端縫起來。翻回正面。 半回針縫1股線

2

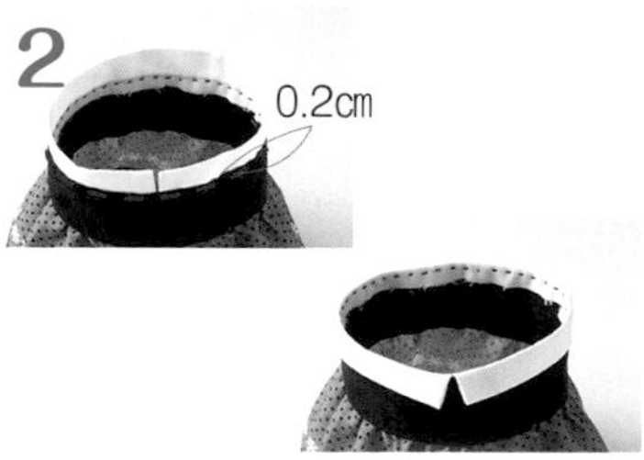

把領子疊在身片的內側，縫合起來。在身片的邊端將領子返折。
平針縫1股線

4 製作圍裙

1

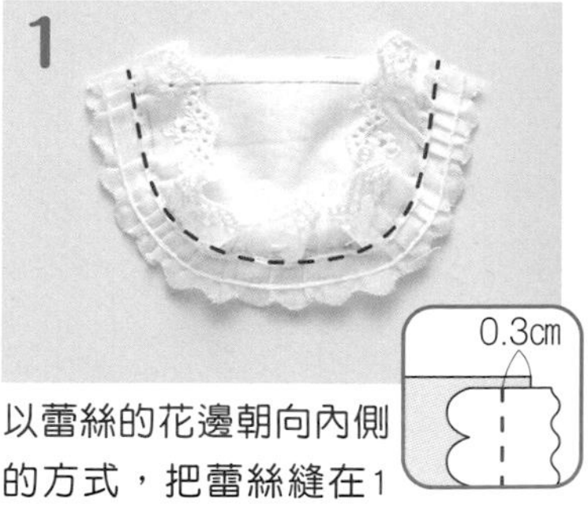

以蕾絲的花邊朝向內側的方式，把蕾絲縫在1片的圍裙上。
平針縫1股線

2

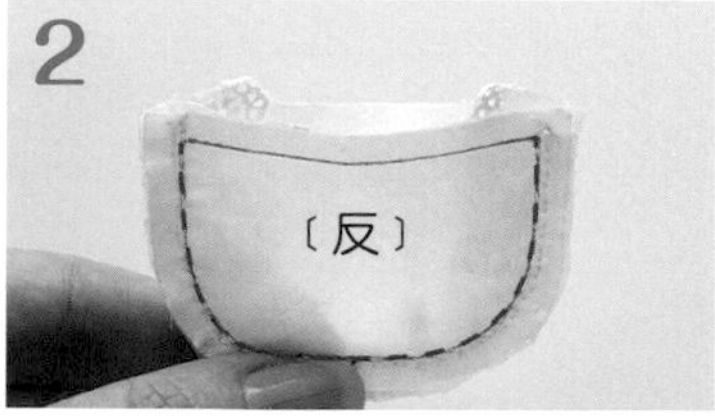

把2片圍裙夾著蕾絲重疊縫合，將超出縫份的蕾絲剪掉。
半回針縫1股線

3

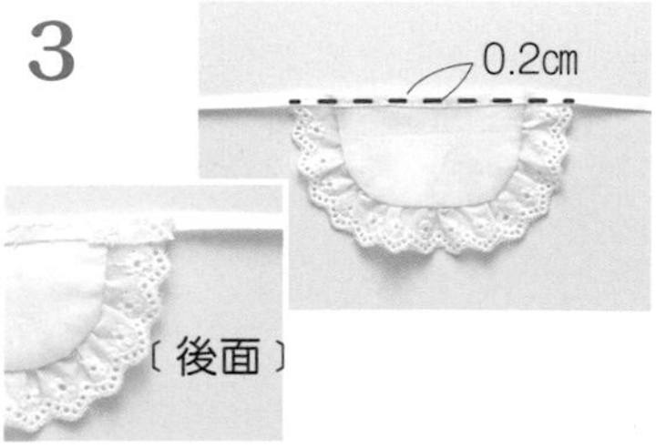

翻回正面，把上側依完成線折好，縫合固定在緞帶38cm上。
平針縫1股線

趴趴女僕裝完成了！

帽子髮箍的作法

材料　不織布：20cmX10cm
0.3cm緞帶：10cm
毛根：1支

刊載 P17　紙型 P111

1 描繪紙型進行裁剪

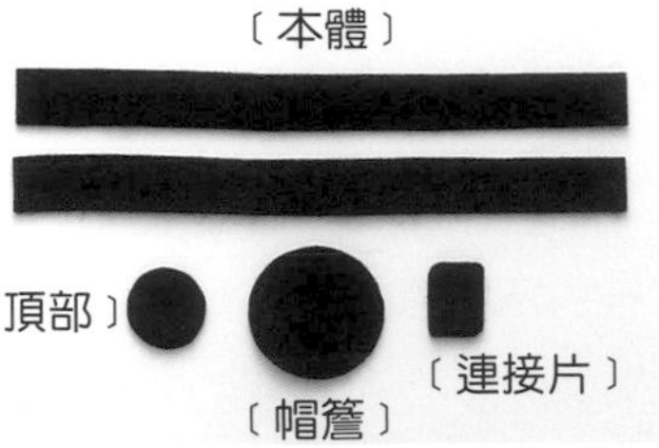

描繪紙型進行裁剪。

2 製作帽子

1

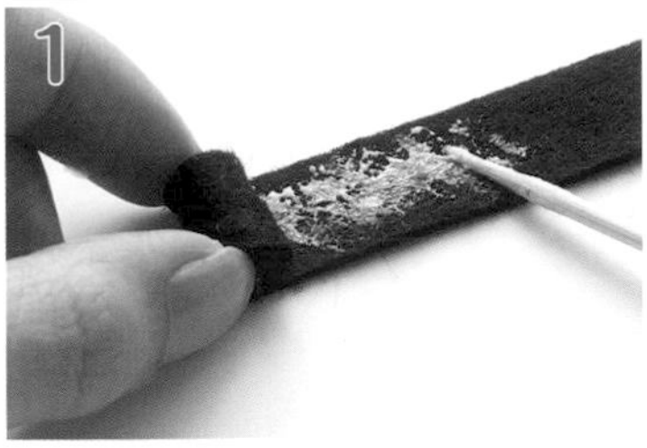

將本體邊塗抹白膠邊捲起來。

2

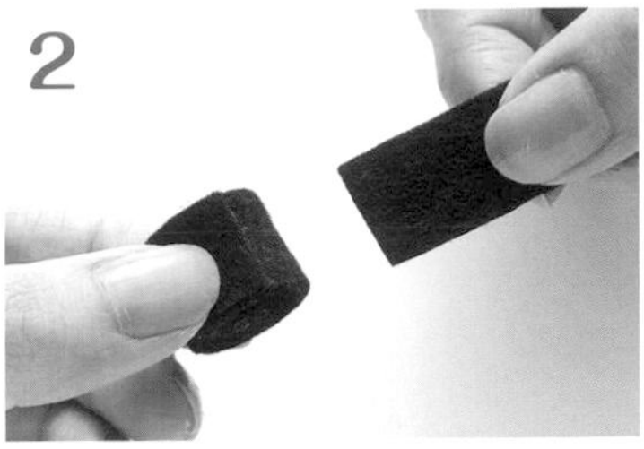

1片捲到盡頭之後，把另一片的邊端接合上去，繼續捲。

3

用珠針把邊端固定住，靜置乾燥。

4

在頂部塗抹白膠，貼在3的上面。

5

在4的底面塗抹白膠，貼在帽簷上。

6

靜置乾燥。

7

將緞帶塗上白膠，在周圍貼一圈。

3 安裝髮箍

1

把毛根12cm折彎。

2

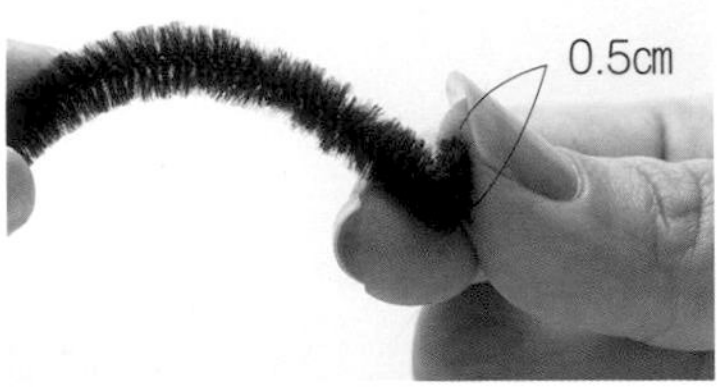

兩端反折0.5cm。

3

將連接片塗上白膠，夾住毛根之後貼在帽子的底部。

帽子髮箍完成了！

反向索引

好想做這個娃娃！好想做這件衣服！
出現這種念頭的時候，請參考這一頁。
各項作品的作法以及紙型的所在頁面都可查到。

[娃娃] 的索引

[娃娃本體] 作法：P32　紙型：P82

NO.1(P4)

	作法	紙型
頭髮	P39	P83
眼睛・嘴巴	P34	P25
T恤	P40	P86
褲子	P42	P87
鞋子	P42	P88

NO.2(P4)

	作法	紙型
頭髮	P39	P83
眼睛・嘴巴	P44	P24
連帽上衣	P48	P88
褲子	P42	P87
褲襪	P80	P88

NO.3(P6)

	作法	紙型
頭髮/	P39	P83
刺蝟	P46	P83
眼睛・嘴巴	P34	P25
T恤	P49	P93
褲子	P42	P87
鞋子	P42	P88

NO.4(P6)

	作法	紙型
頭髮/	P39	P84
髮片	P84	P84
眼睛・嘴巴	P44	P24
T恤	P40	P86
背帶褲	P50	P87
鞋子	P42	P88

NO.5(P6)

	作法	紙型
頭髮/	P39	P84
髮片	P84	P84
眼睛・嘴巴	P44	P24
洋裝	P53	P87
鞋子	P42	P88

NO.6(P7)

	作法	紙型
頭髮	P39	P85
後髮	P46	P85
眼睛・嘴巴	P34	P25
帽子	P51	P89
外套	P52	P90
背心	P91	P91
褲子	P42	P87
鞋子	P42	P88

NO.7(P7)

	作法	紙型
頭髮/	P39	P84
丸子	P47	P84
眼睛・嘴巴	P34	P25
運動上衣	P91	P91
裙子	P50	P93
鞋子	P42	P88

NO.8(P8)

	作法	紙型
頭髮	P39	P83
眼睛・嘴巴	P44	P24
運動服	P91	P91
長褲	P92	P92
鞋子	P42	P88

NO.9(P8)

	作法	紙型
頭髮	P39	P85
眼睛・嘴巴	P44	P24
外套	P90	P90
長褲	P92	P92
書包	P102	P102
鞋子	P42	P88

NO.10(P8)

	作法	紙型
頭髮/	P39	P86
雙馬尾	P47	P86
眼睛・嘴巴	P34	P25
水手服	P94	P94
裙子	P94	P94
鞋子	P42	P88

NO.11(P9)

	作法	紙型
頭髮/	P39	P83
刺蝟	P46	P83
眼睛・嘴巴	P34	P25
排球衫	P92	P92
褲子	P42	P87
鞋子	P42	P88
球	P92	P92

NO.12(P9)

	作法	紙型
頭髮	P39	P84
眼睛・嘴巴	P44	P24
背心	P91	P91
褲子	P42	P87
鞋子	P42	P88
球	P91	P91

NO.13(P10)

	作法	紙型
頭髮/	P39	P84
丸子	P47	P84
眼睛・嘴巴	P34	P25
和服	P54	P95
鞋子	P42	P88

NO.14(P10)

	作法	紙型
頭髮	P39	P83
眼睛・嘴巴	P34	P25
和服（短）	P54	P95
袴	P55	P95
鞋子	P42	P88

NO.15(P11)

	作法	紙型
頭髮/	P39	P84
髮片	P84	P84
眼睛・嘴巴	P44	P24
外套	P90	P90
長褲	P92	P92
鞋子	P42	P88

NO.16(P11)

	作法	紙型
頭髮/	P39	P84
髮片/	P84	P84
丸子	P47	P84
眼睛・嘴巴	P44	P24
皇冠	P61	P103
禮服	P60	P96
鞋子	P42	P88

NO.17(P12)

	作法	紙型
頭髮	P39	P85
眼睛・嘴巴	P34	P25
布偶裝	P56	P96

NO.18(P12)

	作法	紙型
頭髮	P39	P84
眼睛・嘴巴	P34	P25
布偶裝	P56	P96

NO.19(P12)

	作法	紙型
頭髮	P39	P85
眼睛・嘴巴	P34	P24
布偶裝	P56	P96

NO.20(P13)

	作法	紙型
頭髮	P39	P83
眼睛・嘴巴	P34	P25
布偶裝	P56	P96

NO.21(P14)

	作法	紙型
頭髮	P39	P83
眼睛・嘴巴	P44	P24
昆蟲	P57	P98

NO.22(P14)

	作法	紙型
頭髮/	P39	P86
雙馬尾	P47	P86
眼睛・嘴巴	P34	P25
昆蟲	P57	P98

NO.25(P15)

	作法	紙型
頭髮	P39	P85
眼睛・嘴巴	P34	P25
水果	P58	P99

NO.28(P17)

	作法	紙型
頭髮/	P39	P85
後髮	P46	P85
眼睛・嘴巴	P34	P25
帽子	P61	P104
帽子髮箍	P77	P111
斗篷	P103	P103
鞋子	P42	P88

NO.23(P15)

	作法	紙型
頭髮	P39	P85
眼睛・嘴巴	P44	P24
水果	P58	P99

NO.26(P16)

	作法	紙型
頭髮	P39	P83
眼睛・嘴巴	P44	P24
帽子	P101	P101
罩衫	P102	P102
褲子	P42	P87
書包	P102	P102
鞋子	P42	P88

NO.29(P17)

	作法	紙型
頭髮/	P39	P84
髮片	P84	P84
眼睛・嘴巴	P44	P24
髮箍	P103	P103
洋裝	P53	P87
圍裙	P104	P104
鞋子	P42	P88

NO.24(P15)

	作法	紙型
頭髮	P39	P84
眼睛・嘴巴	P44	P24
水果	P58	P99

NO.27(P16)

	作法	紙型
頭髮	P39	P86
眼睛・嘴巴	P34	P25
嬰兒帽	P59	P100
嬰兒服	P100	P100
奶嘴	P100	P100

[趴娃]的索引

[趴娃本體] 作法：P68 紙型：P105

NO.M1(P62)

	作法	紙型
頭髮	P69	P105
眼睛・嘴巴	P69	P105
趴趴T恤	P71	P108

NO.M5(P65)

	作法	紙型
頭髮	P69	P106
眼睛・嘴巴	P44	P107
趴趴T恤	P71	P108
趴趴褲	P74	P107

NO.M9(P67)

	作法	紙型
頭髮/	P69	P107
丸子	P72	P107
眼睛・嘴巴	P44	P107
趴趴斗篷	P111	P111
趴趴裙	P74	P109

NO.M2(P62)

	作法	紙型
頭髮	P69	P106
眼睛・嘴巴	P44	P107
趴趴連帽衣	P75	P108
趴趴褲	P74	P107

NO.M6(P65)

	作法	紙型
頭髮/	P69	P107
丸子	P72	P107
眼睛・嘴巴	P44	P107
趴趴T恤	P71	P108
趴趴裙	P74	P109

NO.M10(P67)

	作法	紙型
頭髮/	P69	P106
刺蝟	P72	P106
眼睛・嘴巴	P69	P107
髮箍	P103	P103
趴趴女僕裝	P76	P109

NO.M3(P64)

	作法	紙型
頭髮/	P69	P106
刺蝟	P72	P106
眼睛・嘴巴	P69	P107
趴趴運動服	P71	P108

NO.M7(P66)

	作法	紙型
頭髮	P69	P105
眼睛・嘴巴	P69	P105
趴趴布偶裝	P73	P110

NO.M4(P64)

	作法	紙型
頭髮/	P69	P106
刺蝟	P72	P106
眼睛・嘴巴	P44	P107
趴趴襯衫	P109	P109
領帶	P109	P109
趴趴褲	P74	P107

NO.M8(P66)

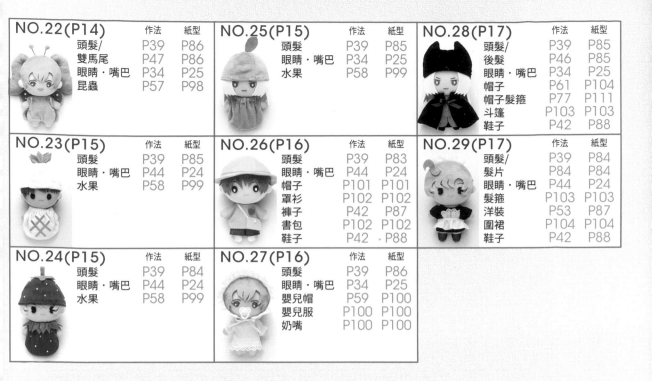

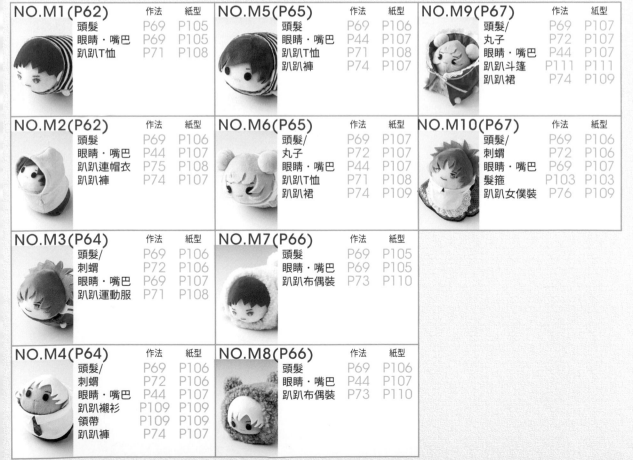

	作法	紙型
頭髮	P69	P106
眼睛・嘴巴	P44	P107
趴趴布偶裝	P73	P110

基本的縫紉針法

雙虛線繡

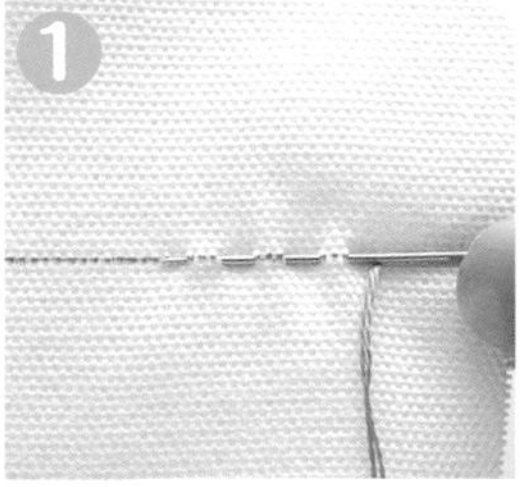

以平針縫的要領，依照正、反、正、反的順序前進。

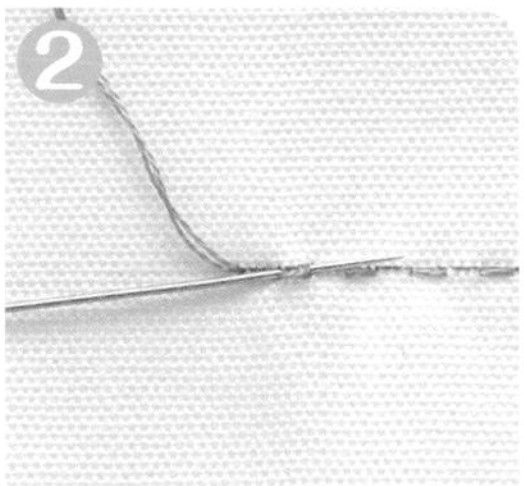

刺繡到邊端之後，朝著反方向，依照正、反、正、反的順序前進，同時把剛才空下的部分補滿。

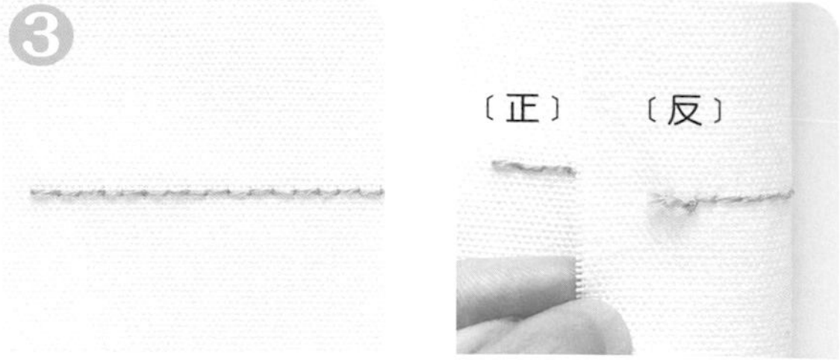

做完雙虛線繡的樣子。不管正面反面都會形成一道直線的針法。用於身體的時候，最好把線尾結・固定結拉到縫份的內側藏起來。

捲針縫

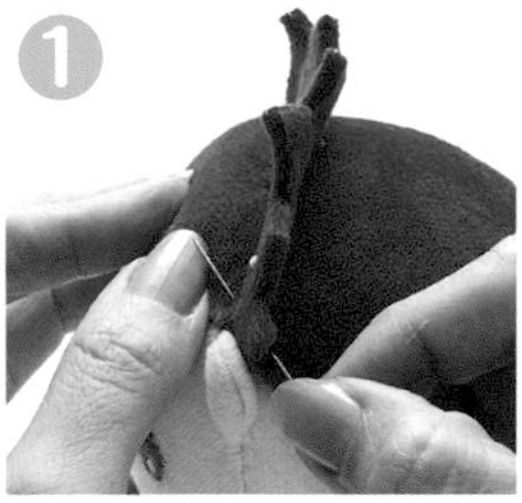

在頭的安裝位置由右向左挑起1針。

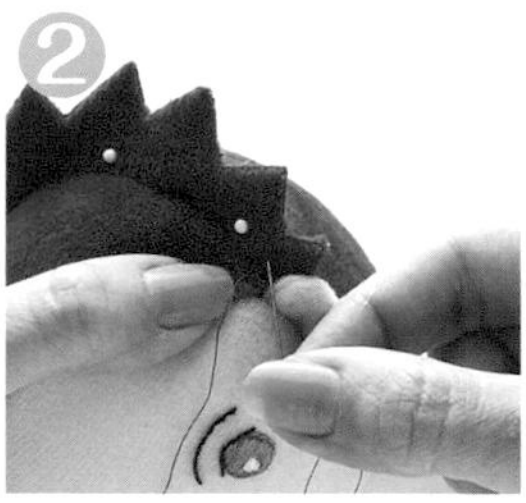

在頭髮的邊端由左向右把針穿過去。

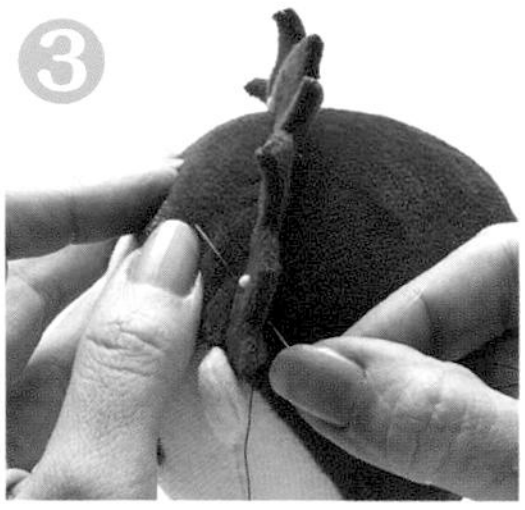

重複①、②的動作進行縫合。

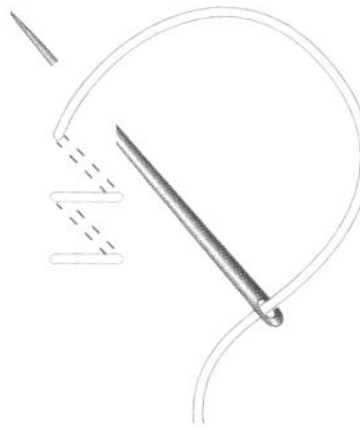

把布邊一圈圈地捲起來縫合的針法。

褲襪的作法

材料　布：15cm×5cm

刊載 P04　紙型 P88

1

〔褲襪〕

描繪紙型進行裁剪，畫上縫合線。

2

把2片縫合起來，在股下剪牙口。

褲襪完成了！

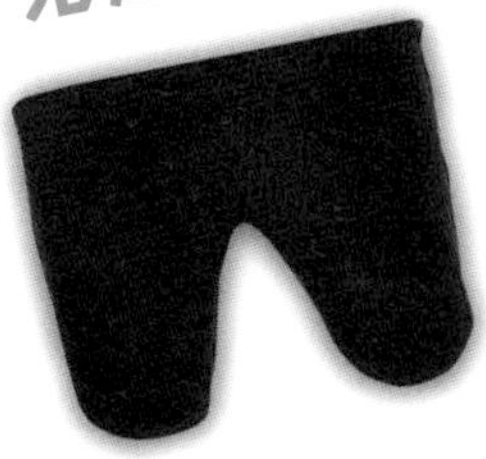

翻回正面。

本書的 紙型及作法

本書的紙型除了直線形的東西之外全都是實物大。
請影印或描繪下來使用。
沒有圖片說明的衣服及小物，也全部都有作法。

- 紙型可事先準備好，以便重複使用。

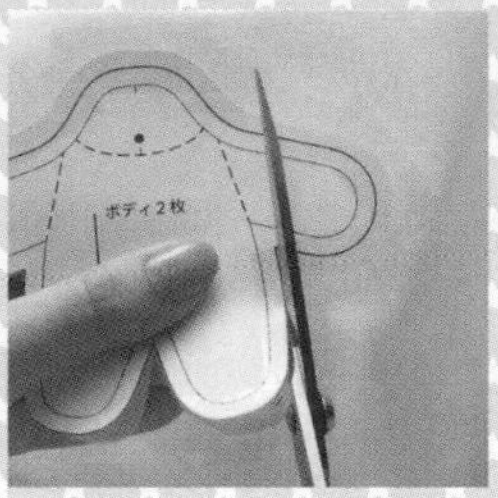

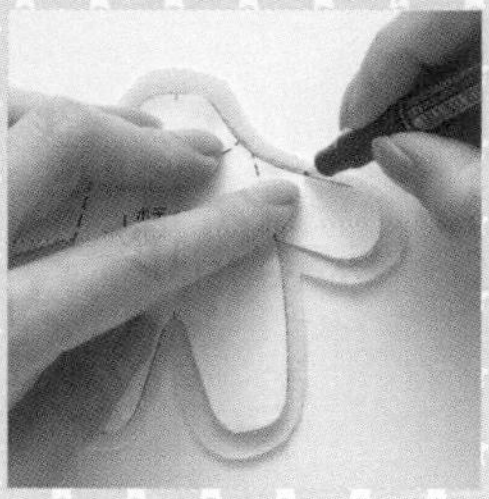

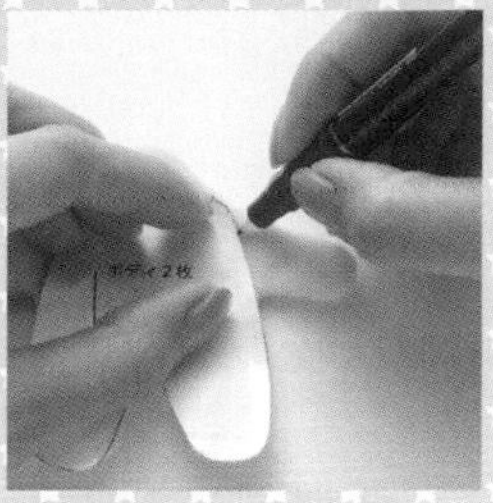

- 紙型當中的箭頭記號指的是布紋線。

↓ 毛流方向　↕ 縱向布紋

- 紙型都包含縫份。

外側的線是布料的裁剪線。 ——— 縫份線
內側的線是完成線。 ——— 完成線

- 「左右各1片」是裁剪出左右對稱的布各1片。
- 也可以放大尺寸來使用喔。
- 「尺寸圖」是利用標示的尺寸在布上做記號，裁剪。

魔鬼氈的縫法

❶

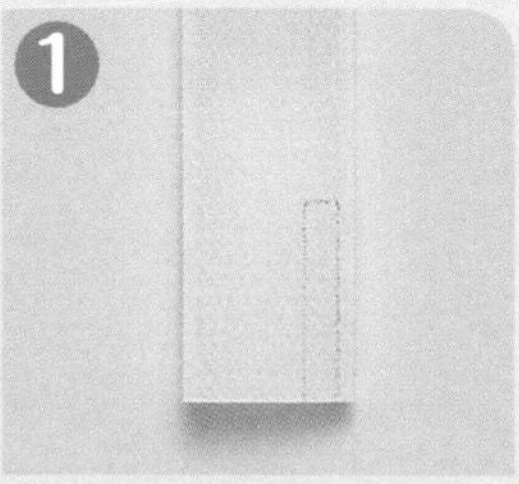

由於魔鬼氈以2.5cm左右的寬度居多，所以可剪成0.5cm寬X必要的長度。

❷

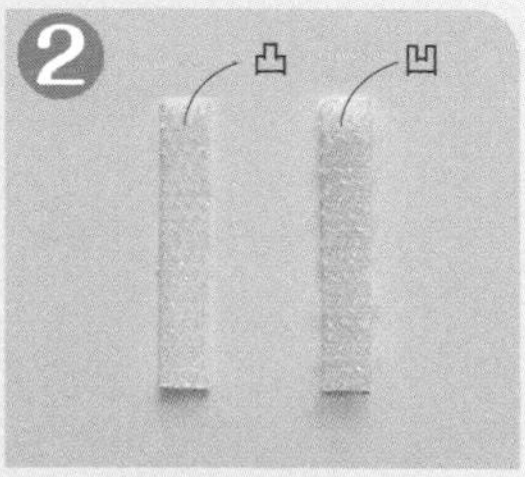

刺刺的堅硬面是凸（勾）面，圓潤的柔軟面是凹（毛）面。

❸

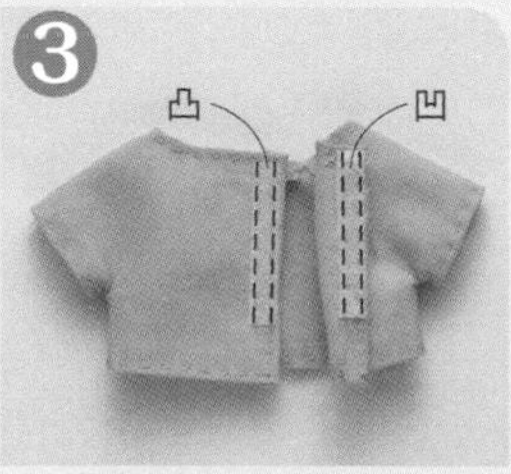

在下方的一側放上凸面縫好，在上方的一側縫上凹面。

不容易縫的情況，只縫在魔鬼氈的四個角及中間來釘住也沒關係。

[基本的娃娃本體]

◆ 布（米黃）：20cmX20cm
（頭髮的顏色）：25cmX15cm

◯ 米黃
◯ 頭髮的顏色

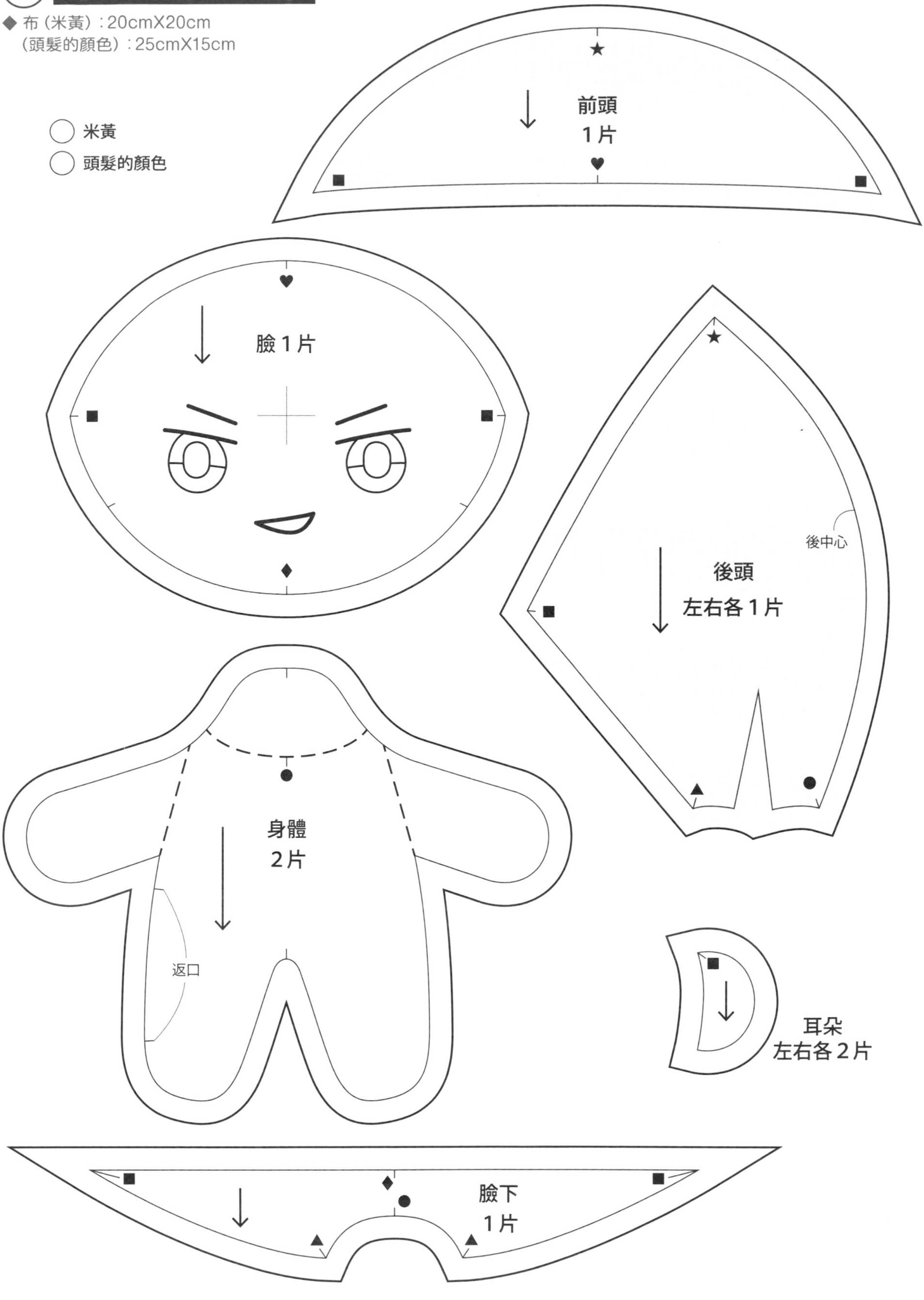

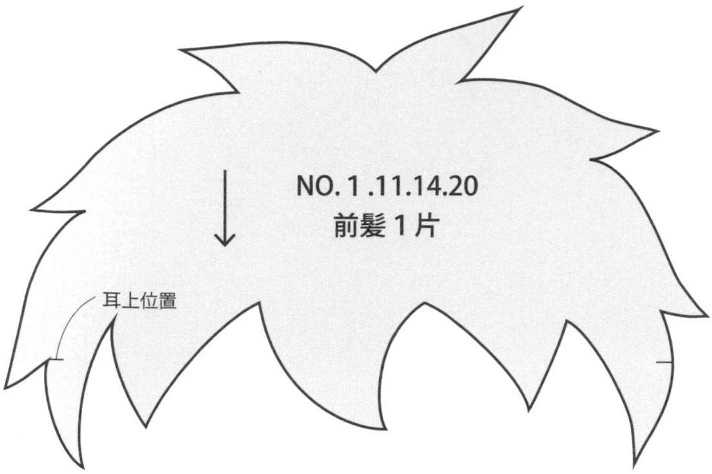

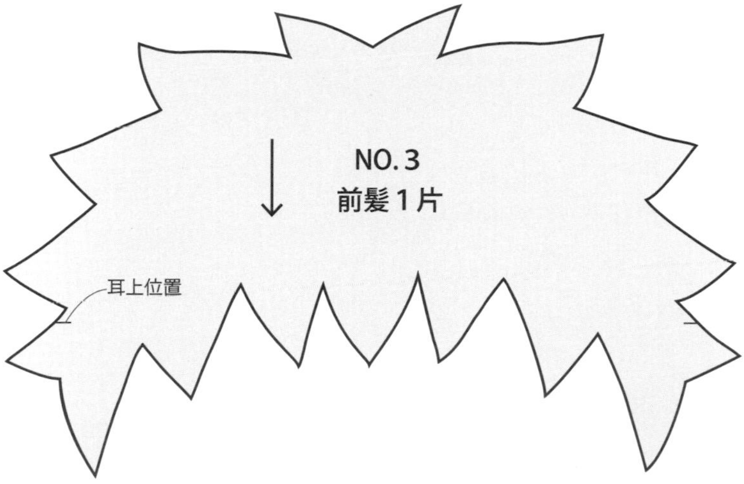

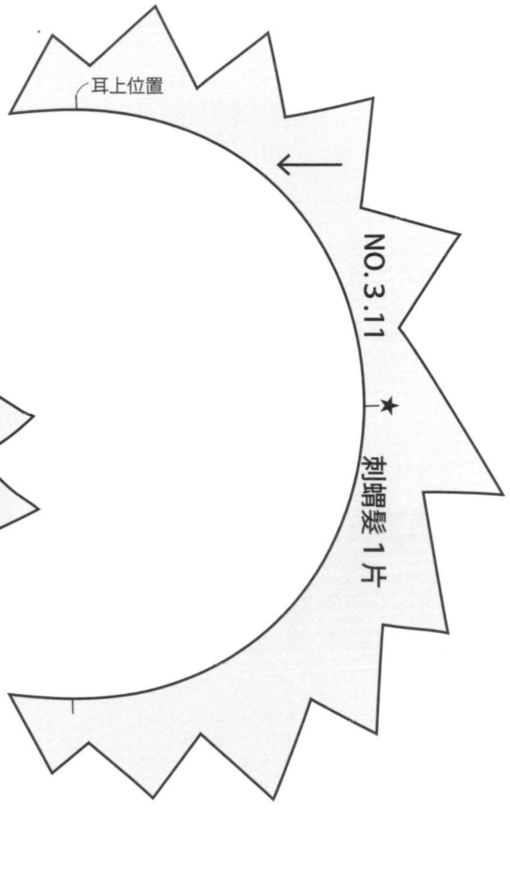

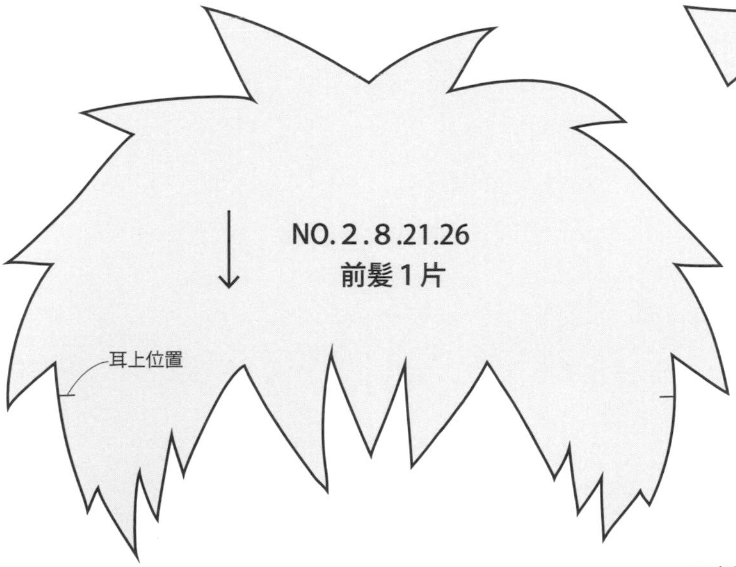

※紙型皆為[小]尺寸。[大]請放大125%。

NO.4.5.7.12.13.15.16.18.24.29 [頭髮]

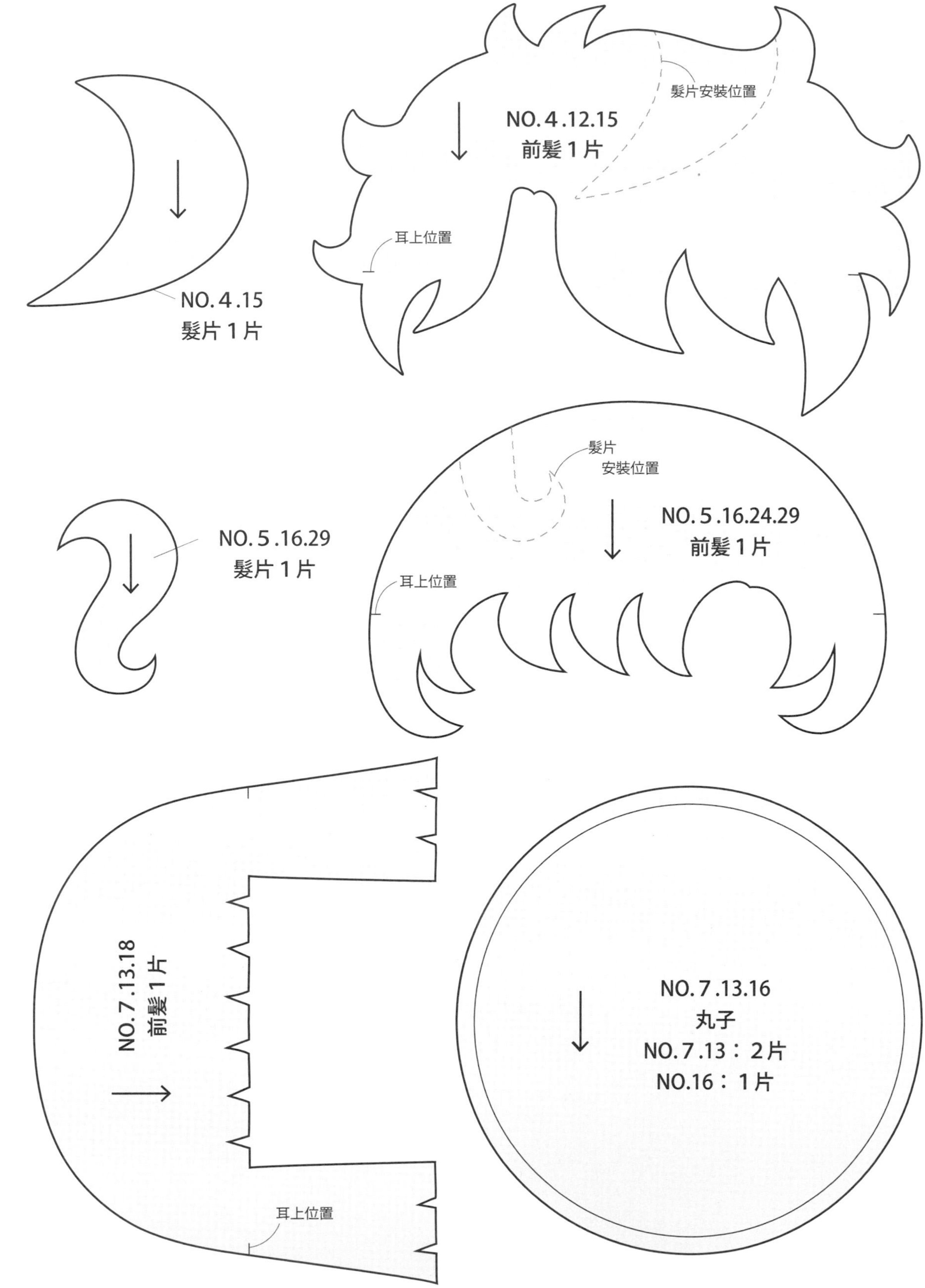

※紙型皆爲[小]尺寸。[大]請放大125%。

NO.6.9.17.19.23.25.28 [頭髮]

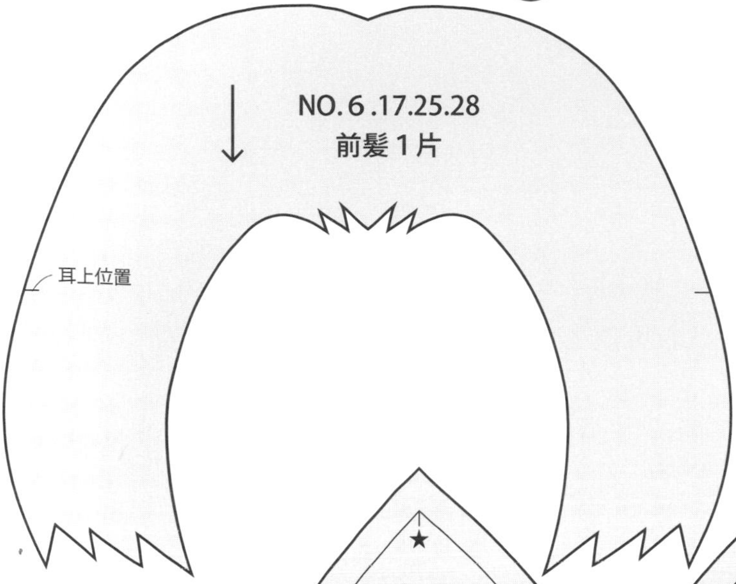

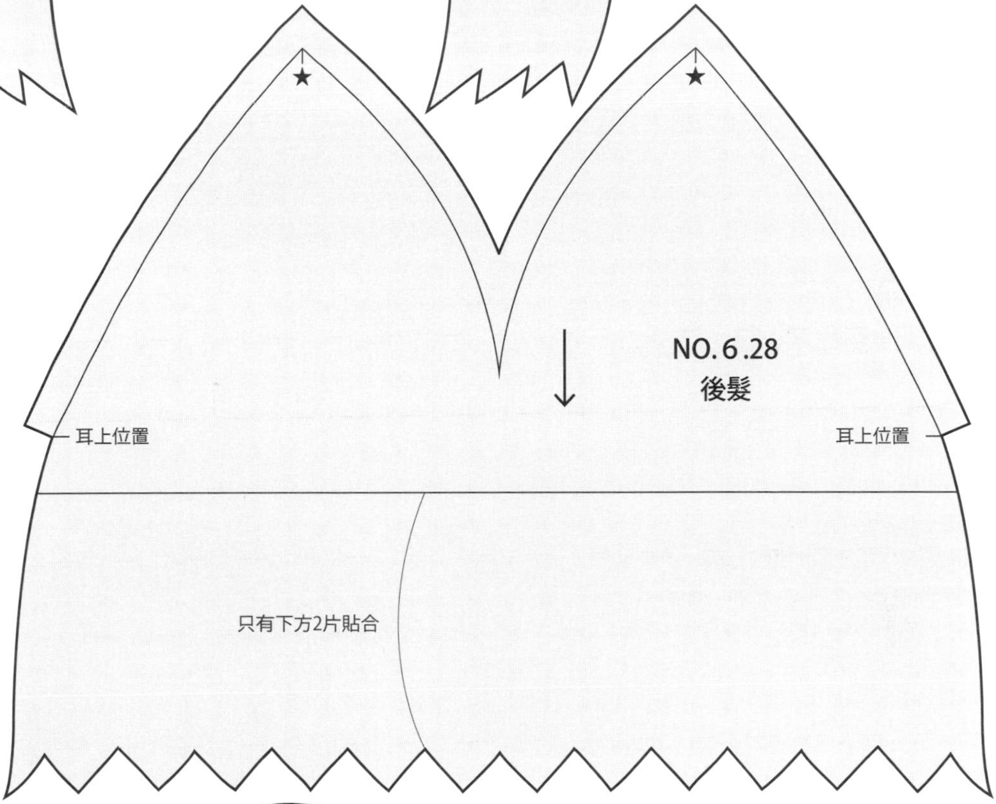

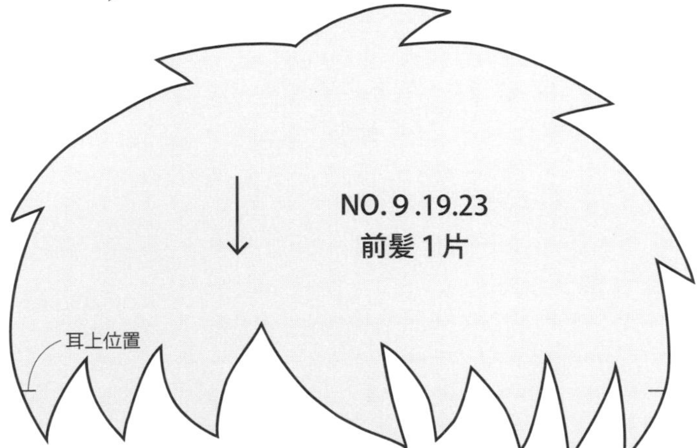

※紙型皆爲[小]尺寸。[大]請放大125%。

NO.10.22.27 [頭髮]

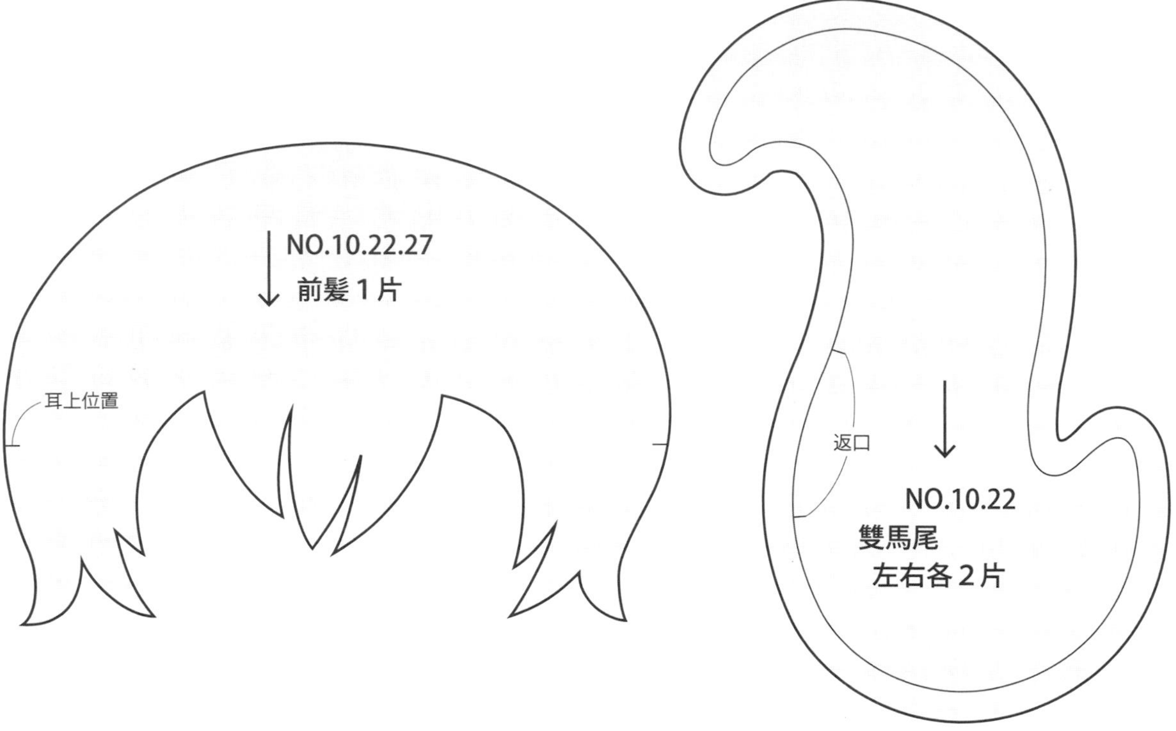

NO.1.4 [T恤]

◆布：15cmX10cm
◆魔鬼氈：2.5cm
NO.1
◆布貼布：少許
◆布襯：少許

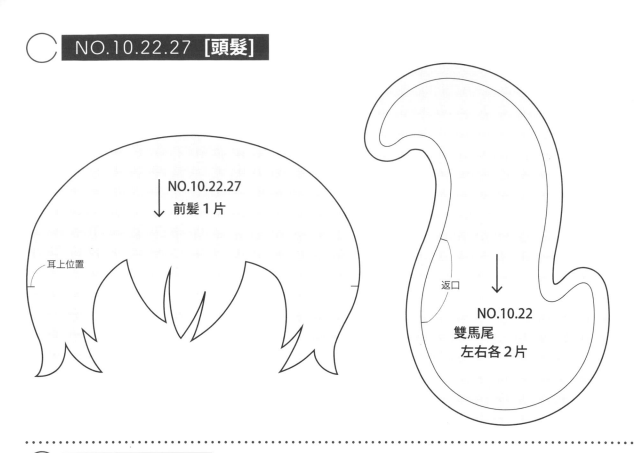

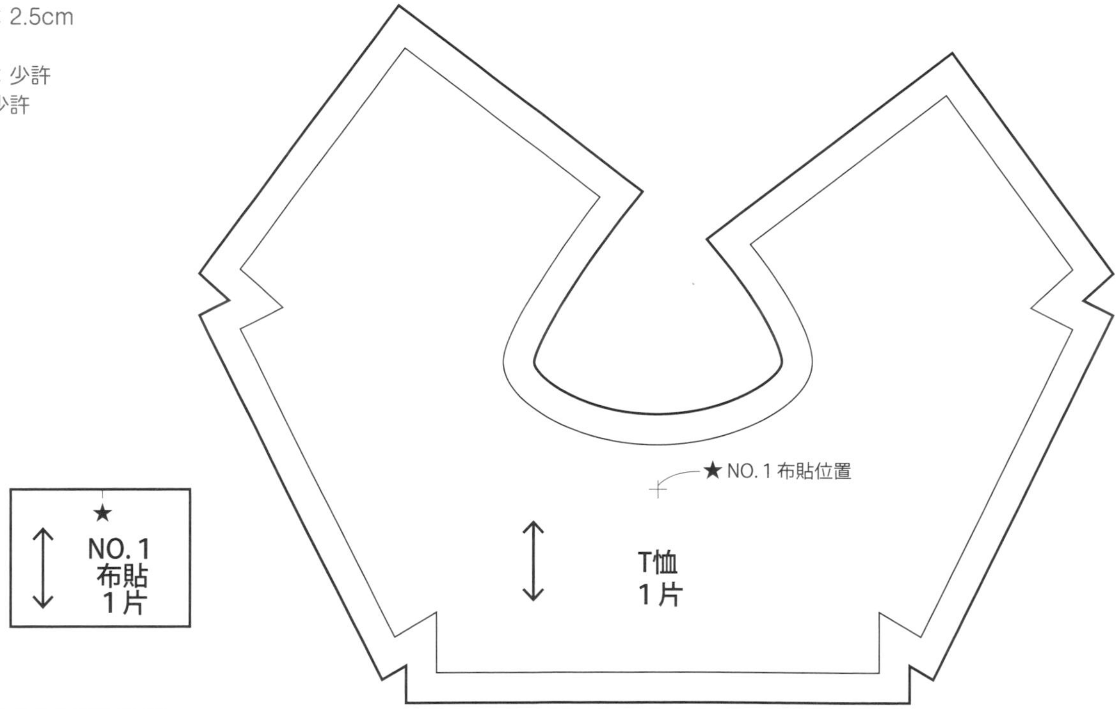

重點小提示

本書的衣服紙型是為了放在布上加以描繪的反面朝上紙型。

NO.11.12

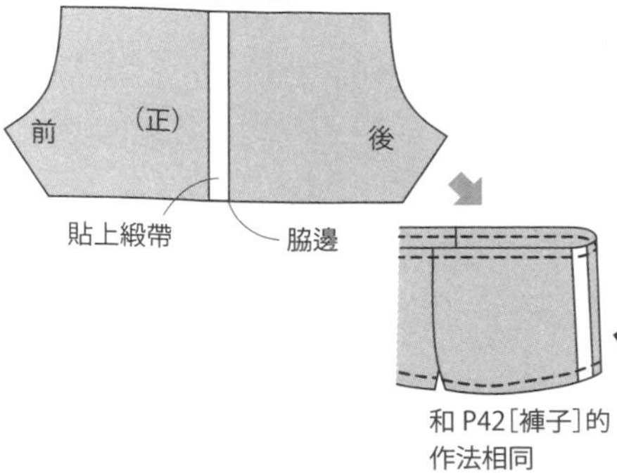

NO.1.2.3.6.11.12.26 [褲子]

◆ 布：20cm×5cm
NO.11.12
◆ 0.3cm緞帶：10cm

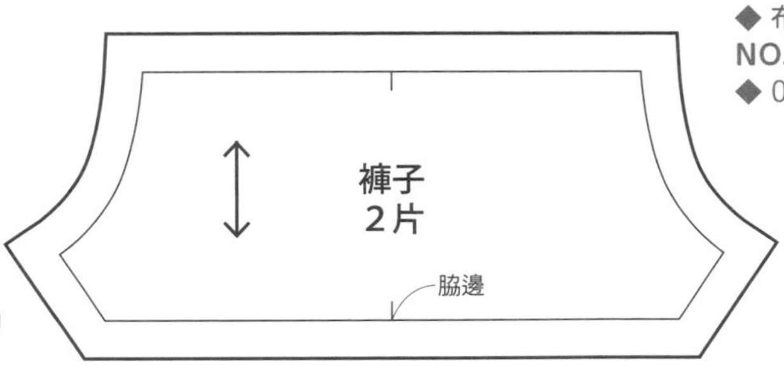

NO.5.29 [洋裝]

◆布：25cmX15cm
◆魔鬼氈：4cm

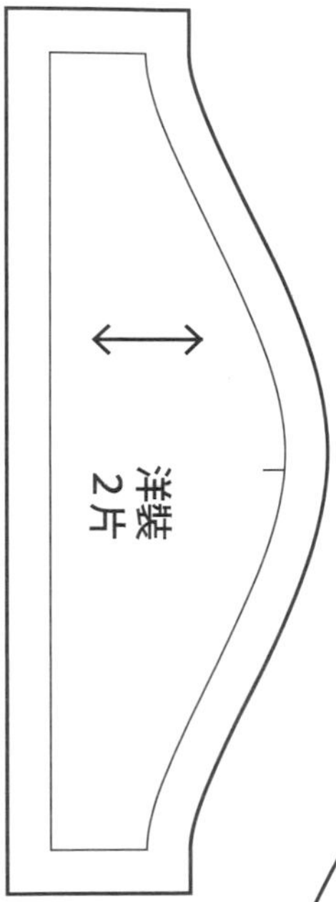

NO.4 [背帶褲]

◆布：15cmX10cm
◆0.5cm扁型鬆緊帶：15cm
◆直徑0.5cm鈕釦：2個

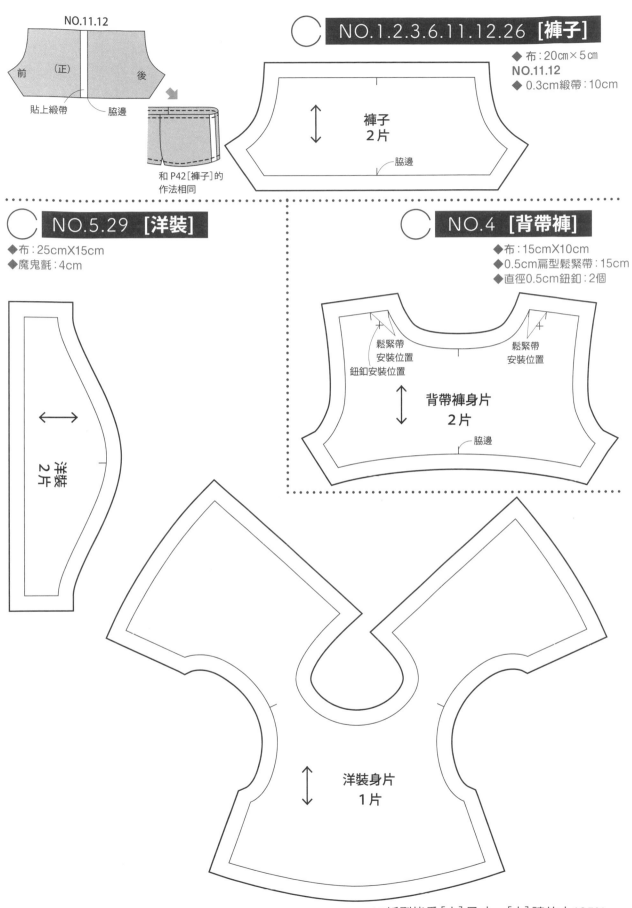

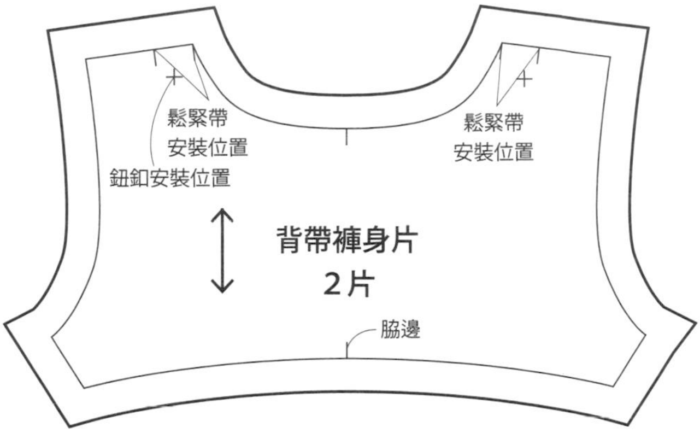

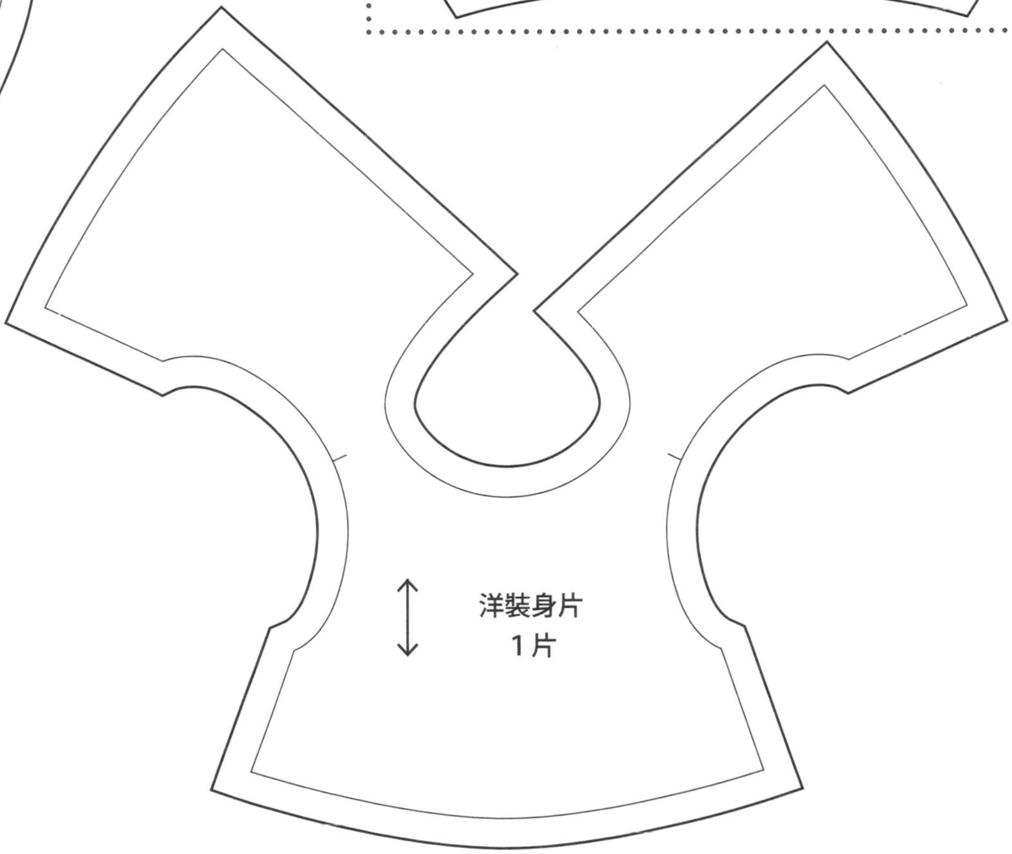

※紙型皆為[小]尺寸。[大]請放大125%。

NO.2 [連帽上衣]

◆ 布：30cmX15cm
◆ 圓繩：30cm

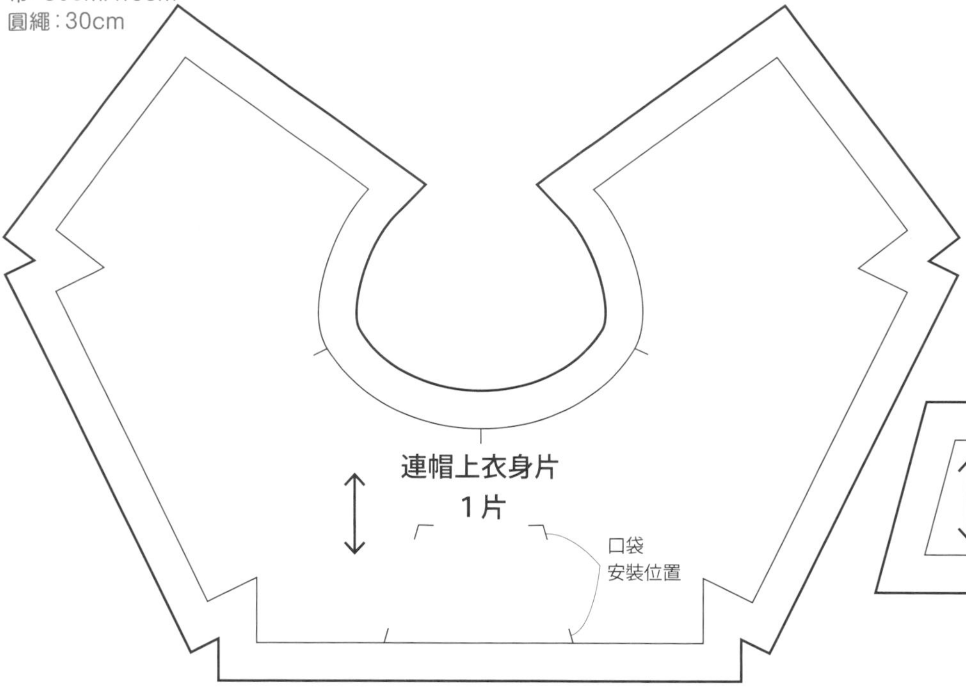

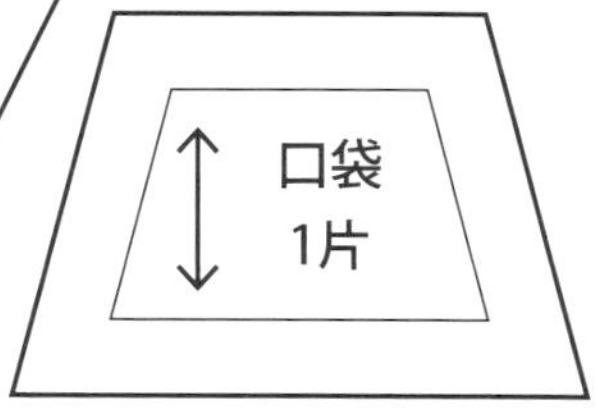

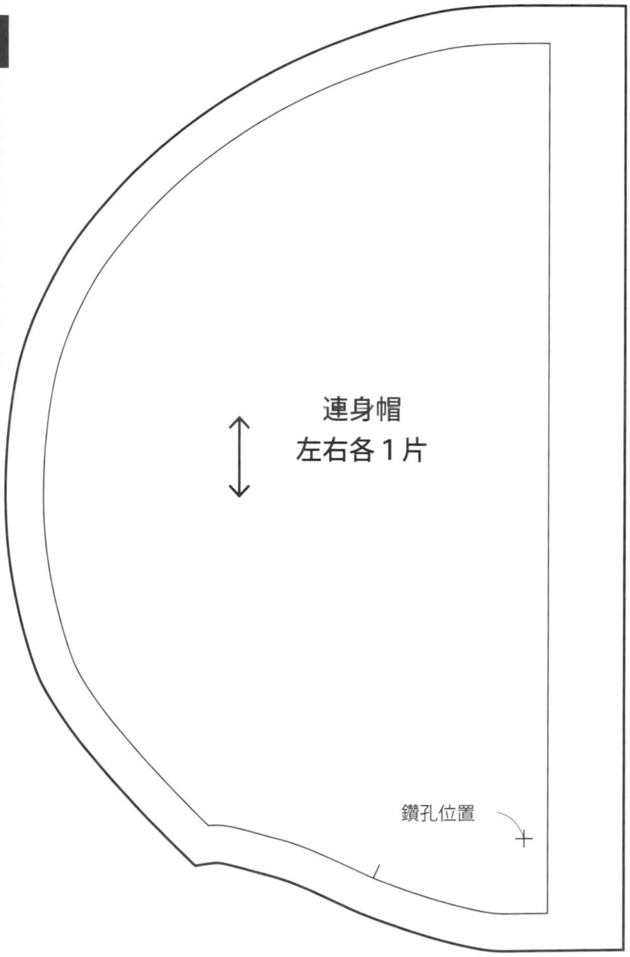

NO.1.3~16.26.28.29 [鞋子]

◆布：5cmX5cm
※使用彈性皮革

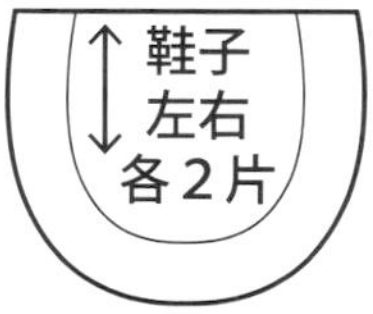

NO.2 [褲襪]

◆布：15cmX5cm
※使用針織棉布

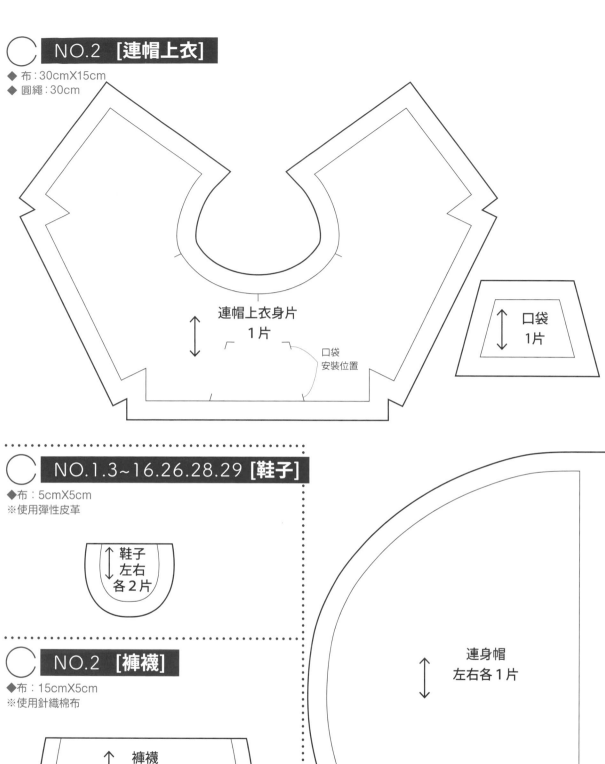

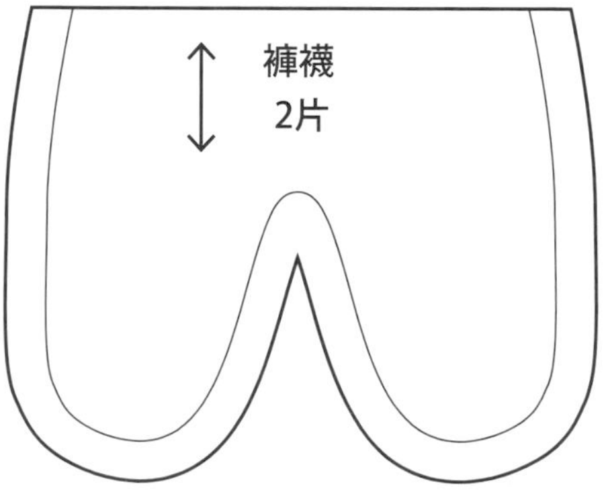

NO.6 [帽子]

◆布：各45cmX15cm

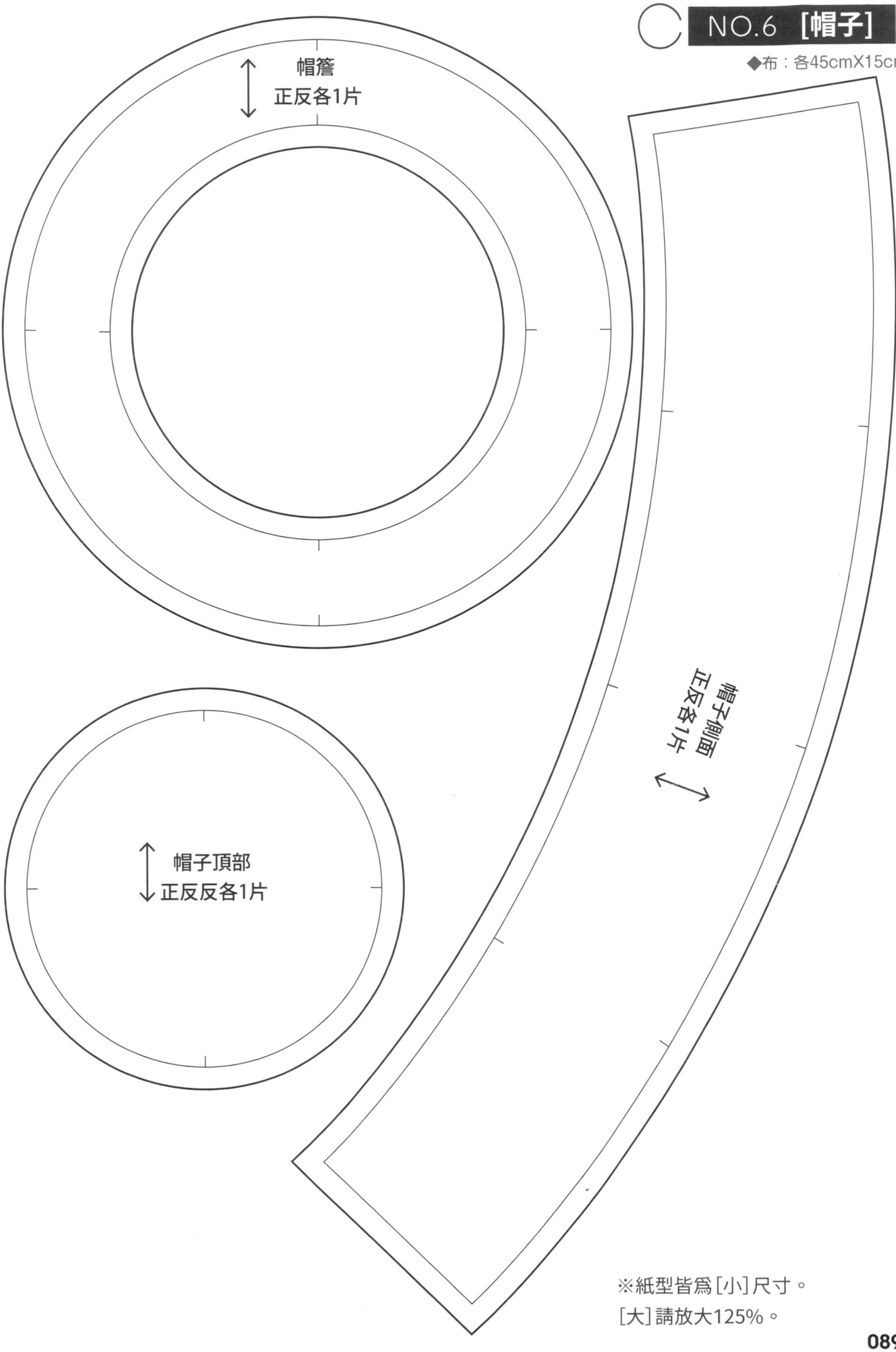

※紙型皆爲[小]尺寸。
[大]請放大125%。

NO.6 [外套]
◆布：30cmX10cm
◆直徑0.5cm鈕釦：2個
外套領子
2片
外套袖子
2片
外套後身片
1片
右身片
鈕釦
安裝位置
外套
前身片
左右各1片
NO.9.15 [立領外套]
◆布：15cmX15cm
◆魔鬼氈：2.5cm
NO.9
◆直徑0.5cm鈕釦：3個
NO.15
◆織帶：20cm
◆直徑0.5cm鈕釦：6個
★縫合
止點
平針縫
領子
(反)
0.4 cm
身片
(正)
領子(反)
0.2 cm
★1. 在身片的領口
剪牙口
身片
(反)
2. 平針縫
折疊
折疊
立針縫
領子以外的作法
和P41［T恤］相同
NO.9
縫上鈕釦
★領子安裝位置
鈕釦安裝位置
立領外套
身片
1片
No.15
縫上織帶
縫上亮片帶
把織帶3cm弄成
圈狀縫上去
縫上鈕釦
立領1片

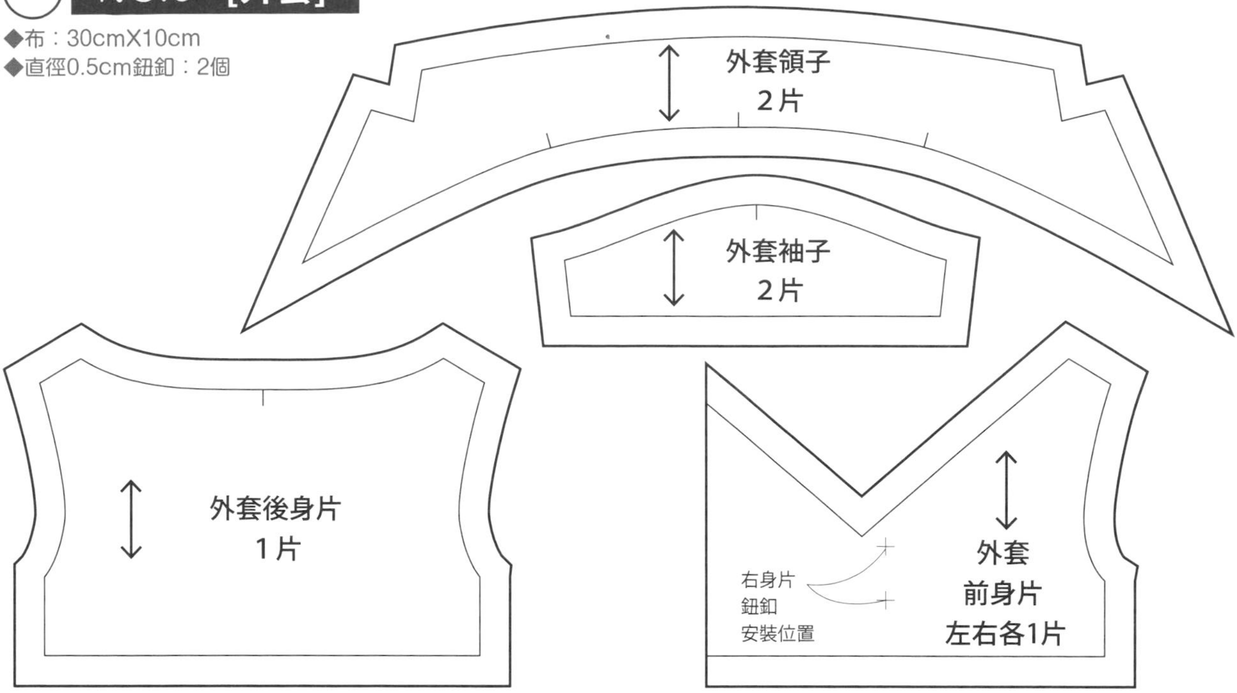

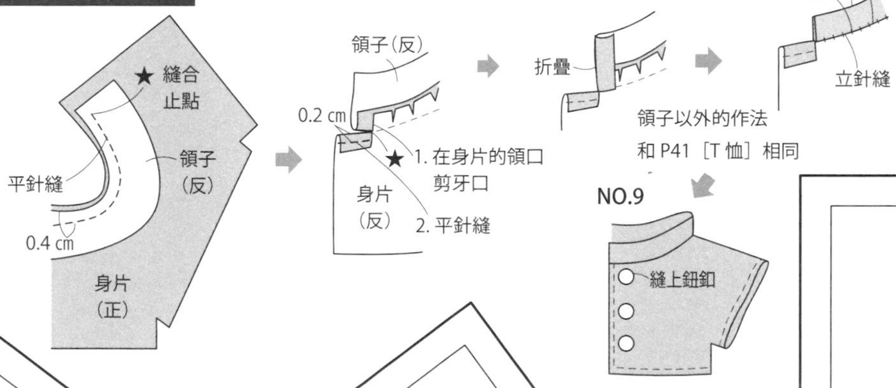

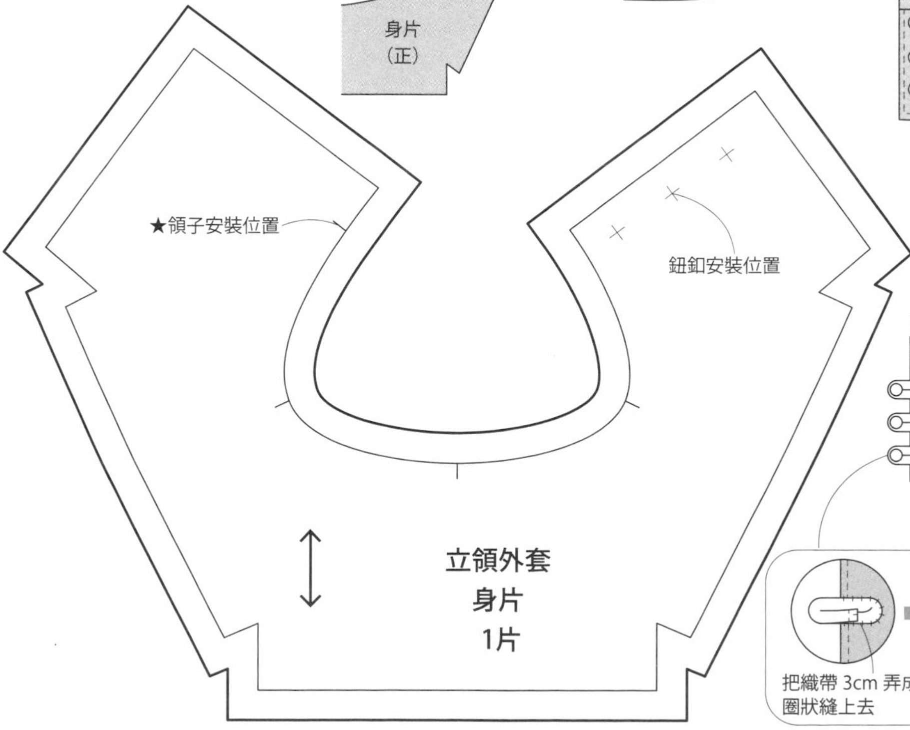

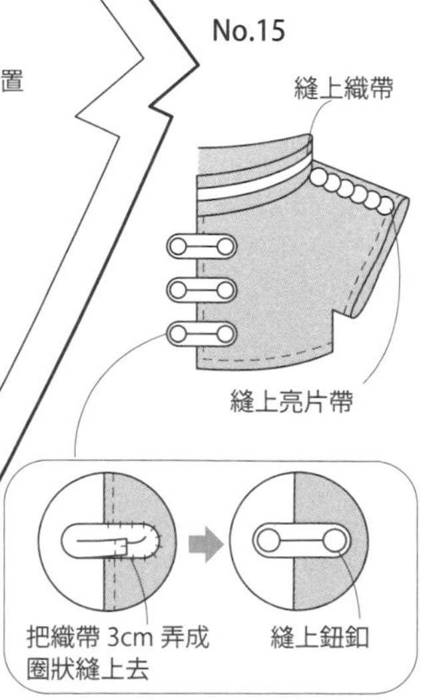

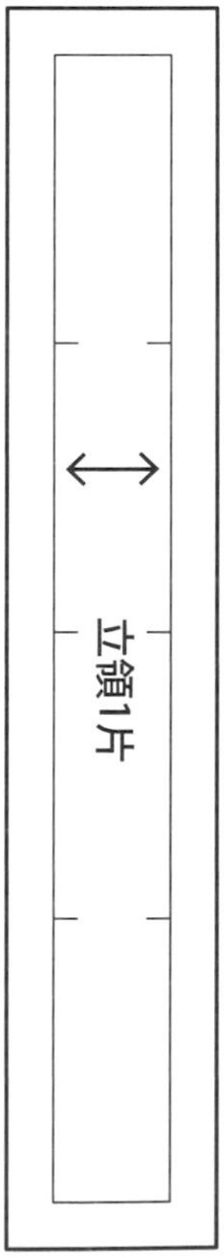

NO.6.12 [背心][球]

◆布:15cmX10cm
◆魔鬼氈:2.5cm
◆不織布:少許
◆0.3cm緞帶:5cm

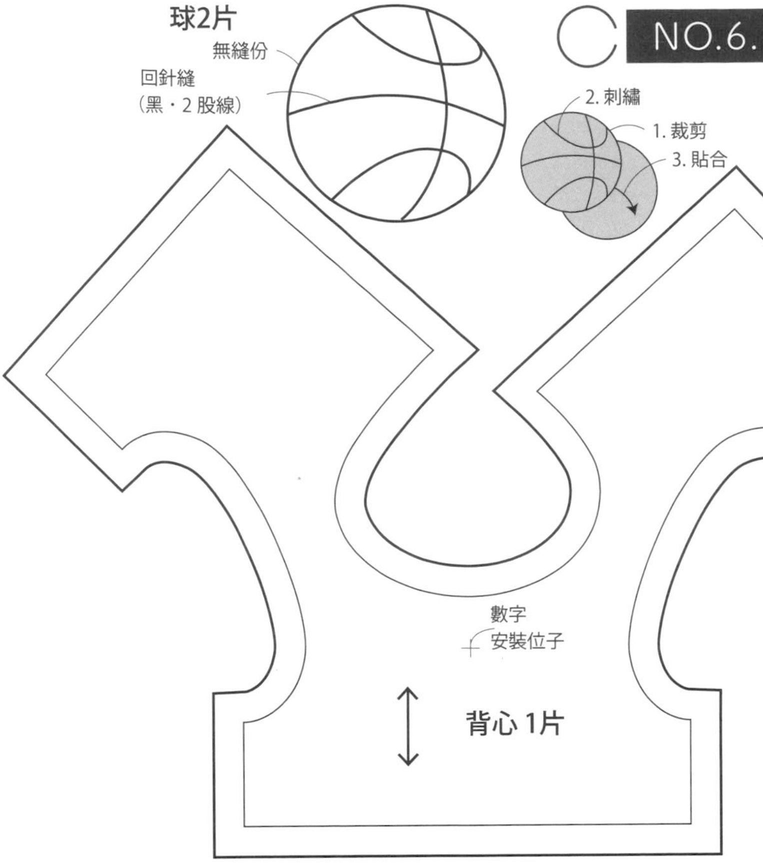

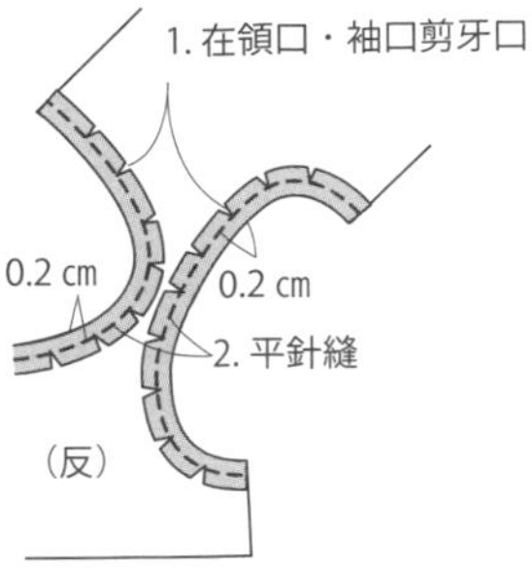

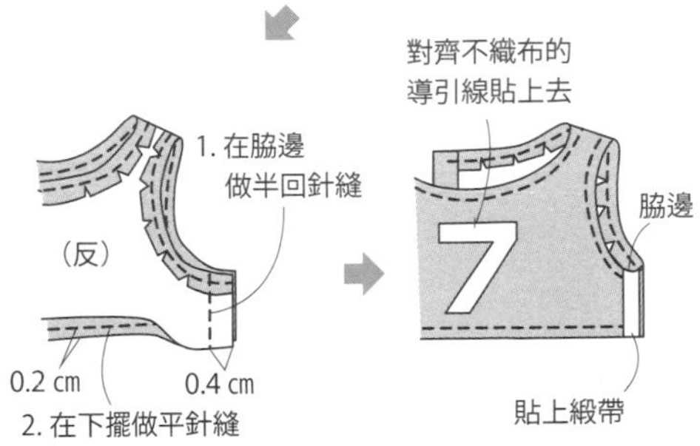

※數字的圖案見 P111

NO.7 [運動上衣]

◆布:15cmX15cm
◆魔鬼氈:2.5cm

NO.8

◆0.3cm緞帶:20cm

NO.8 [運動服]

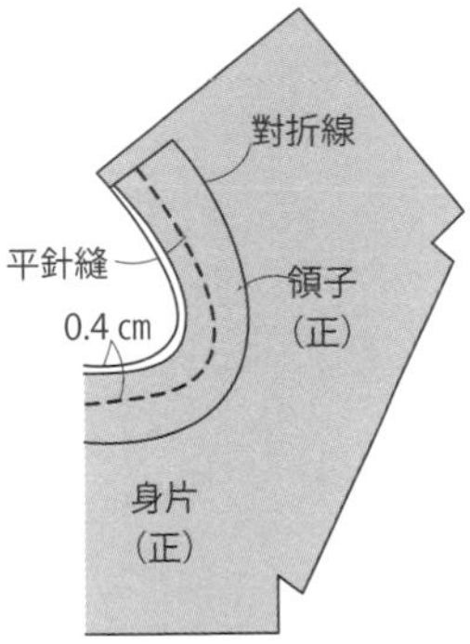

※領子的作法見 P76 3

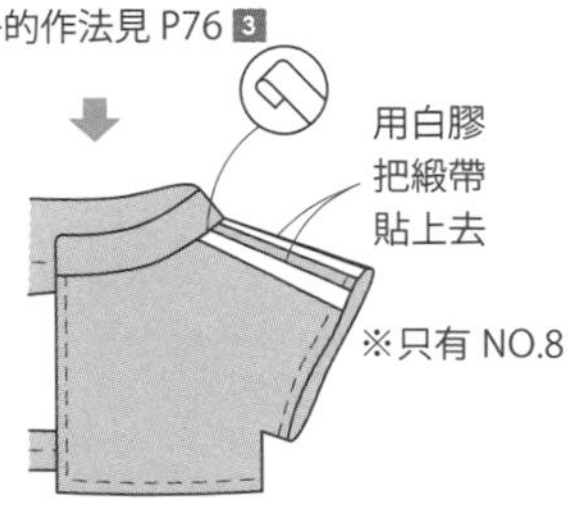

※領子以外的作法和 P4 [T 恤] 相同

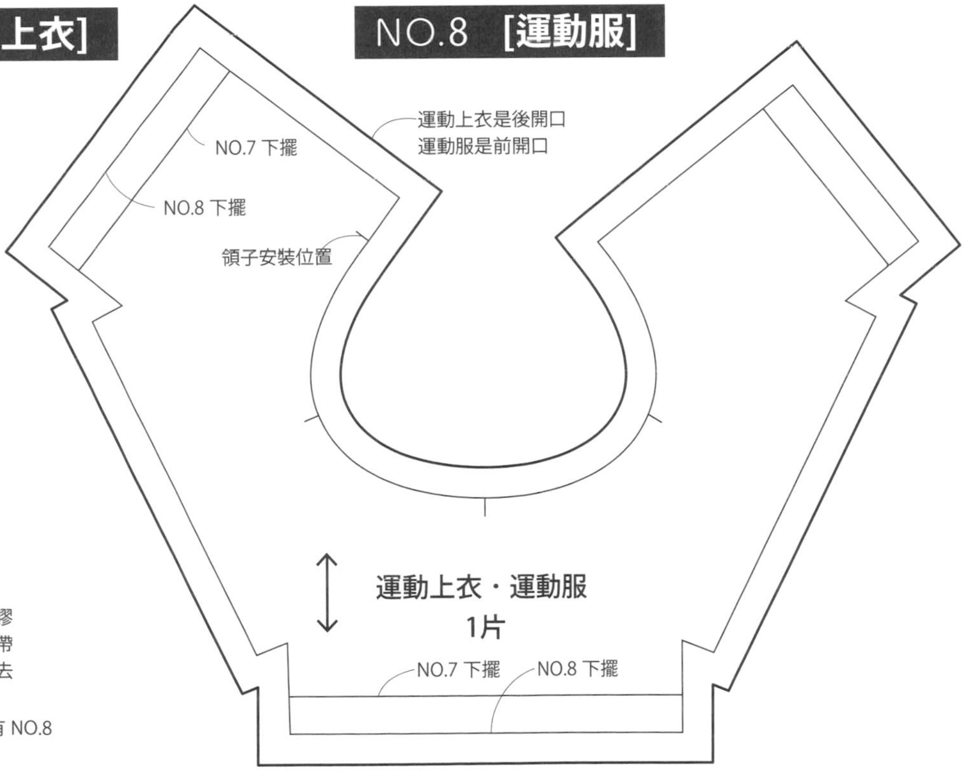

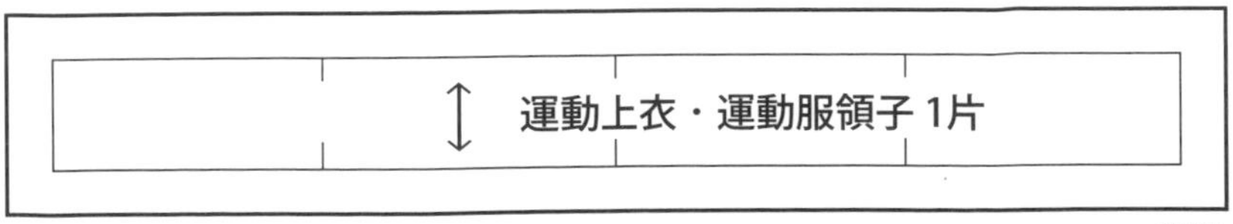

※紙型皆爲[小]尺寸。
[大]請放大125%。

NO.8.9.15［長褲］

◆布：15cmX5cm

NO.8

◆0.3cm緞帶：20cm

NO.15

◆亮片帶：10cm

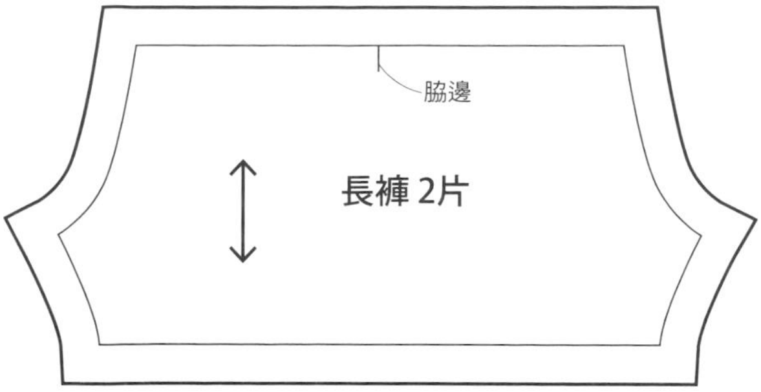

NO.8

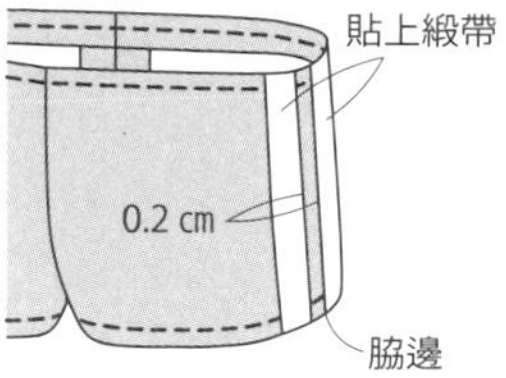

※長褲的作法和 P42［褲子］相同

NO.15

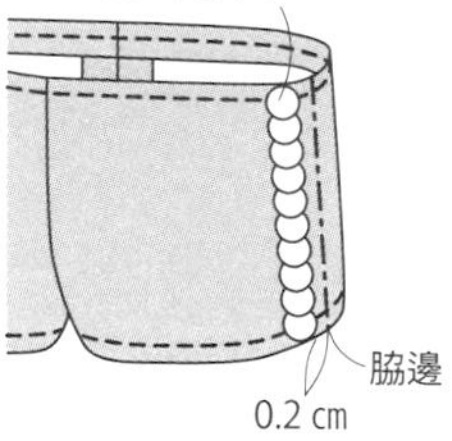

NO.11［排球衫］［球］

◆布：藏青15cmX10cm

　　橘：10cmX10cm

◆魔鬼氈：2.5cm

◆不織布：適量

◆0.3cm緞帶：10cm

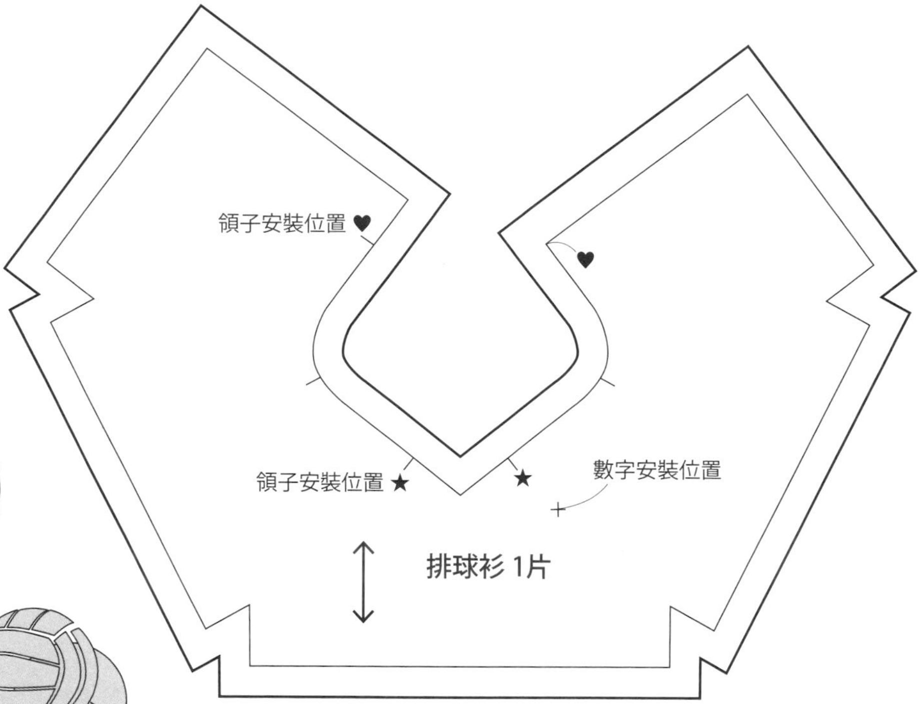

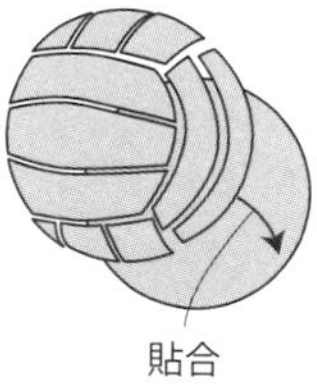

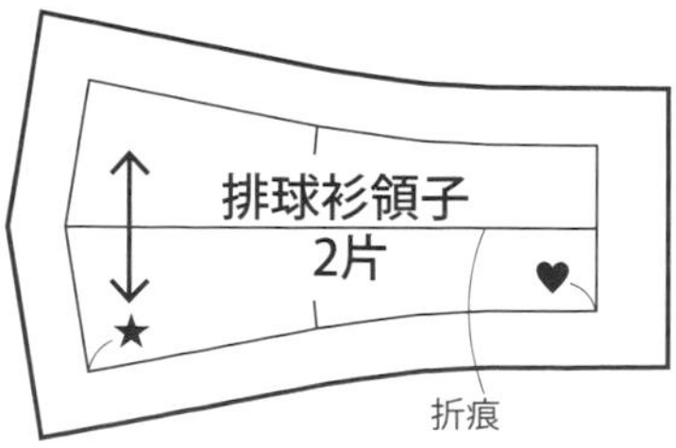

※領子的作法見 P76 3

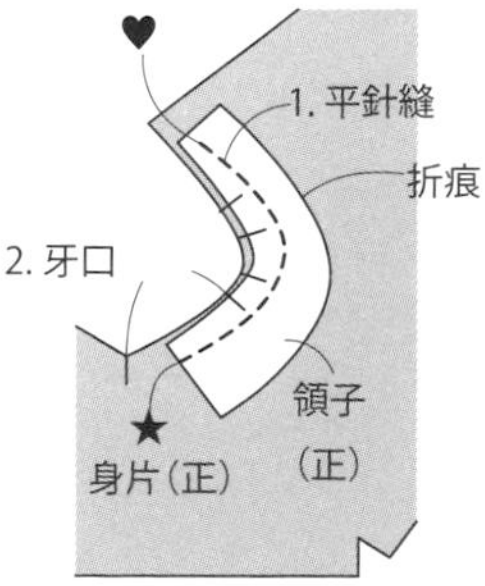

※領子以外的作法和
P41［T 恤］相同

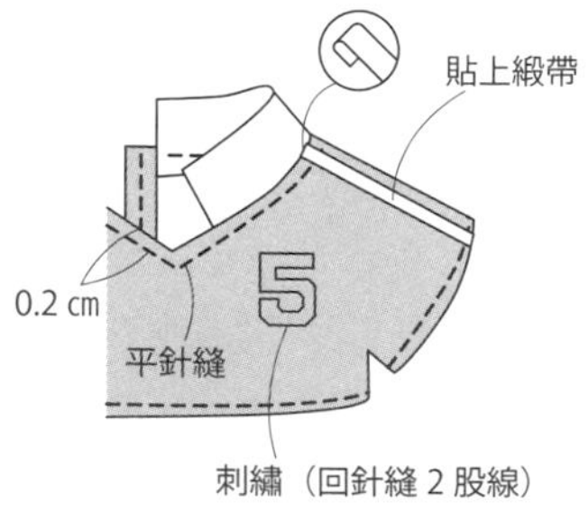

※數字的圖案見 P111

NO.7 [裙子]

◆ 布：25㎝×5㎝

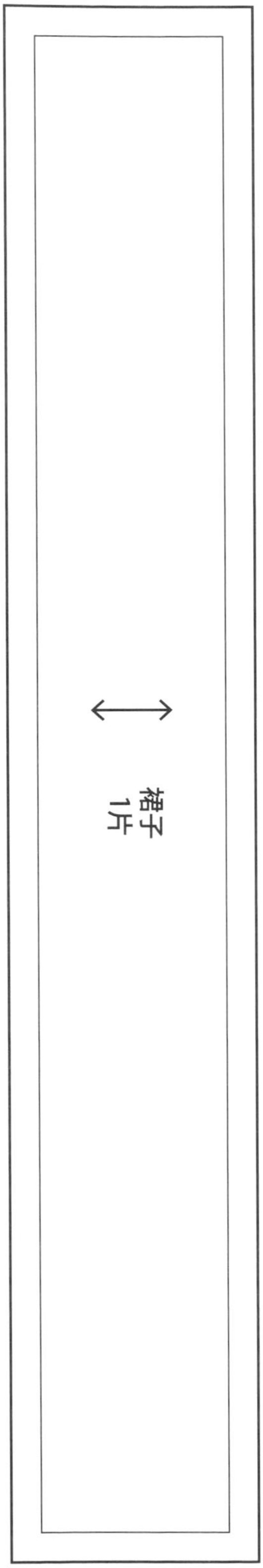

NO.3 [襯衫]

◆布：25cmX10cm
◆魔鬼氈：2.5cm
◆直徑0.5cm鈕釦：3個

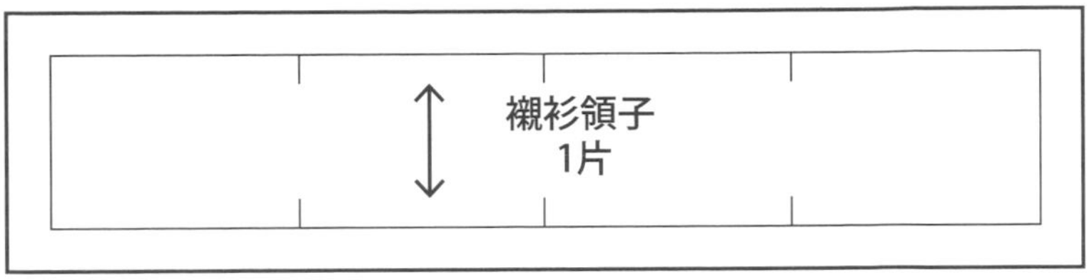

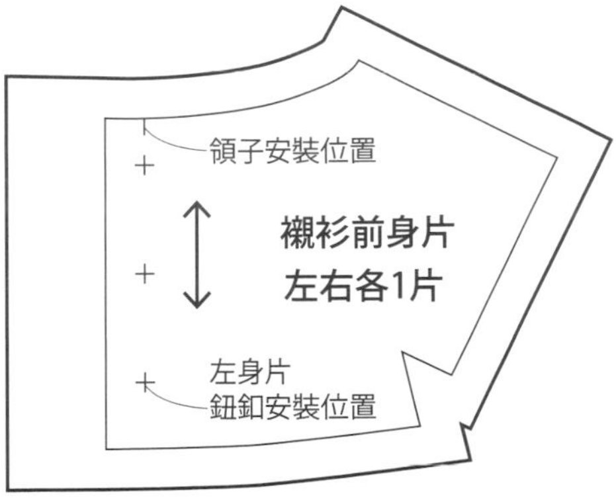

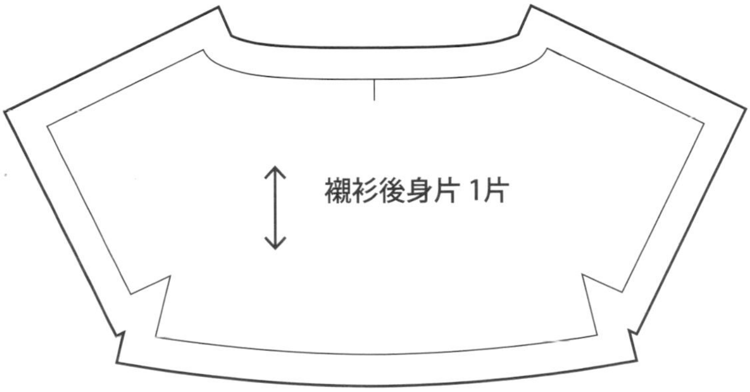

※紙型皆爲[小]尺寸。[大]請放大125%。

重點小提示

也可利用白膠來製作！

領口及下擺等部分 也可以用白膠貼住來製作。
用白膠貼住之後，只要立刻以熨斗燙過就會乾燥，因此能夠漂亮地貼合。

可能的話，使用可水洗手藝用白膠是最理想的，若使用木工用白膠也沒關係。

NO.10 [水手服]
◆布：15cmX10cm ◆布（領子）：10cmX10cm
◆魔鬼氈：2.5cm
◆0.3cm緞帶：20cm ◆1cm緞帶：15cm
水手服胸擋
1片
水手服領子
2片
領子安裝位置
緞帶安裝位置
（緞帶中心）
胸擋安裝位置
水手服身片
1片
纏住中心，
縫合固定
緞帶（0.3cm 寬）
緞帶（1cm 寬）
0.2 cm
領子
（反）
平針縫
用立針縫縫合
緞帶
領子（正）
0.2 cm
平針縫
折痕
胸擋（正）
平針縫
2. 牙口
領子（正）
身片
（正）
0.2 cm
平針縫
※領子以外的作法和
P41［T 恤］相同
胸擋（正）
在內側縫合
固定
縫上去
NO.10 [百褶裙]
◆布：30cmX5cm
◆魔鬼氈：2.5cm
裙子（正）
0.3 cm
2.4 cm
0.2 cm
3. 縫縫住固定
1. 平針縫
2. 用熨斗燙出褶子
1.2 cm
0.6 cm
和 P74［裙子］同樣地
縫上腰帶．魔鬼氈
尺寸圖
※加上 0.4cm 的縫份來裁剪
百褶裙腰帶1片
1 cm
10.8 cm
2 cm
百褶裙1片
27.6 cm

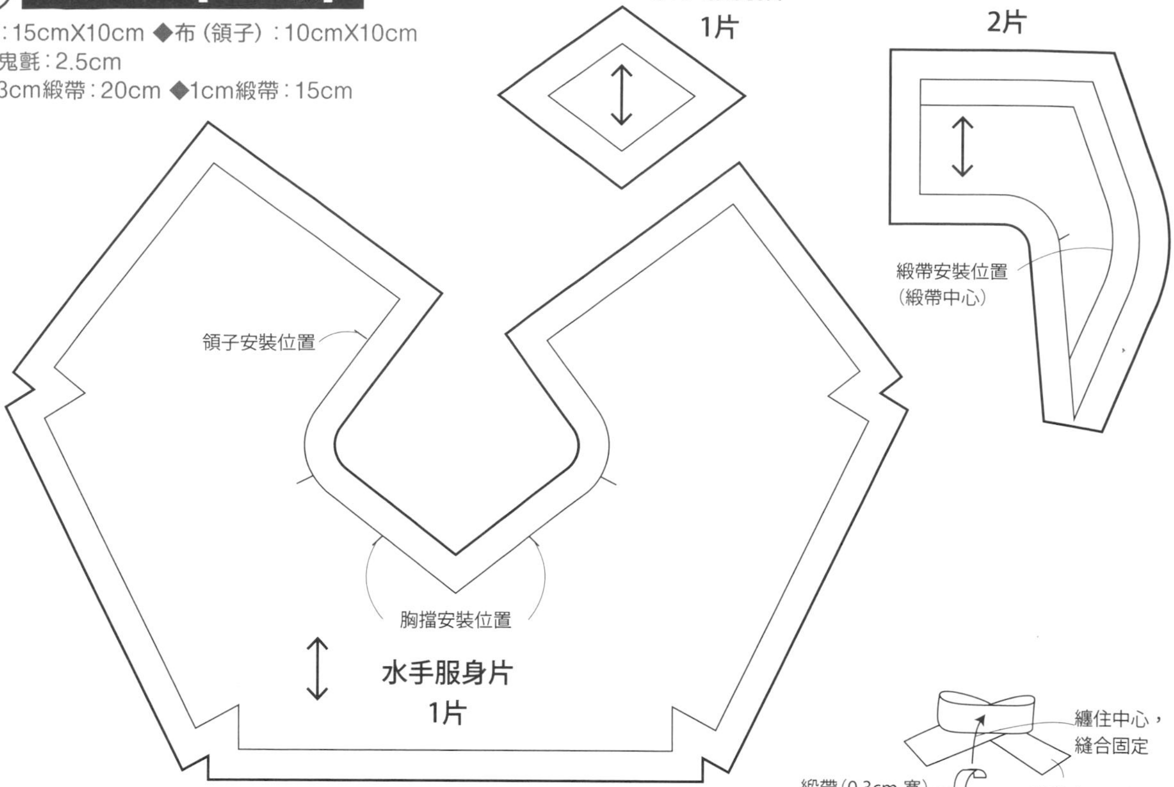

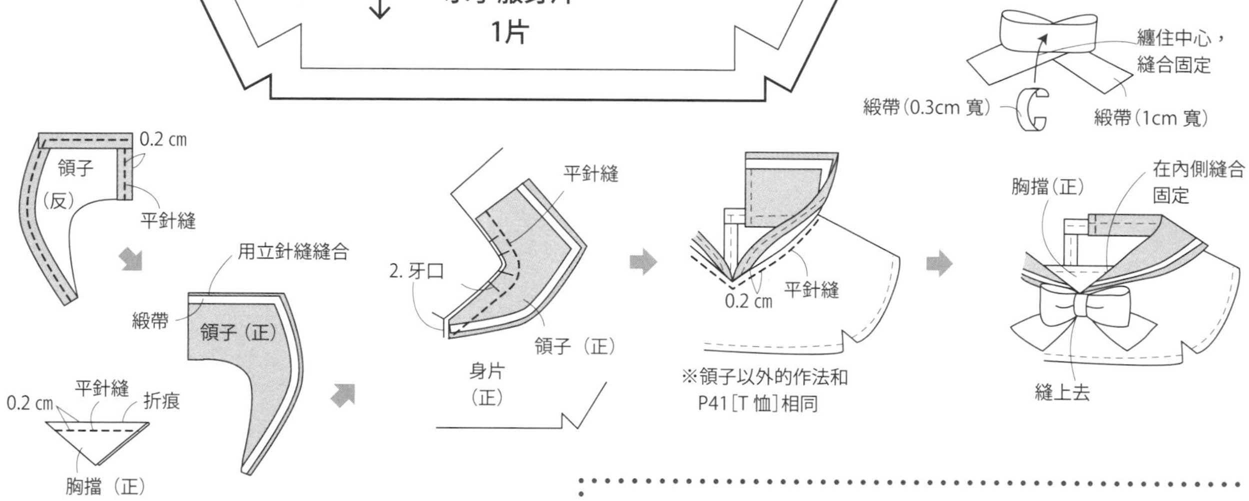

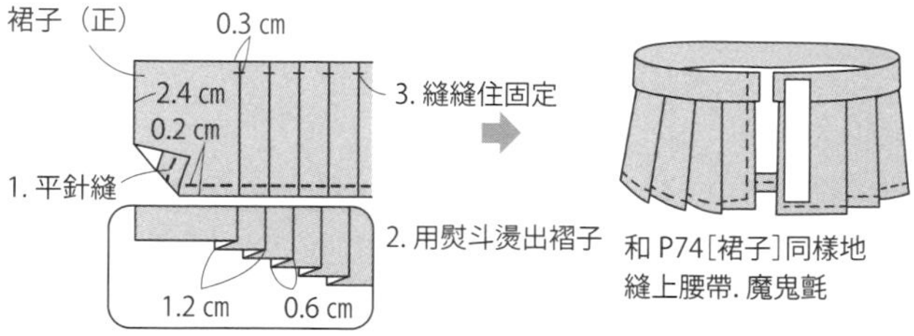

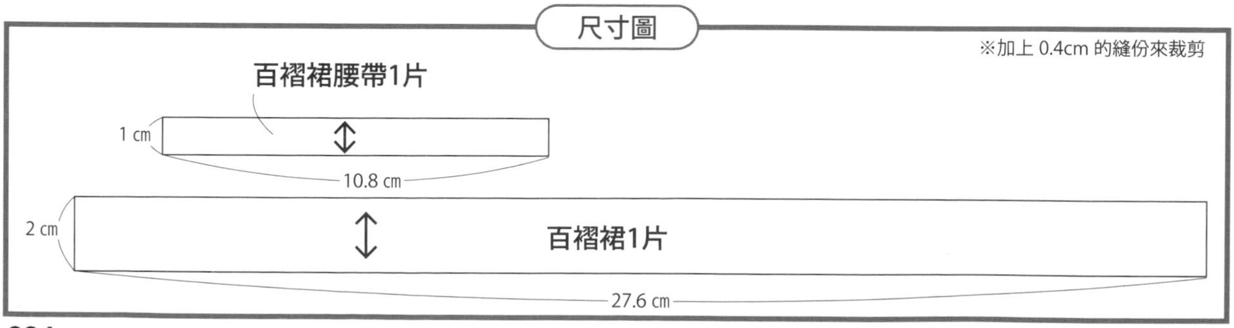

NO.13.14 [和服][和服(短)]

NO. 13
◆ 布：30cm×15cm
◆ 1cm緞帶：30cm ※製作腰帶
NO. 14
◆ 布：25cm×15cm

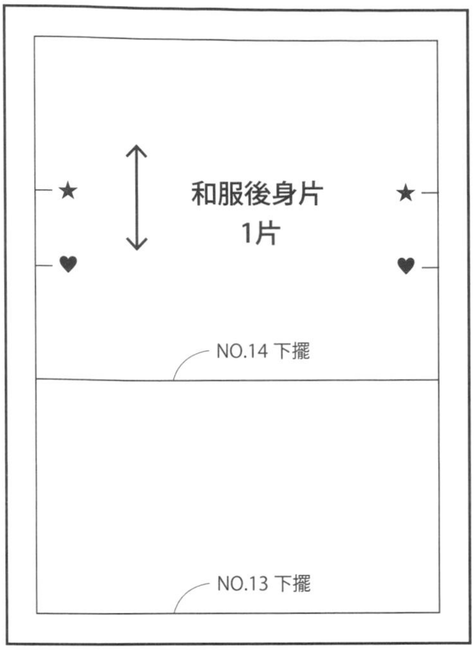

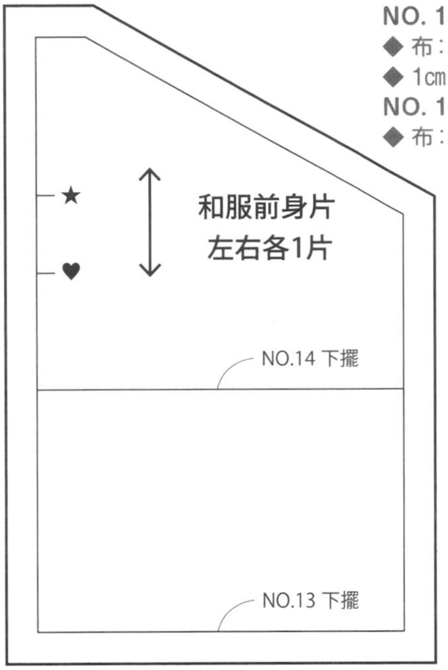

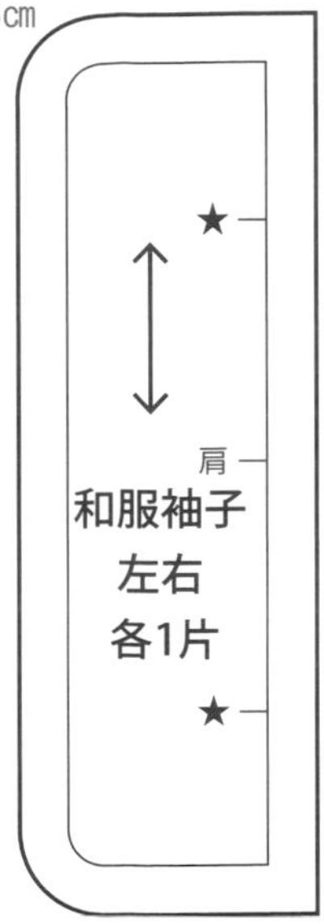

NO.13・NO.14 的和服前・後的差異在於下擺長度。

NO.14 [袴]

◆ 布：30cm×10cm

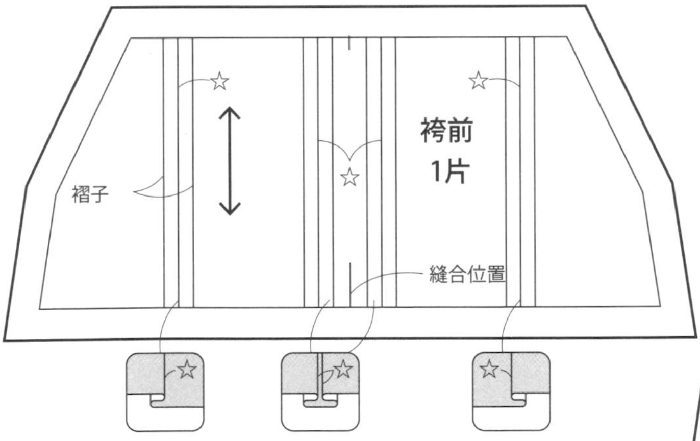

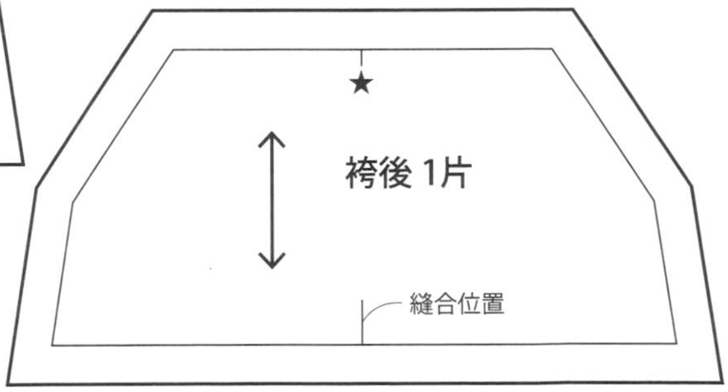

尺寸圖

※加上 0.4cm 的縫份來裁剪

袴腰帶1片

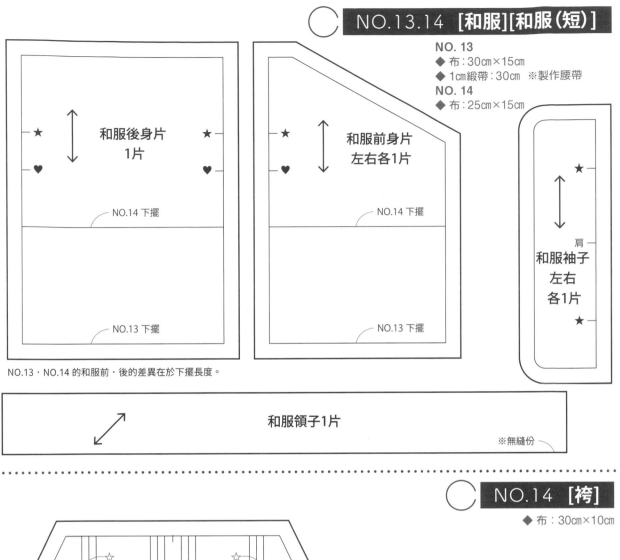

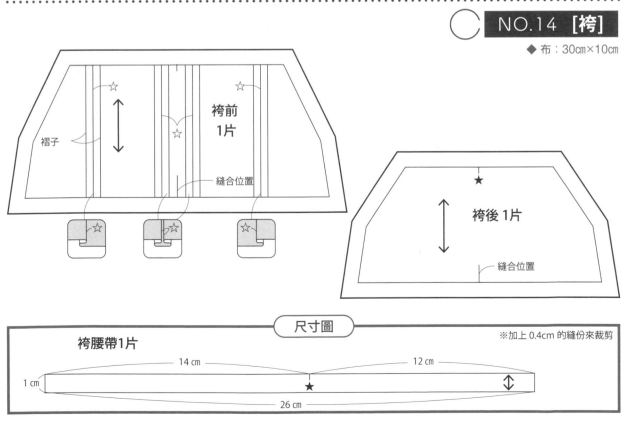

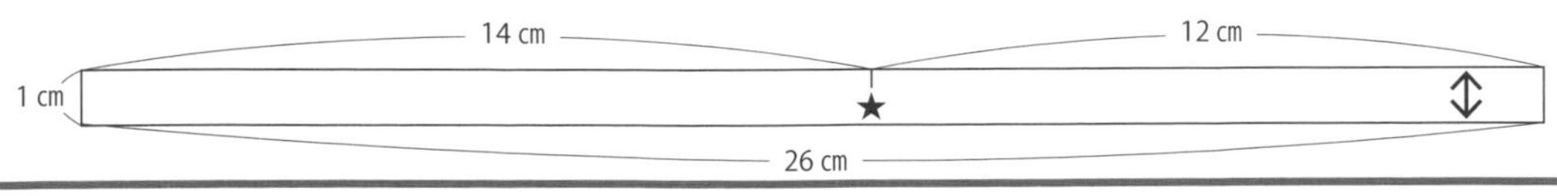

※紙型皆為[小]尺寸。[大]請放大125%。

NO.16 [禮服]

◆布：25cmX15cm
◆網紗：30cmX10cm
◆魔鬼氈：2cm
◆0.3cm緞帶：40cm
◆水鑽貼紙：適量

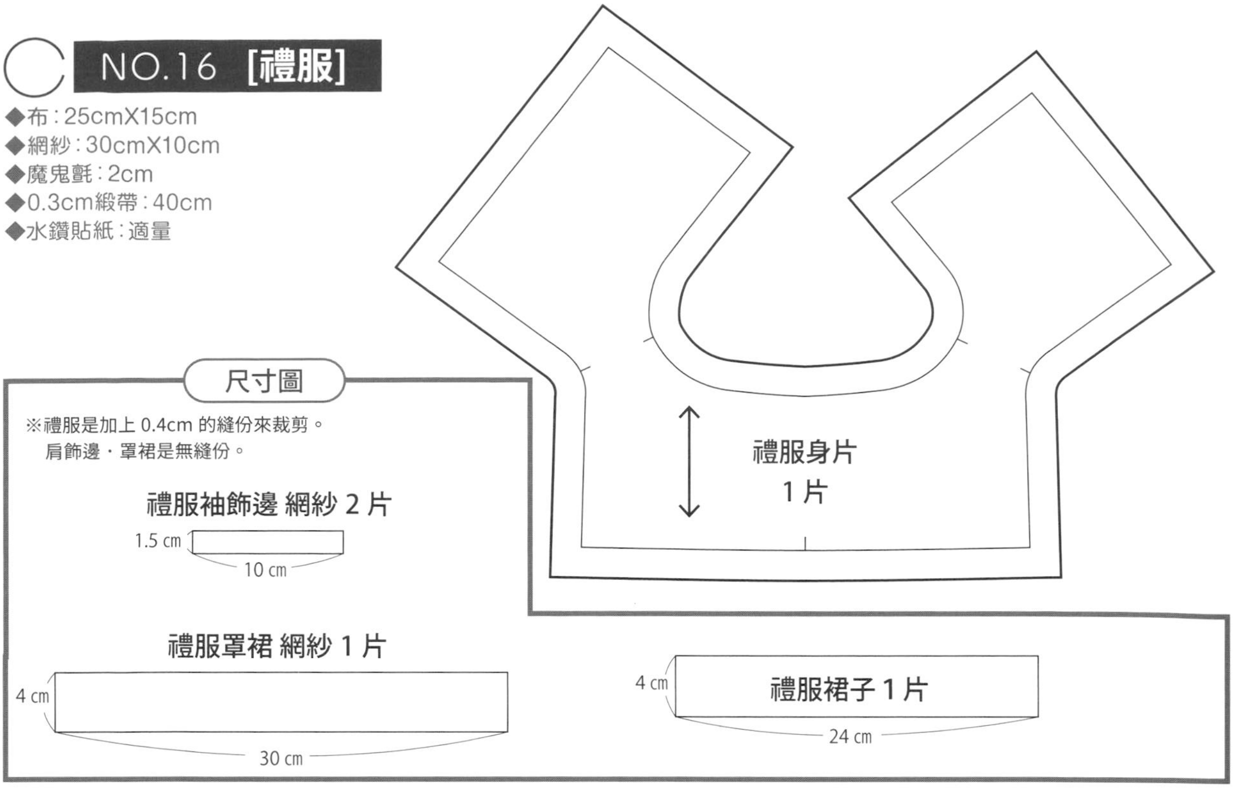

NO.17~20 [布偶裝]

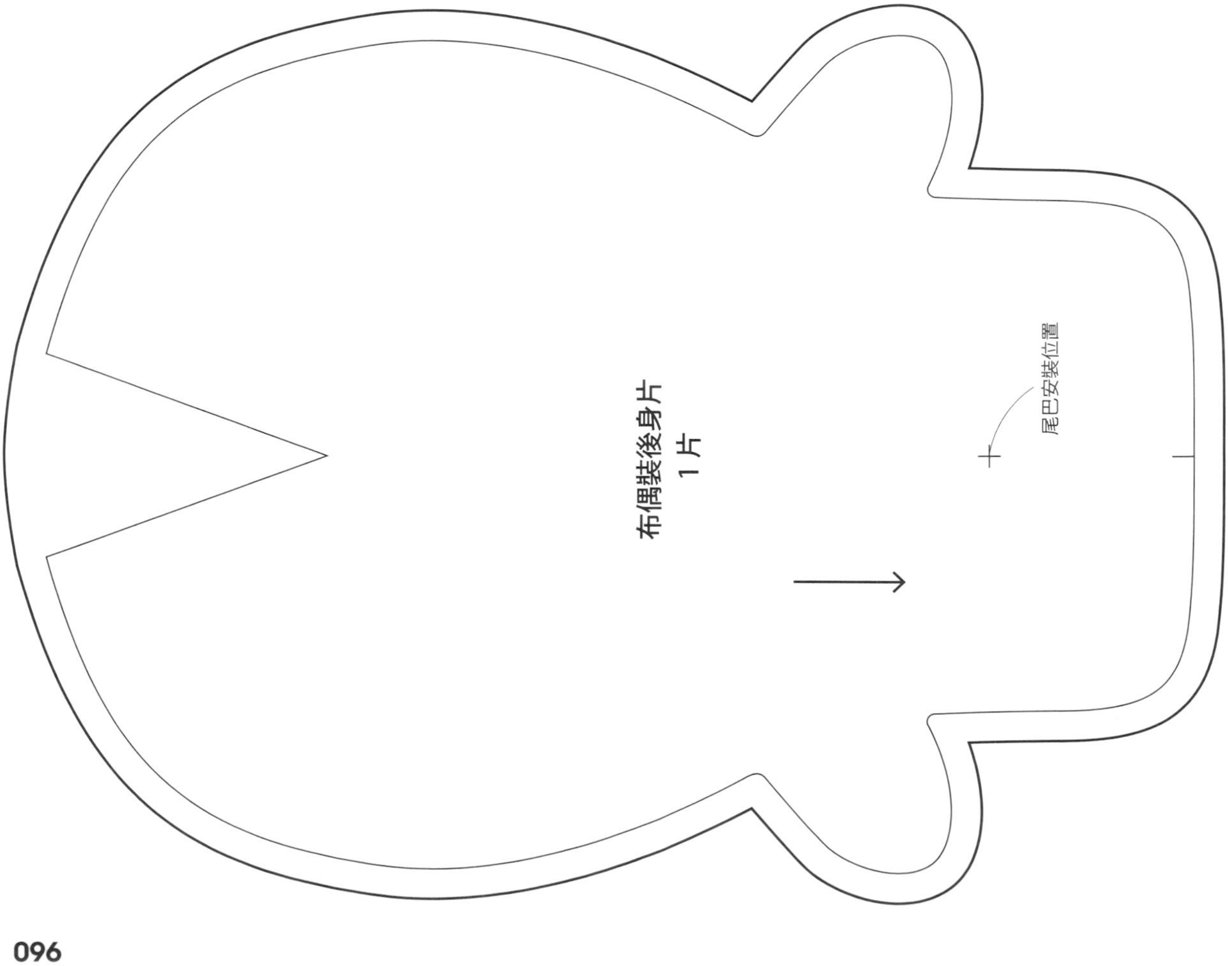

NO.17~20 [布偶裝]
◆布：30cmX20cm
◆1.5緞帶：20cm
NO.17.18.19
◆棉花：少許
NO.18 耳朵安裝位置
NO.17.19 耳朵安裝位置
NO.20 耳朵安裝位置
蝴蝶結安裝位置
布偶裝前身片
1 片
NO.17.19
（熊貓・小熊）
耳朵 4 片
NO.20
（貓咪）
耳朵 4 片
NO.18
（兔子）
耳朵 4 片
NO.20
半回針縫
尾巴
（反）
平針縫
（正）
身片（後）
把線拉緊、
縫份塞到內側
之後縫合固定。
NO.20
（貓咪）
尾巴
1 片
NO.17.18.19
布偶裝尾巴
1 片
※尾巴以外的作法和 P56［布偶裝（小熊）］相同
※NO.17.18 的作法和 P56［布偶裝（小熊）］相同
※紙型皆爲［小］尺寸。
［大］請放大125%。

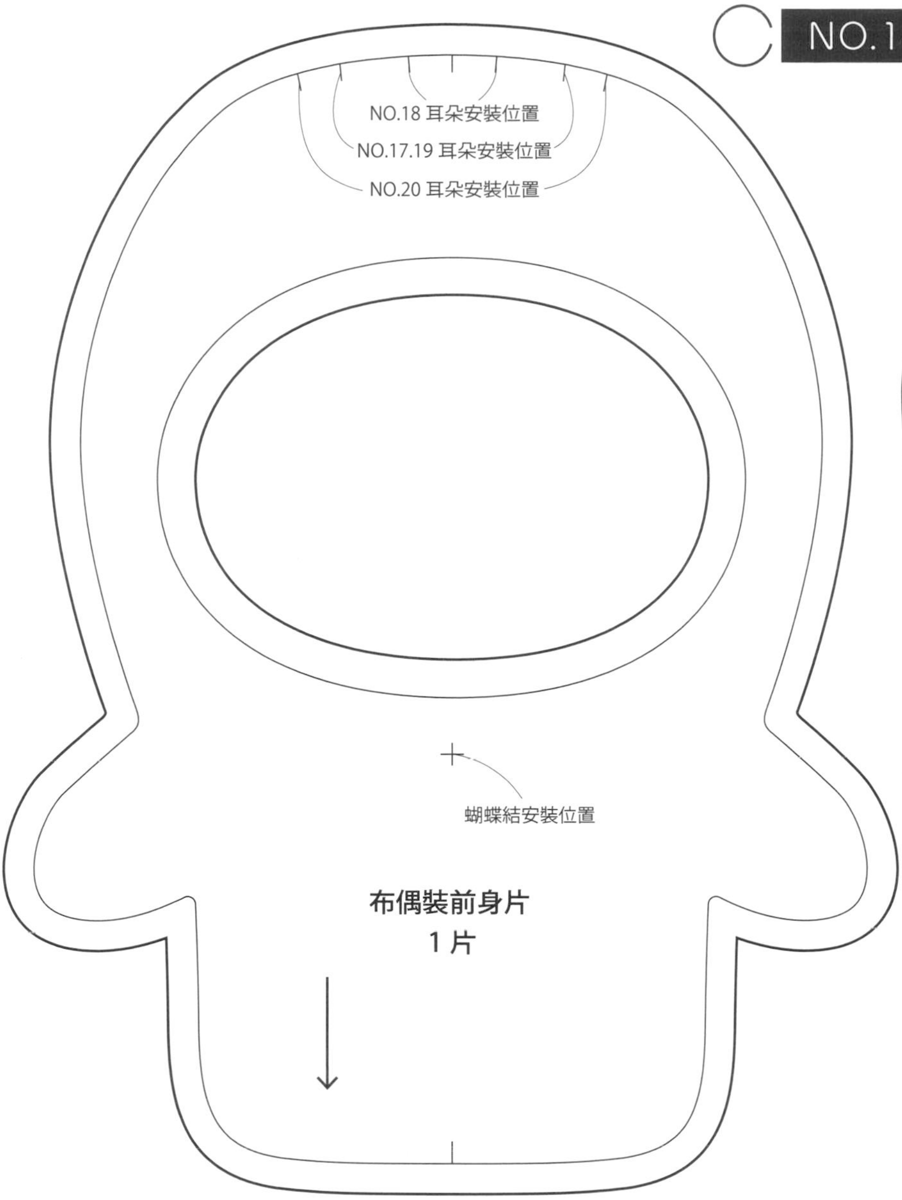

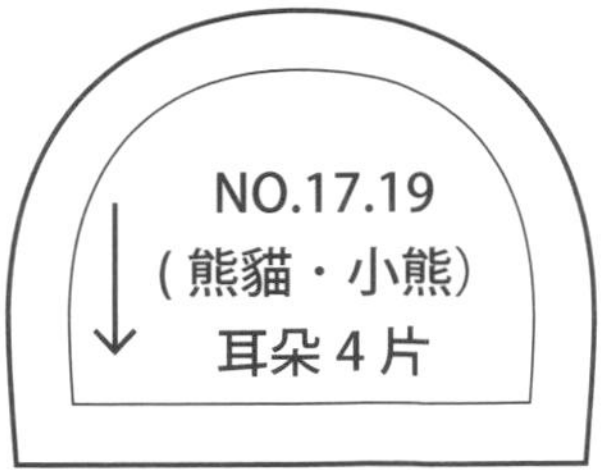

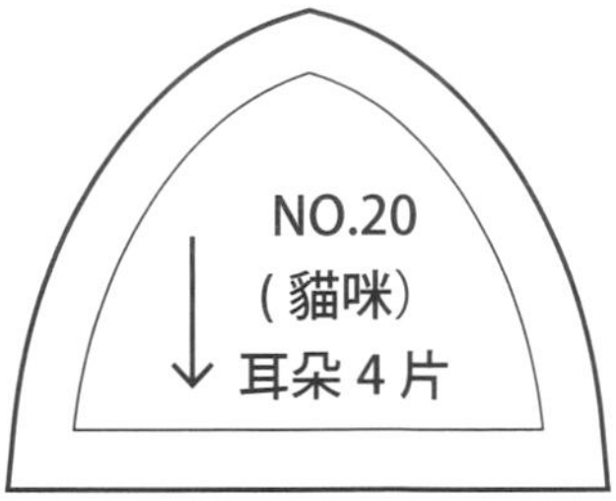

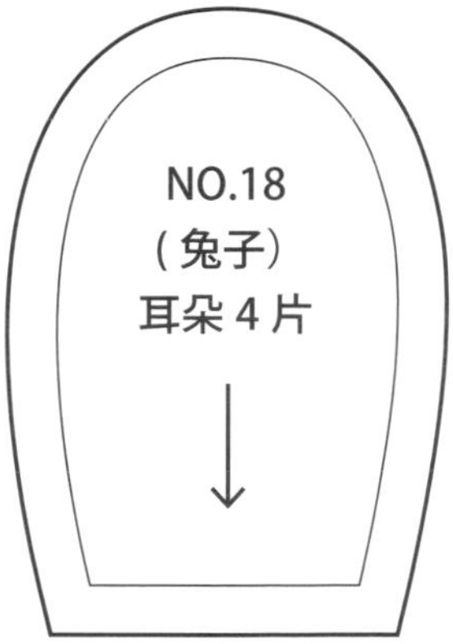

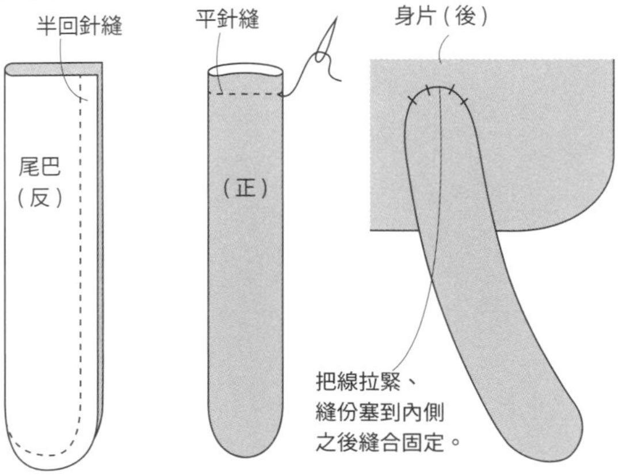

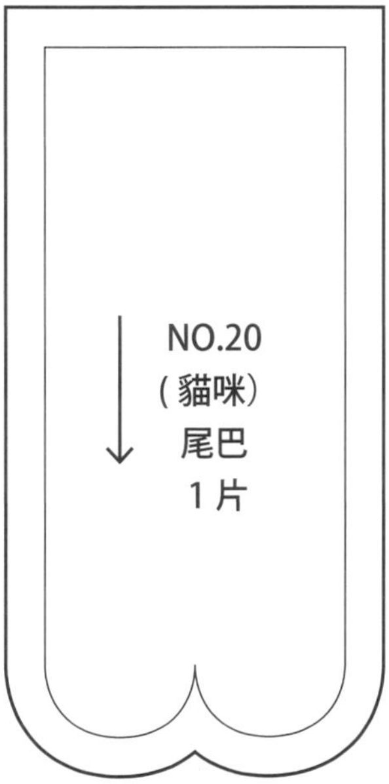

NO.21.22 [昆蟲]

◆布：20cmX10cm
◆魔鬼氈：2.5cm
◆0.3cm緞帶：60cm
◆直徑1cm絨球：2個
◆水鑽貼紙：適量
◆毛根：1支

NO.21

◆不織布：15cmX10cm
◆0.5cm緞帶：30cm

NO.22

◆不織布：粉紅、深粉紅 10cmX10cm各1片

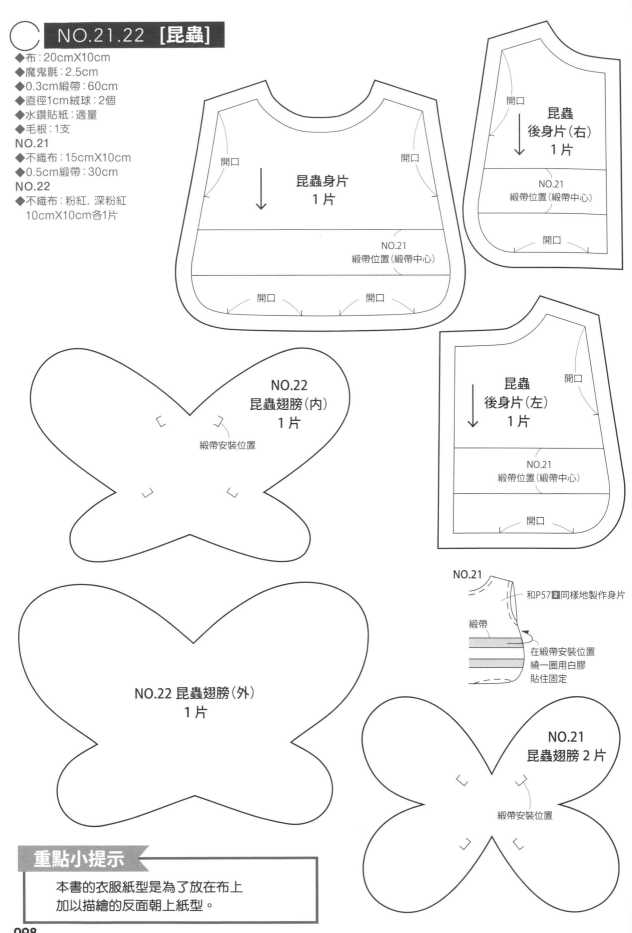

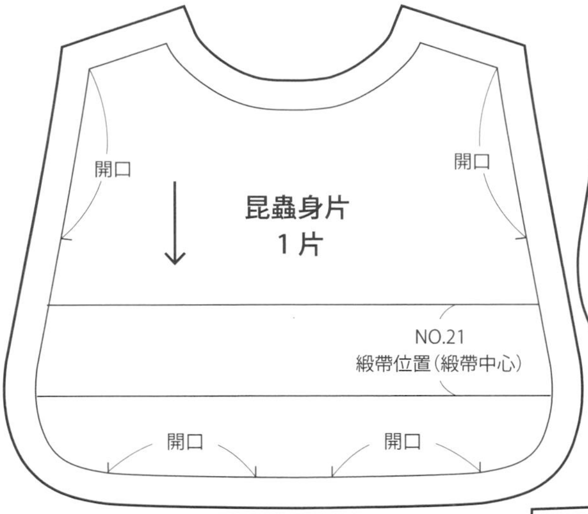

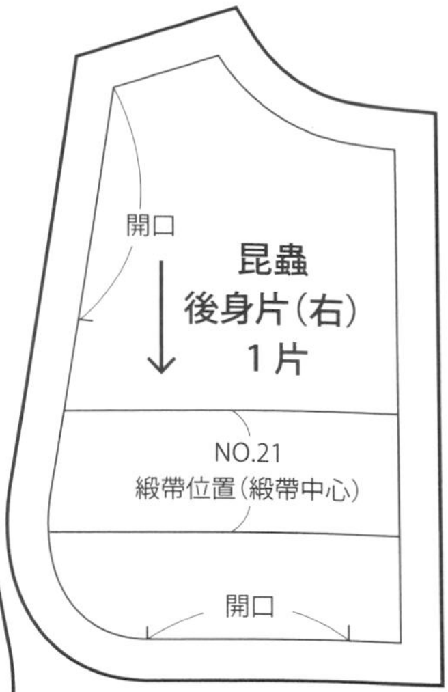

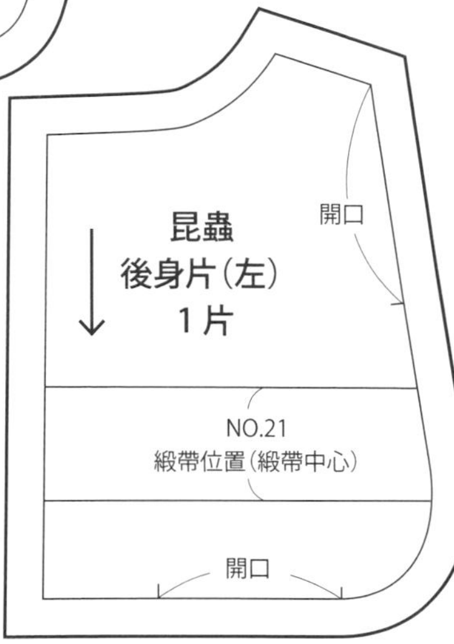

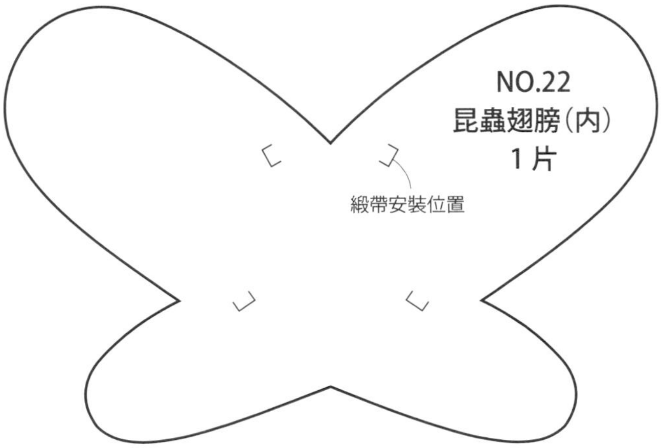

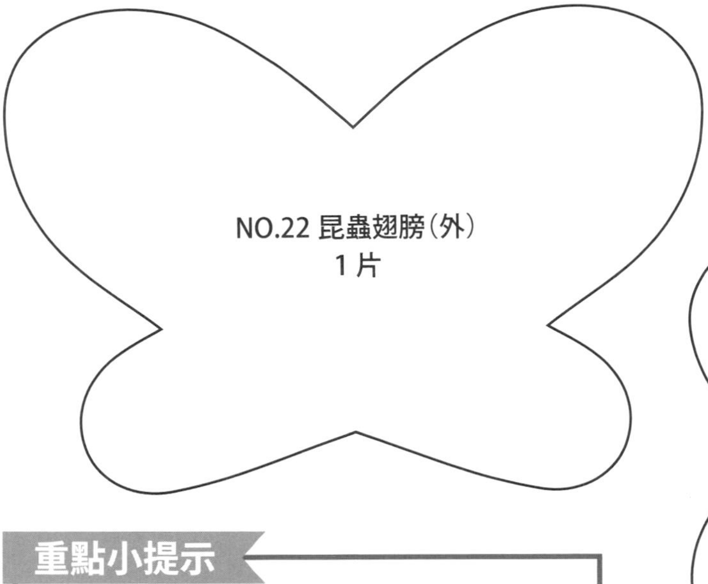

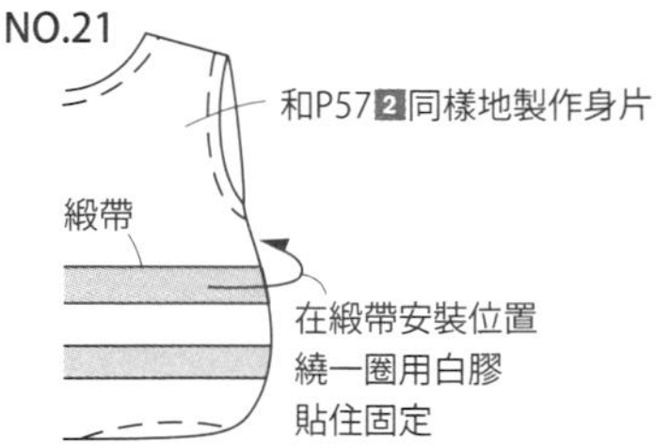

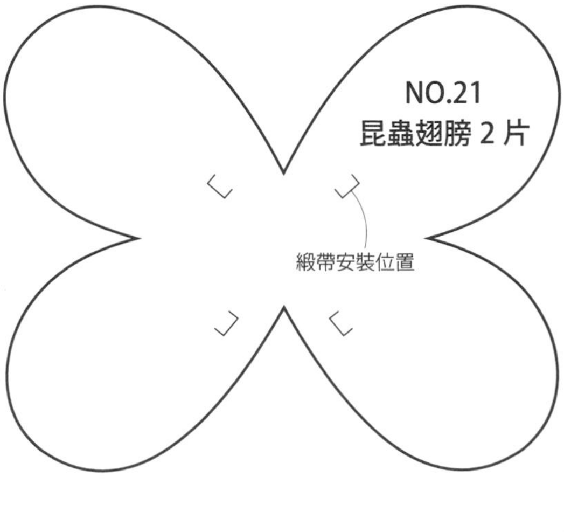

重點小提示

本書的衣服紙型是為了放在布上加以描繪的反面朝上紙型。

NO.23~25
[水果]

◆布：25cmX10cm
◆0.4cm扁型鬆緊帶：25cm
NO.23
◆不織布：15cmX5cm
◆0.3cm緞帶：20cm
NO.24
◆不織布：15cmX10cm
◆大圓珠：適量
NO.25
不織布：5cmX5cm

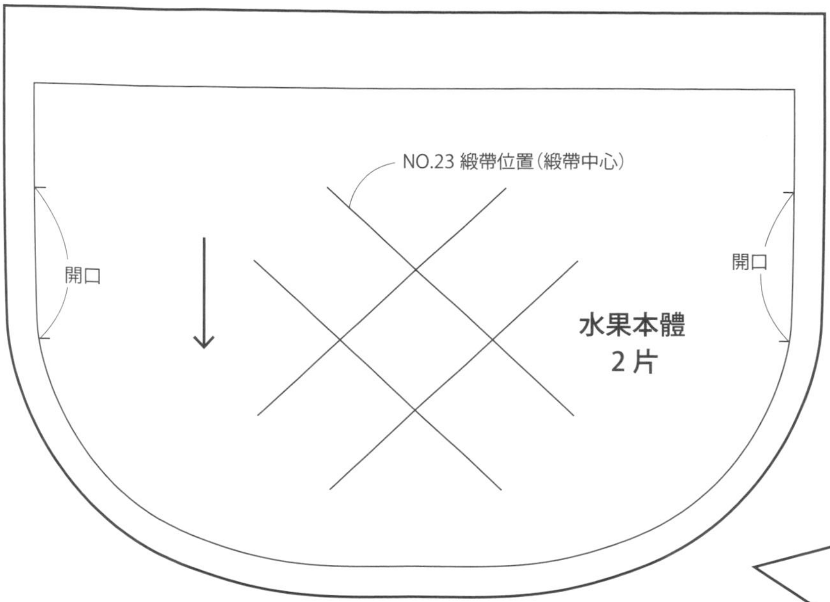

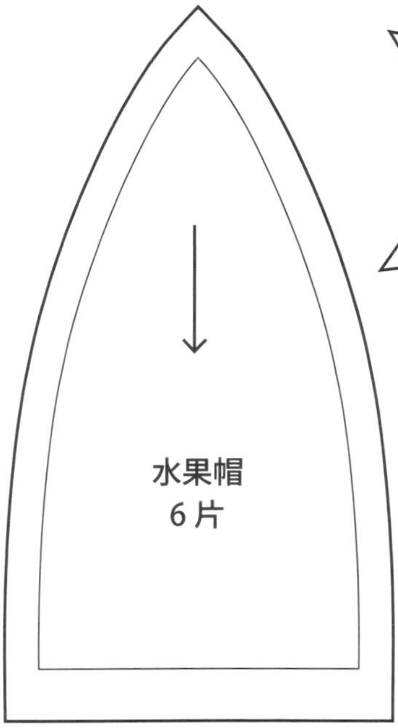

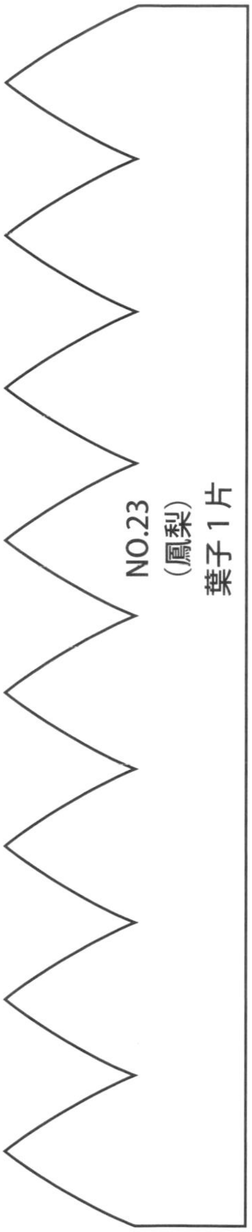

NO.23

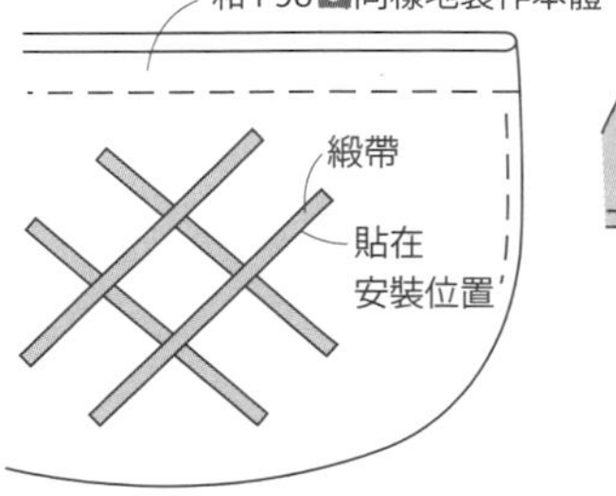

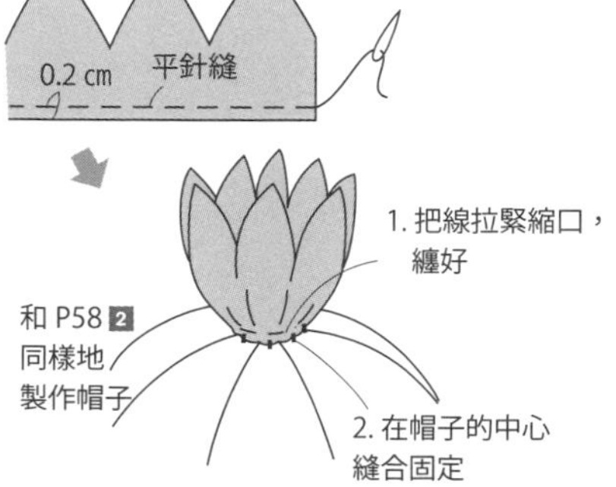

NO.25

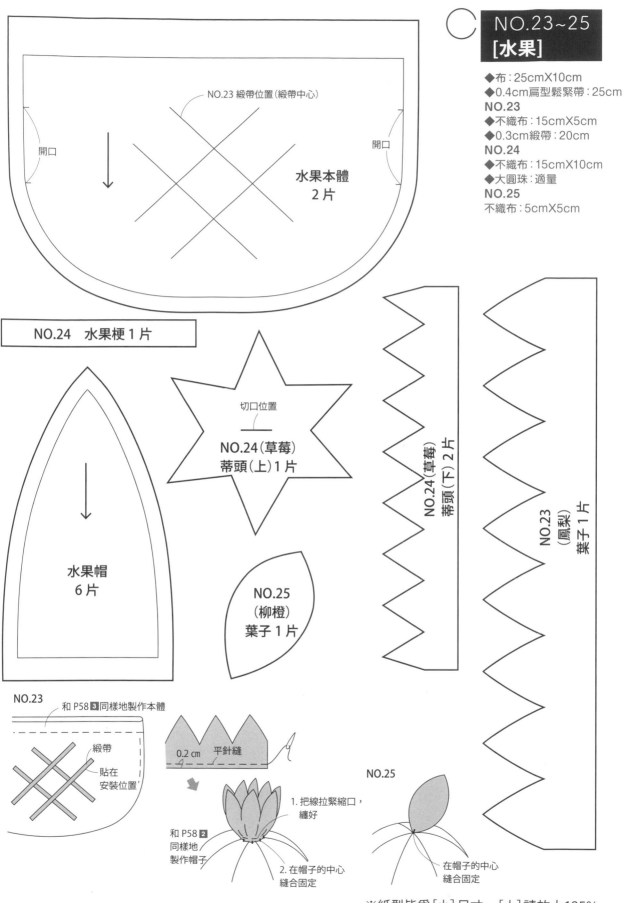

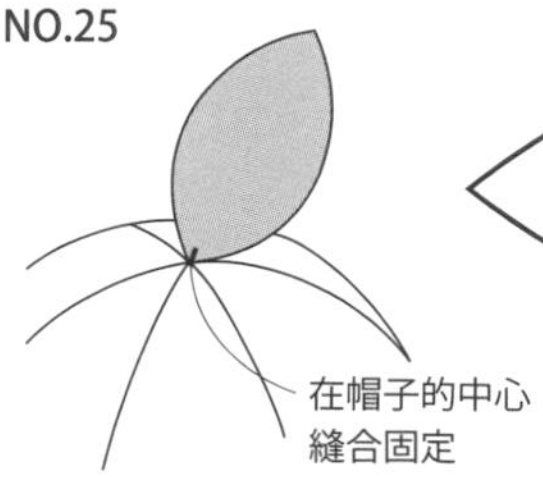

※紙型皆爲[小]尺寸。[大]請放大125%。

NO.27 [嬰兒服][奶嘴]

◆布：15cmX15cm
◆蕾絲：15cmX15cm
◆魔鬼氈：4cm
◆不織布：適量

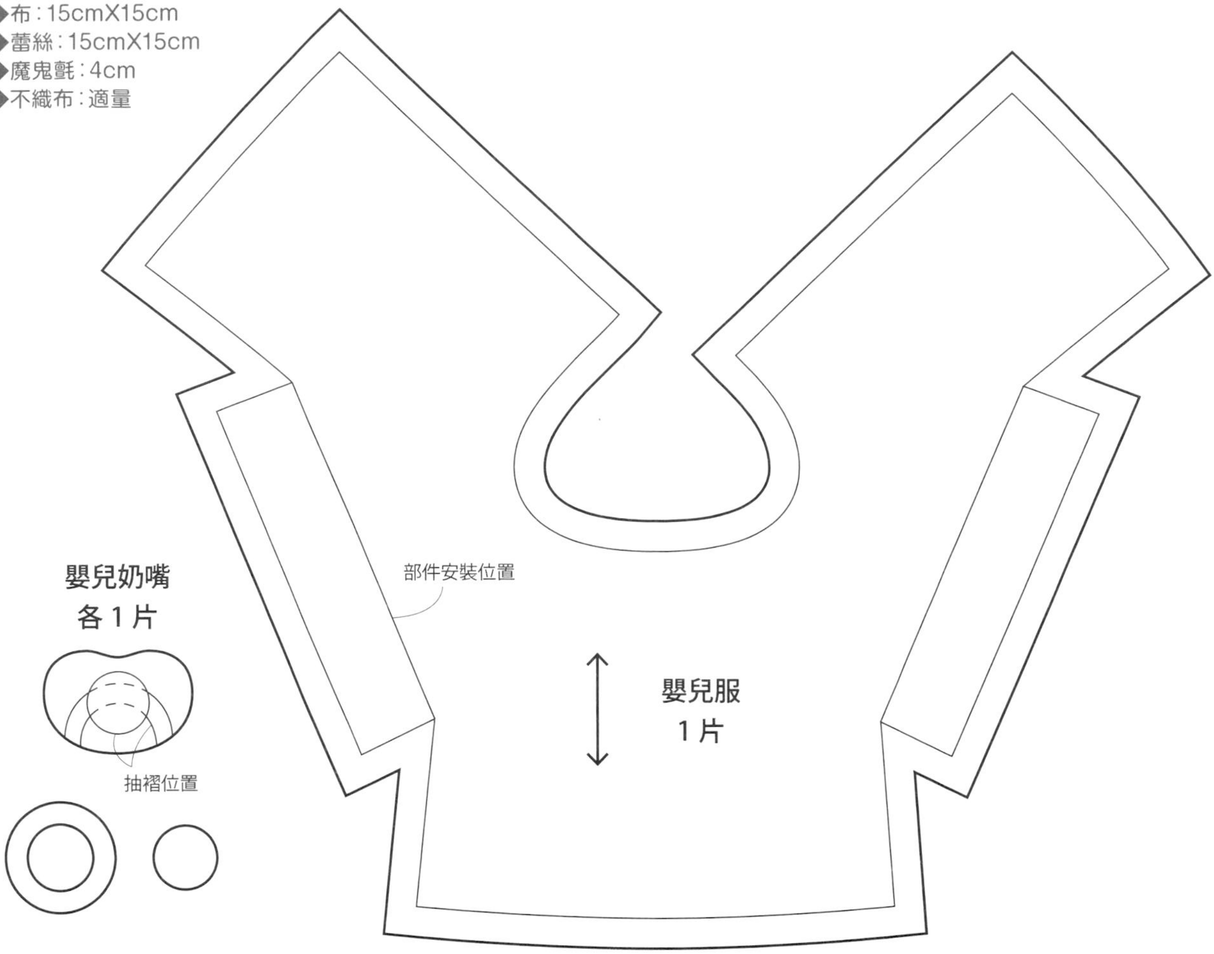

部件安裝位置
嬰兒服
1片
抽褶位置

嬰兒奶嘴
各1片

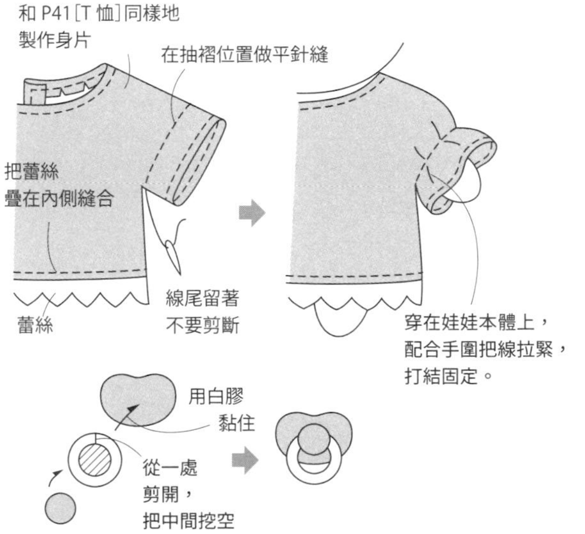

和P41［T恤］同樣地
製作身片
在抽褶位置做平針縫
把蕾絲
疊在內側縫合
線尾留著
不要剪斷
蕾絲
穿在娃娃本體上，
配合手圍把線拉緊，
打結固定。
用白膠
黏住
從一處
剪開，
把中間挖空

NO.27 [嬰兒帽]

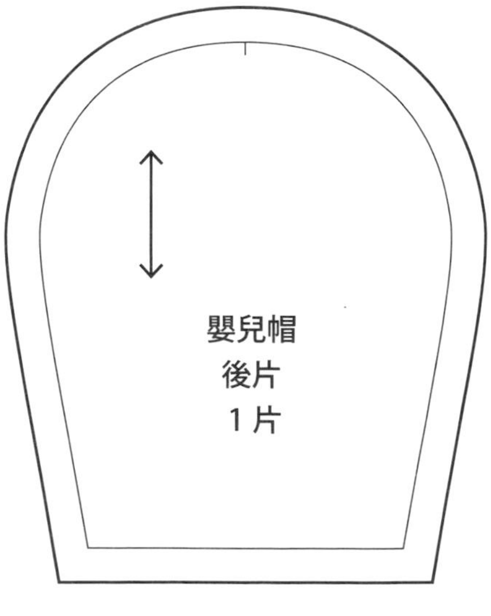

嬰兒帽
後片
1片

重點小提示

本書的衣服紙型是為了放在布上加以描繪的反面朝上紙型。

NO.27 [嬰兒帽]

◆布：30cmX10cm
◆花邊蕾絲：25cm
◆0.3cm緞帶：20cm

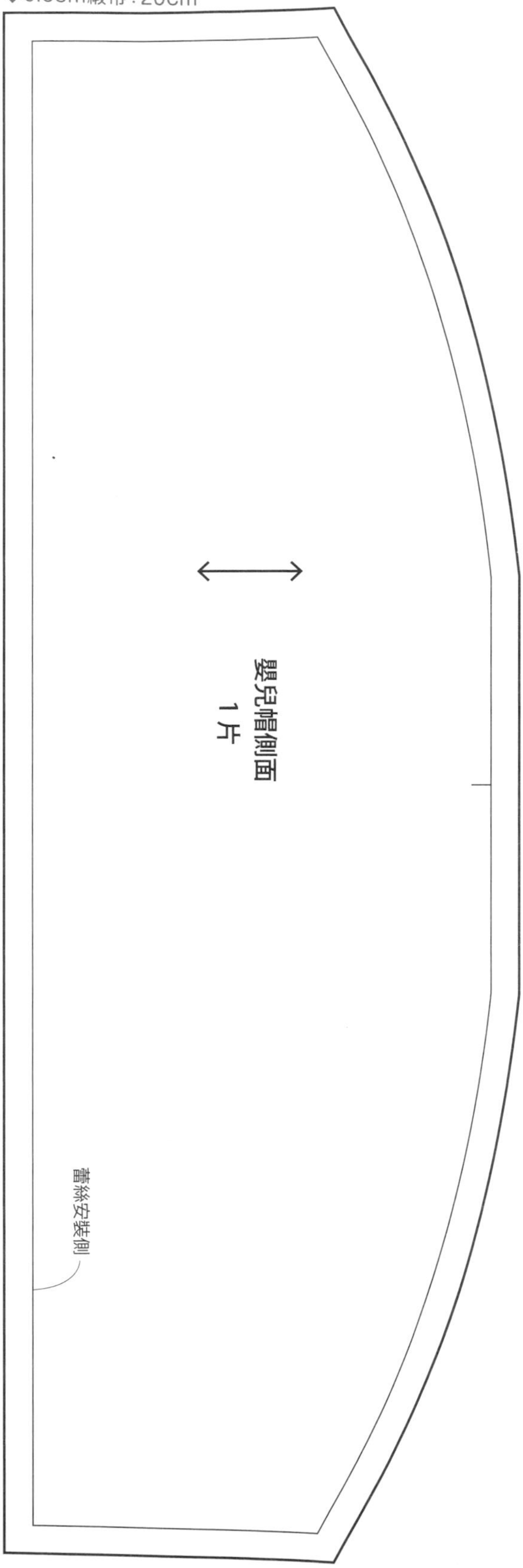

NO.26 [幼稚園帽子]

◆布：30cmX20cm
◆0.6cm鈕釦：1個

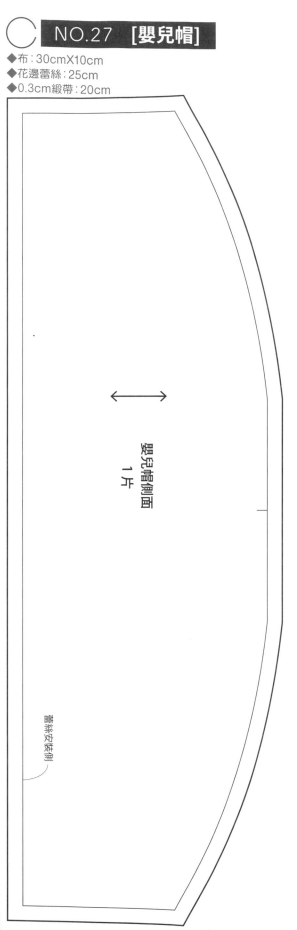

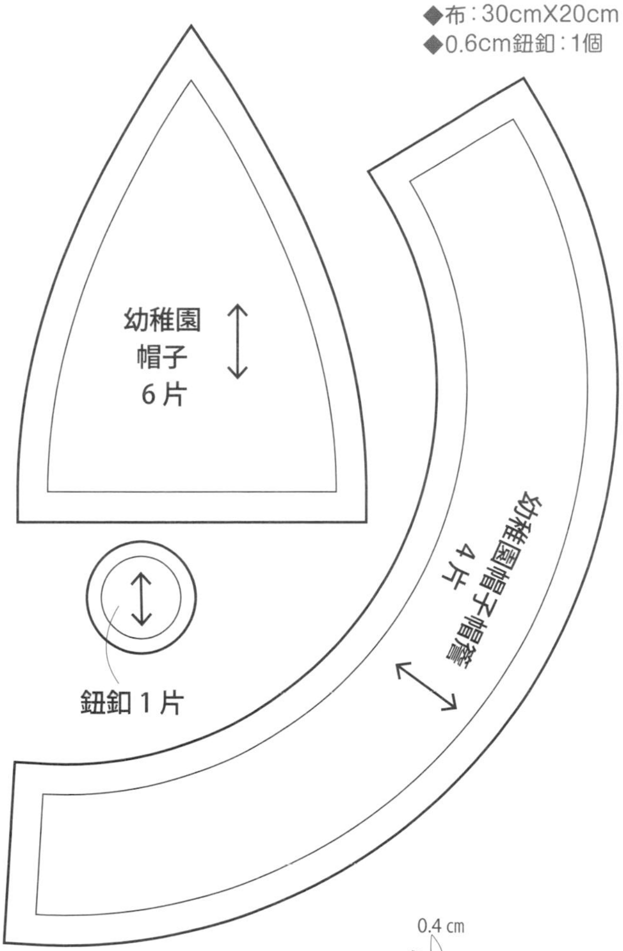

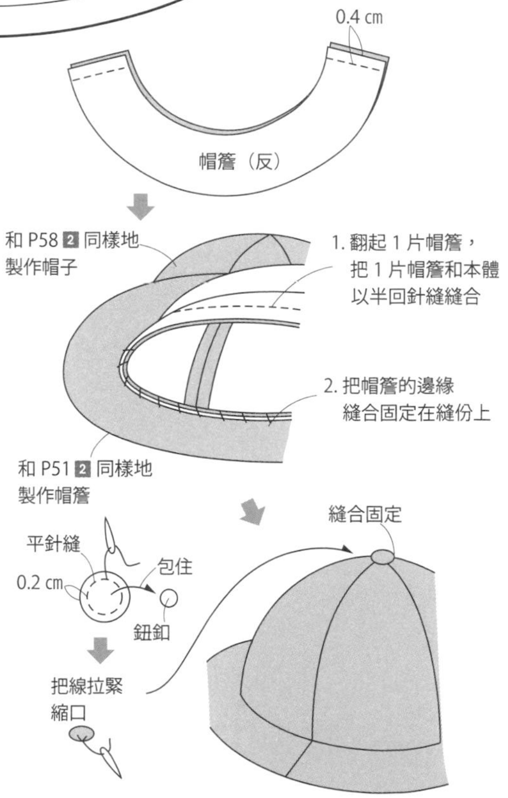

※紙型皆爲[小]尺寸。[大]請放大125%。

NO.26 [罩衫]

◆布：15cmX15cm
◆魔鬼氈：25cm
◆不織布：少許

作法和 P41［T 恤］相同。

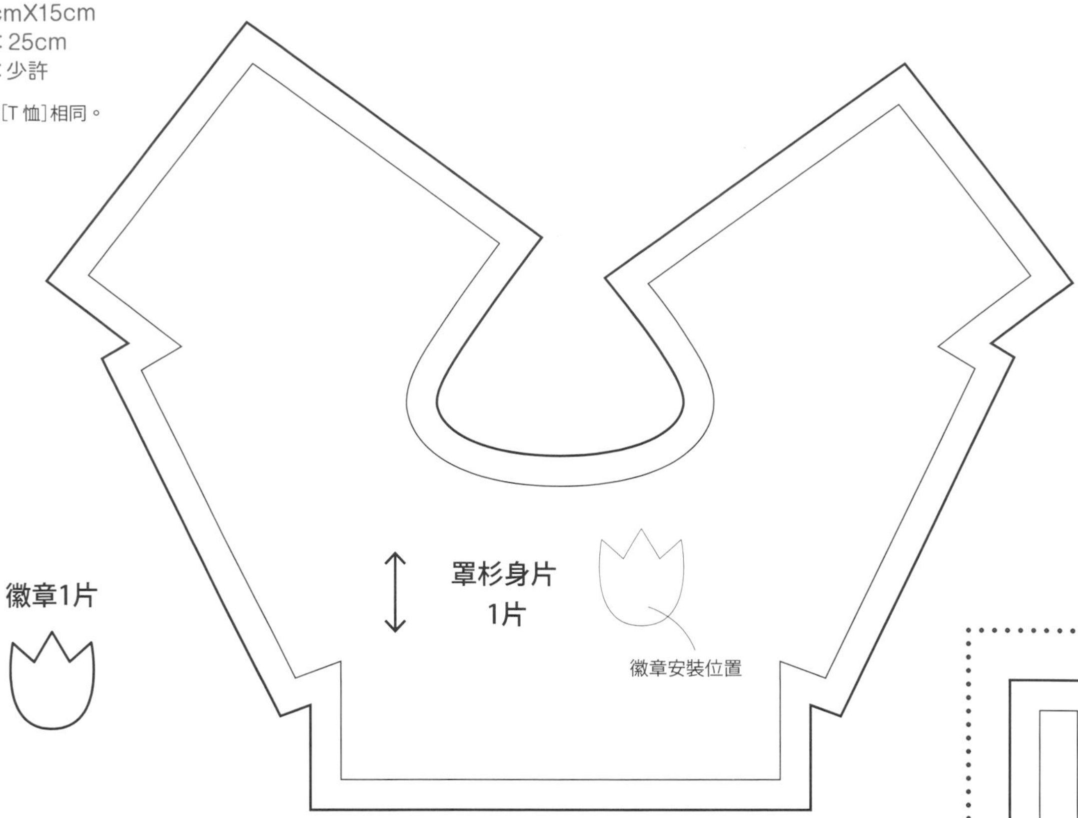

NO.26 [幼稚園書包]

◆不織布：5cmX5cm
◆0.3cm緞帶：13cm

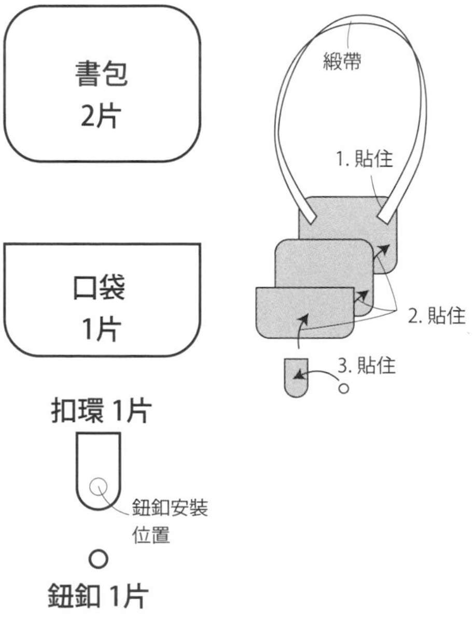

NO.9 [學生書包]

◆布：5cmX15cm

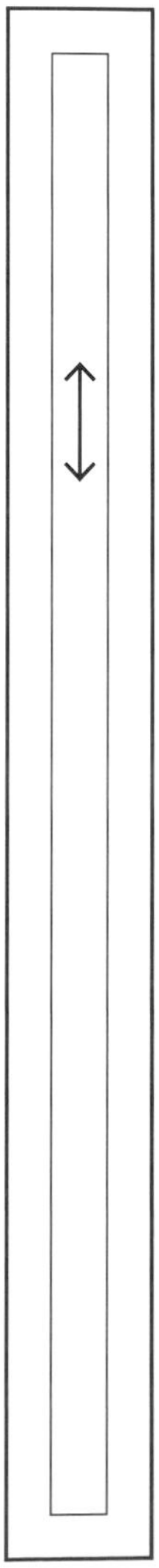

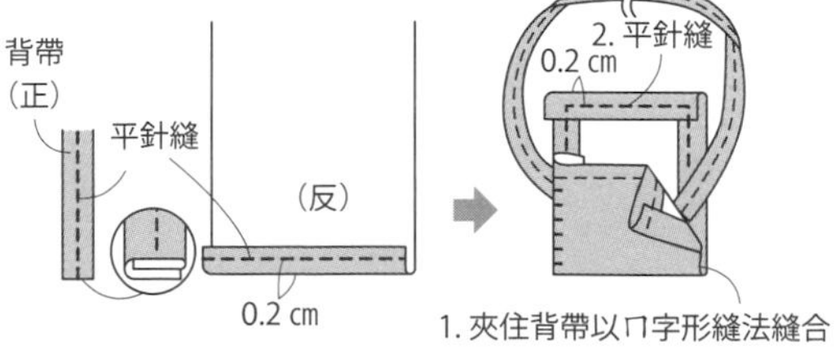

NO.28 [斗篷]

◆布：20cmX20cm
◆0.5cm緞帶：30cm

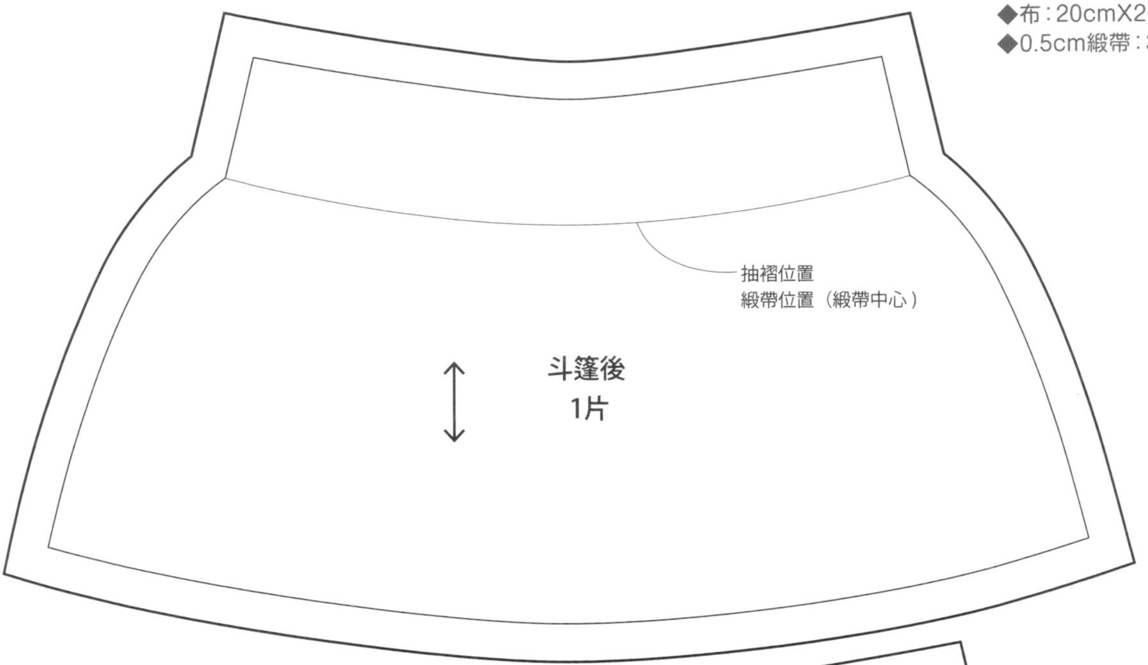

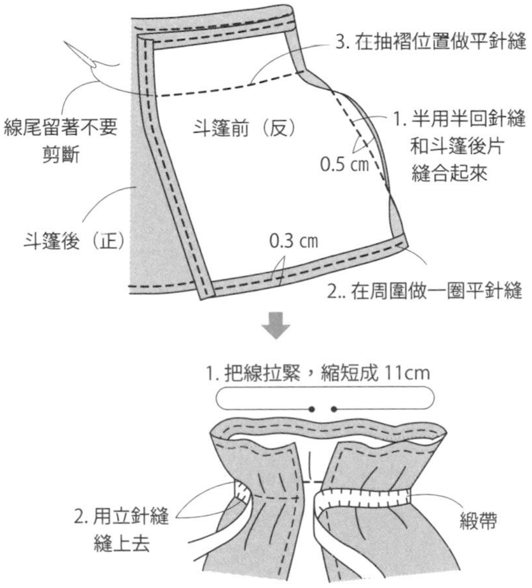

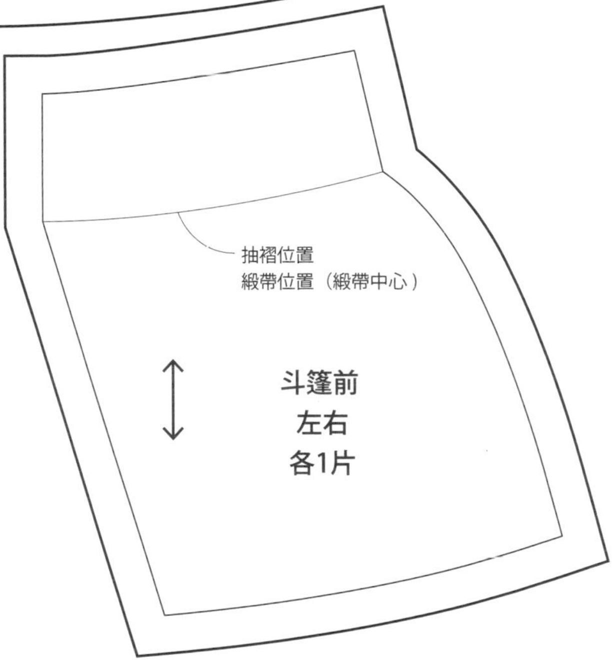

NO.29.M10 [女僕髮箍]

◆蕾絲：6cm
◆毛根：1支

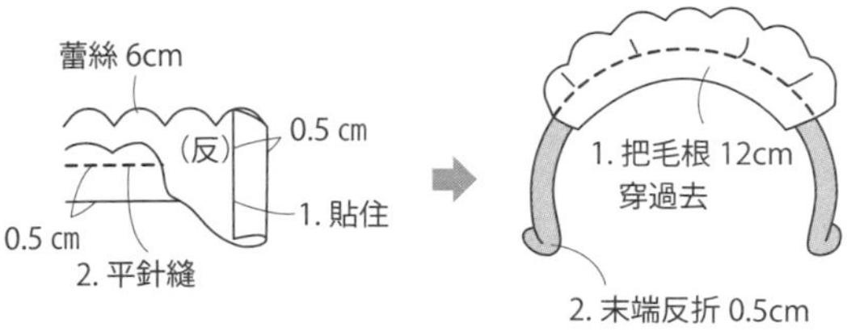

NO.16 [皇冠]

◆毛根：2支

※紙型皆爲[小]尺寸。[大]請放大125%。

NO.28 [帽子]

◆ 布：25㎝×10㎝

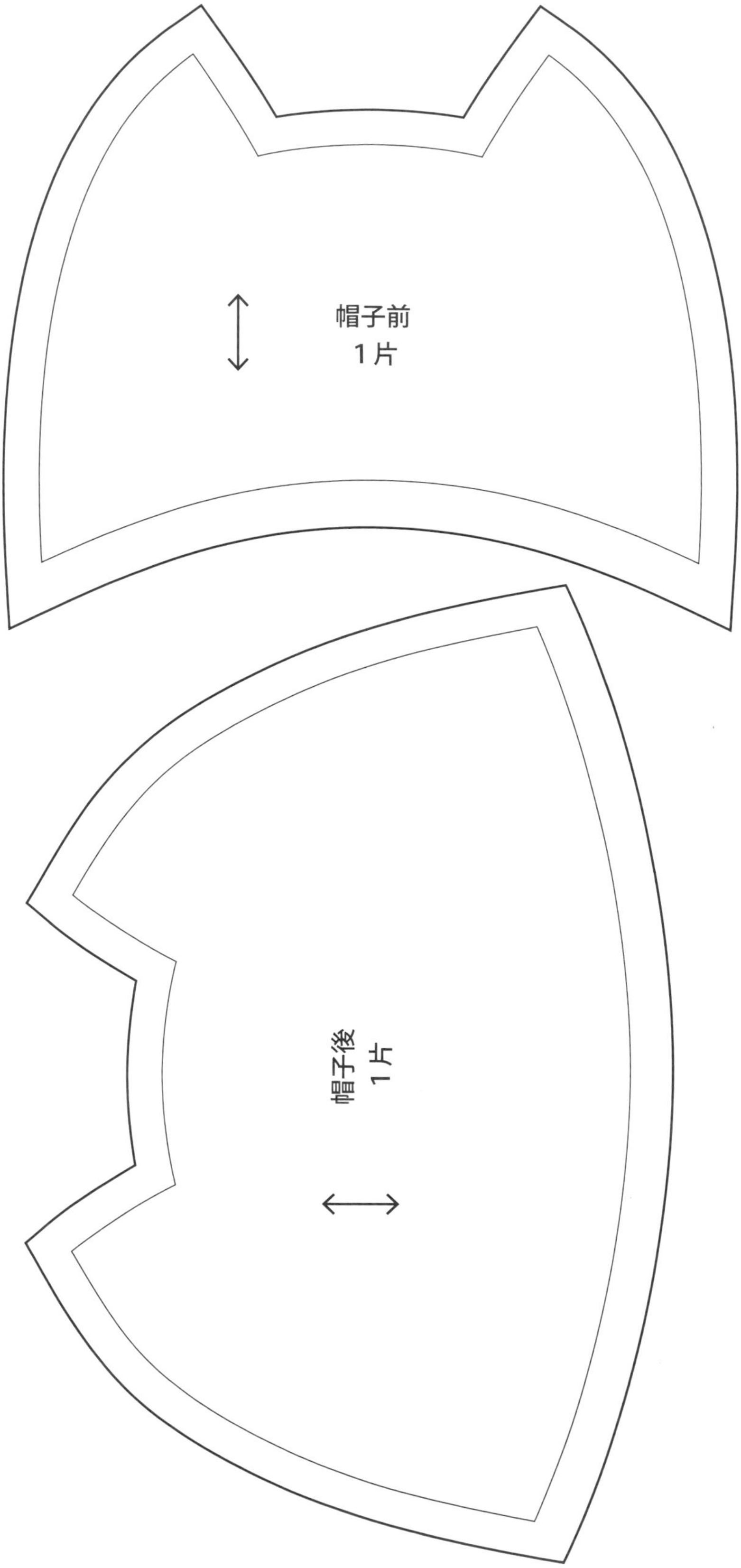

NO.29 [圍裙]

◆布：15cmX5cm
◆蕾絲：5cm
◆0.3cm緞帶：30cm

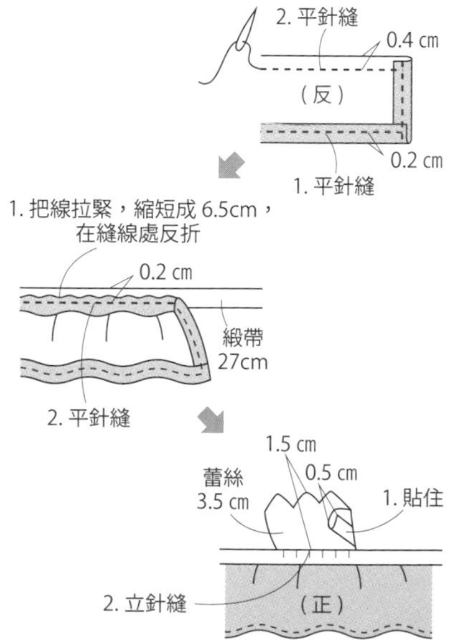

※紙型皆為[小]尺寸。[大]請放大125%。

[基本的趴娃]

◆布（米黃）：20cmX10cm
（頭髮的顏色）10cmX10cm
（衣服的顏色）30cmX10cm

- 米黃
- 頭髮的顏色
- 衣服的顏色

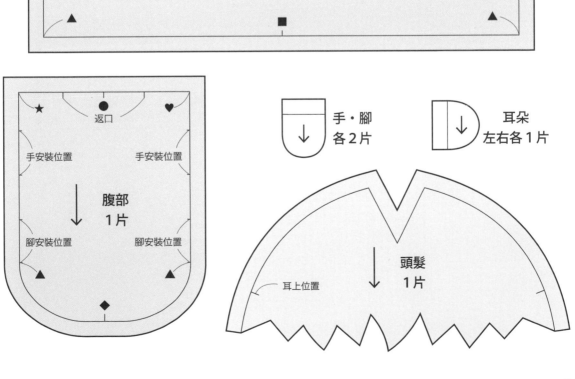

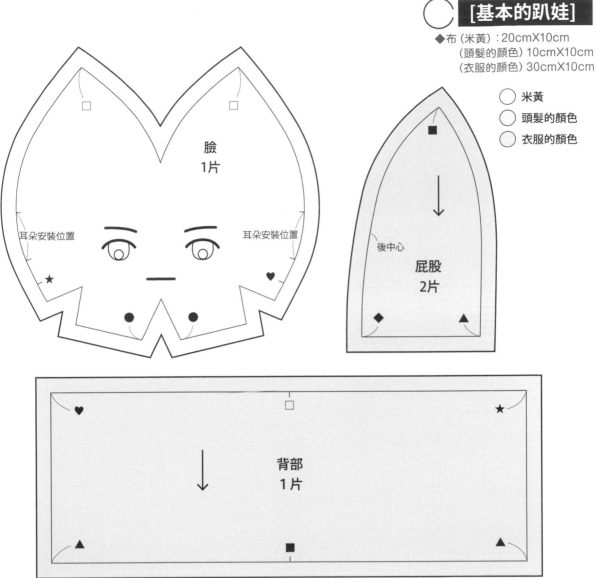

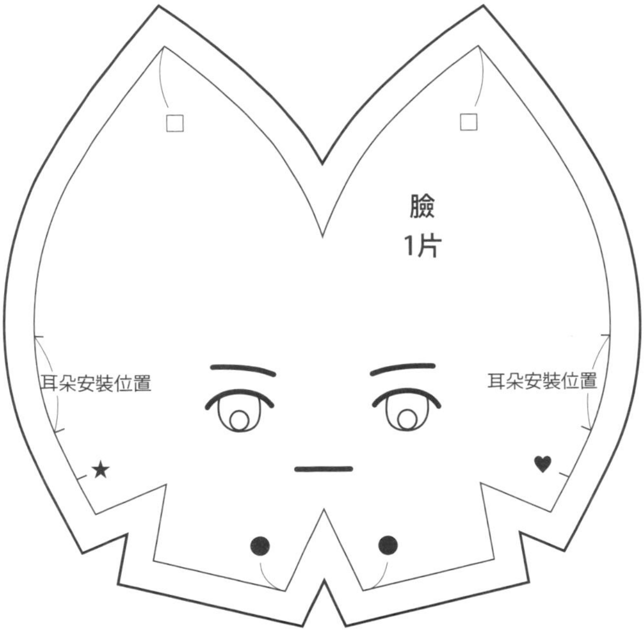

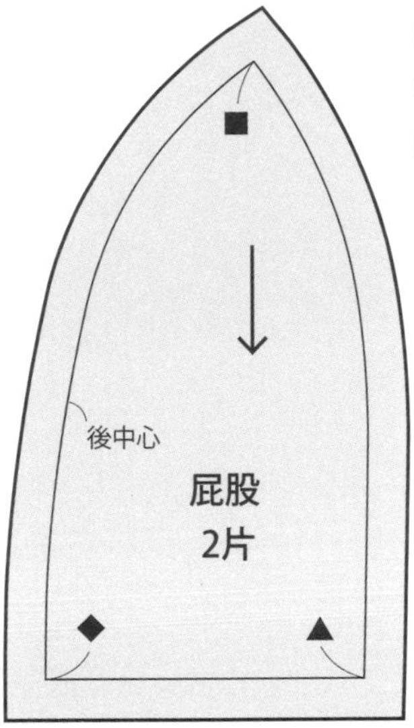

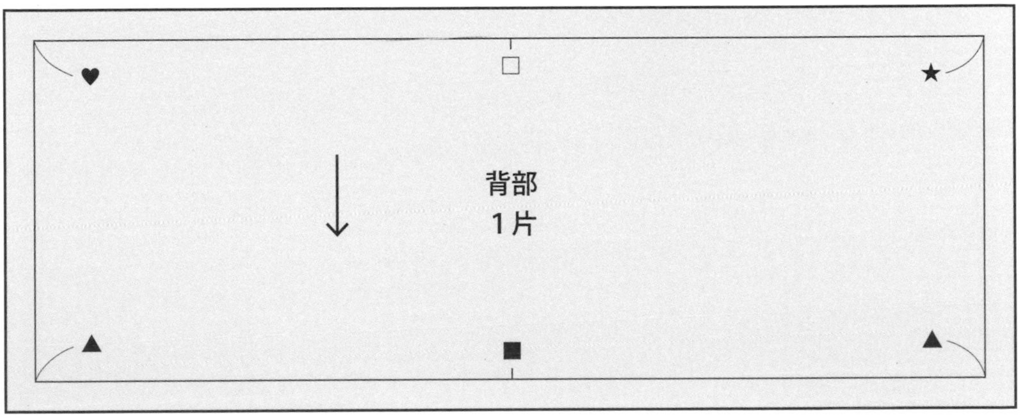

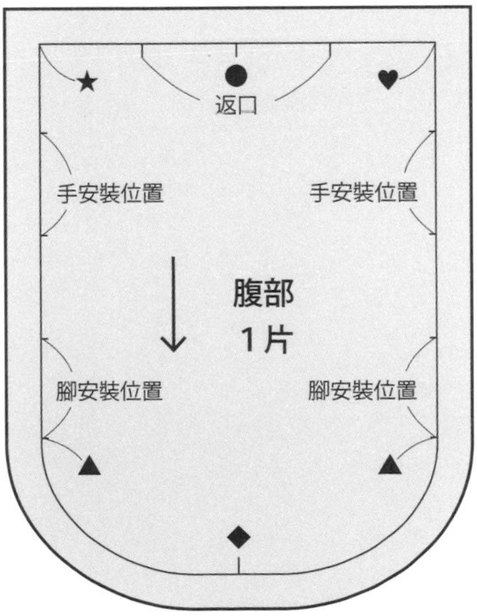

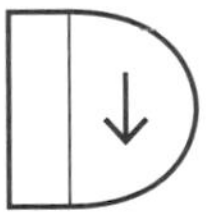

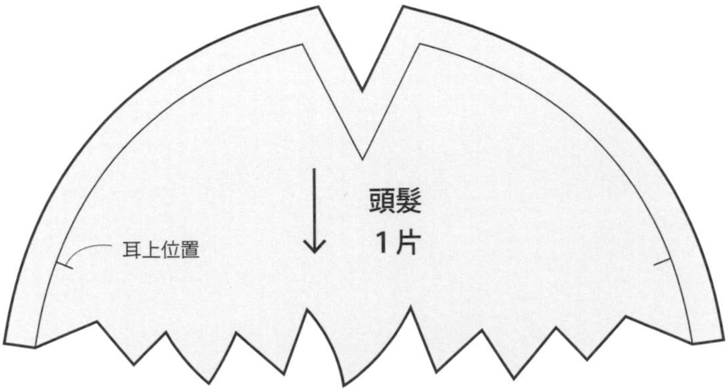

NO.M2.M3.M4.M5.M8.M10 [趴趴頭髮]

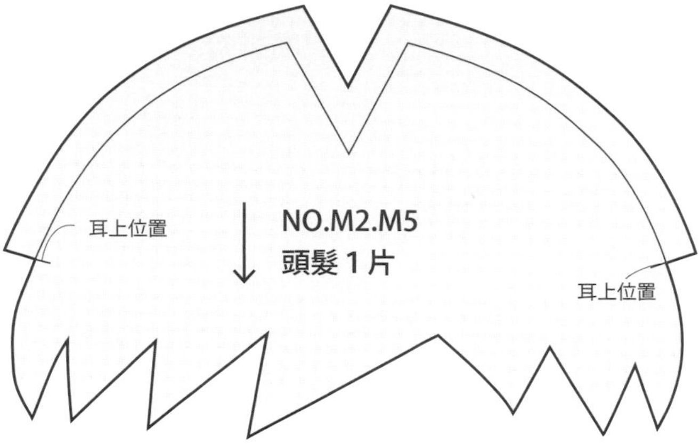

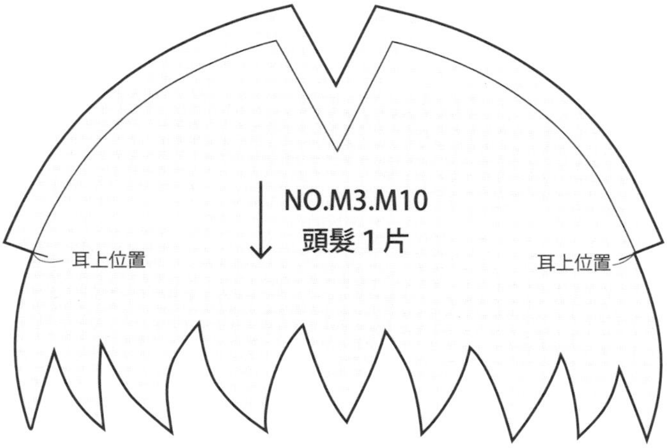

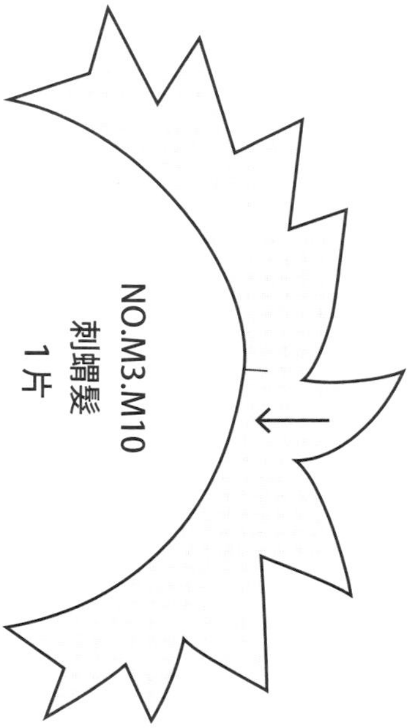

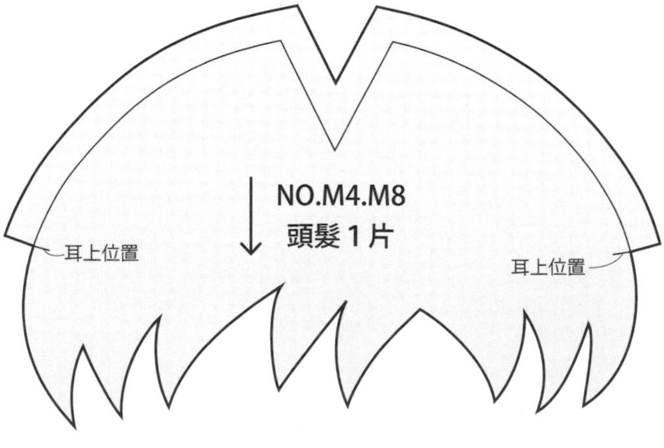

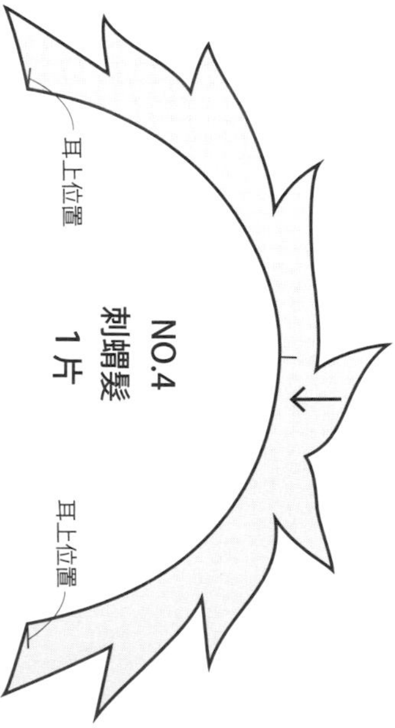

NO.M6.M9 [趴趴頭髮]

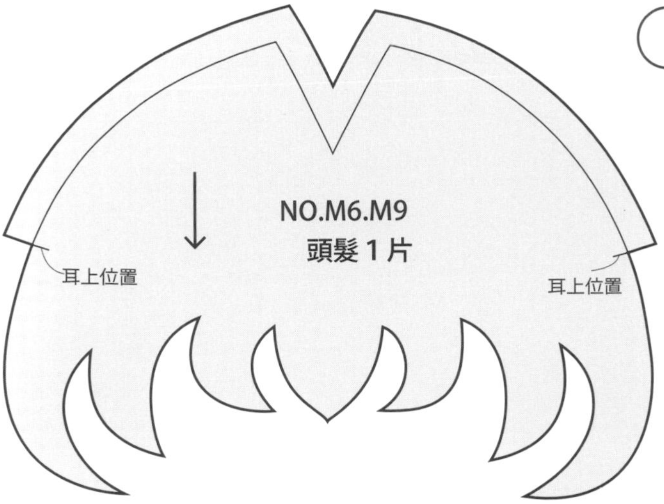

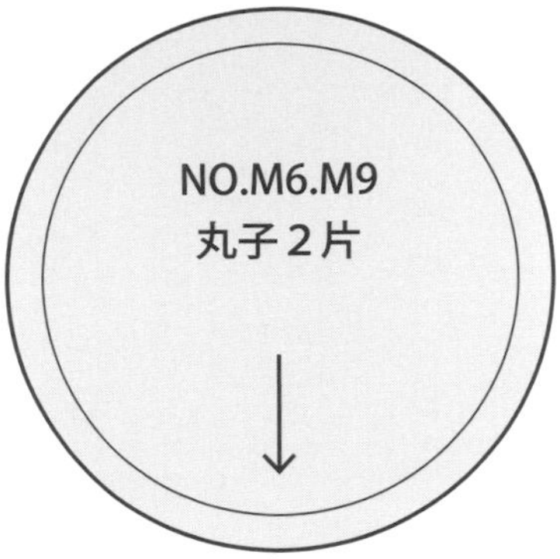

NO.M2.M3.M4.M5.M6.M8.M9.M10 [趴趴臉]

NO.M2.M4.M5.M8　NO.M3.M10　NO.M6.M9

NO.M2.M4.M5 [趴趴褲]

◆ 布：30cm×10cm

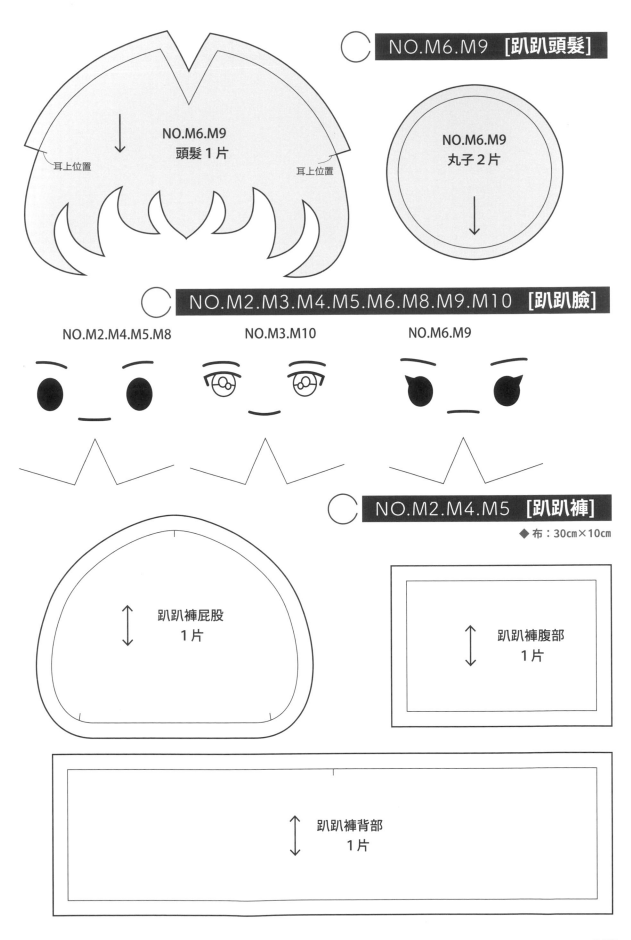

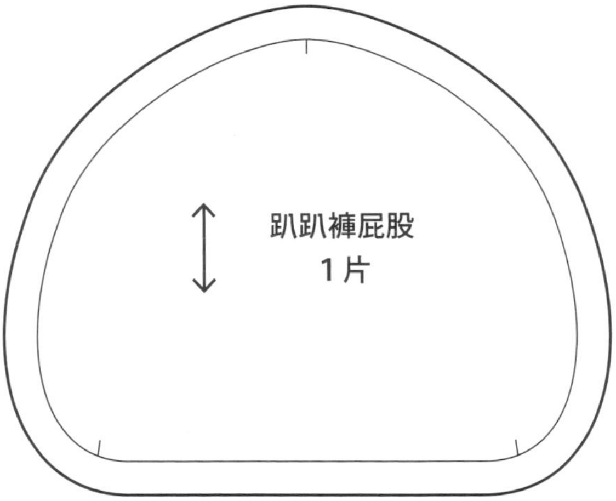

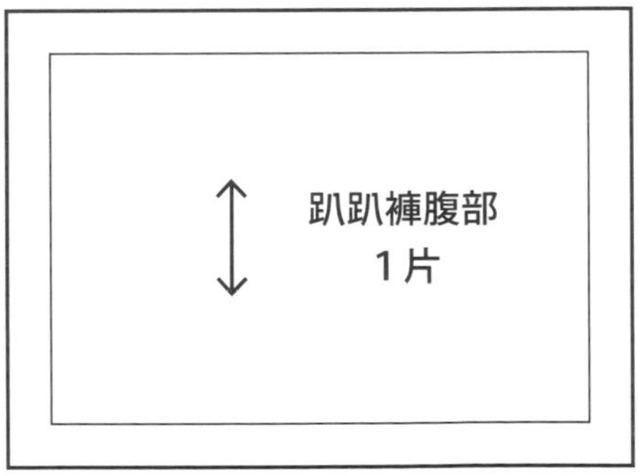

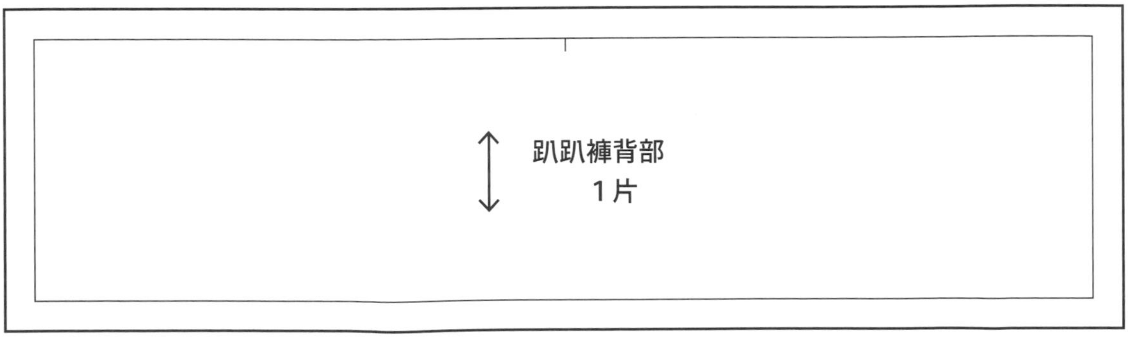

NO.M1.M5.M6 [趴趴T恤]　NO.M3 [趴趴T恤]

◆布：20cmX10cm
NO.M1.M5
◆不織布：少許
NO.M6
◆布貼布：少許
NO.M3
◆0.3cm緞帶：25cm

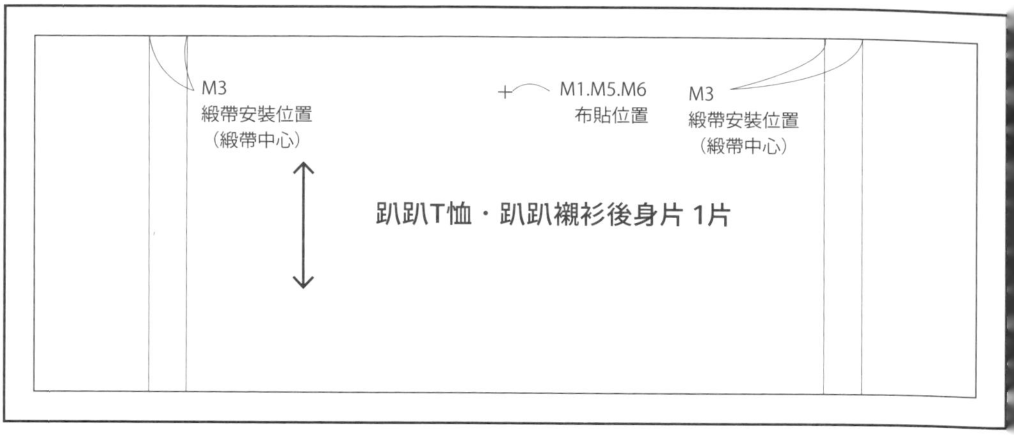

NO.M1.M5

布貼
1片

NO.M6

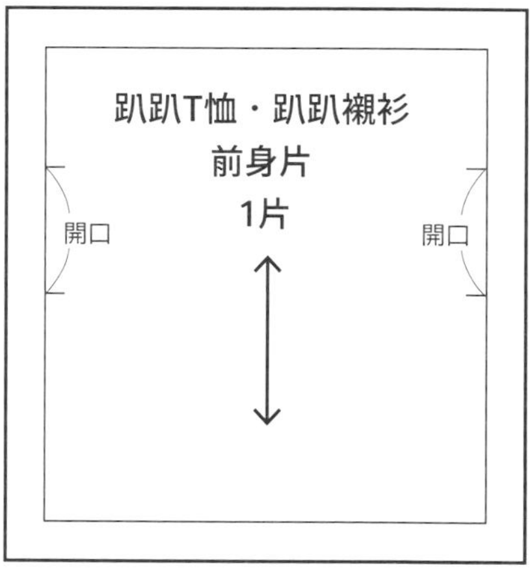

NO.M3

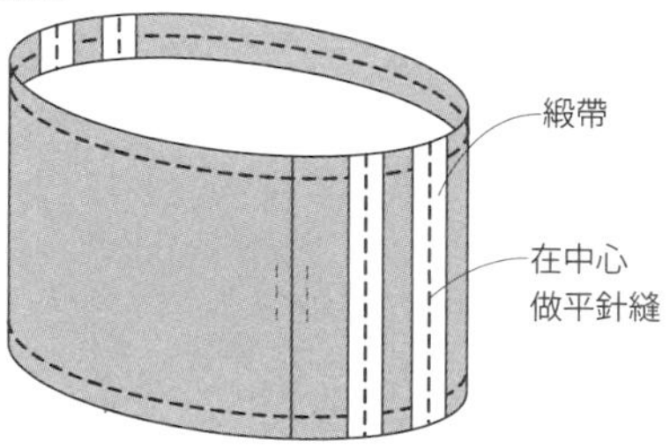

NO.M2 [趴趴連帽上衣]

◆布：25cmX20cm

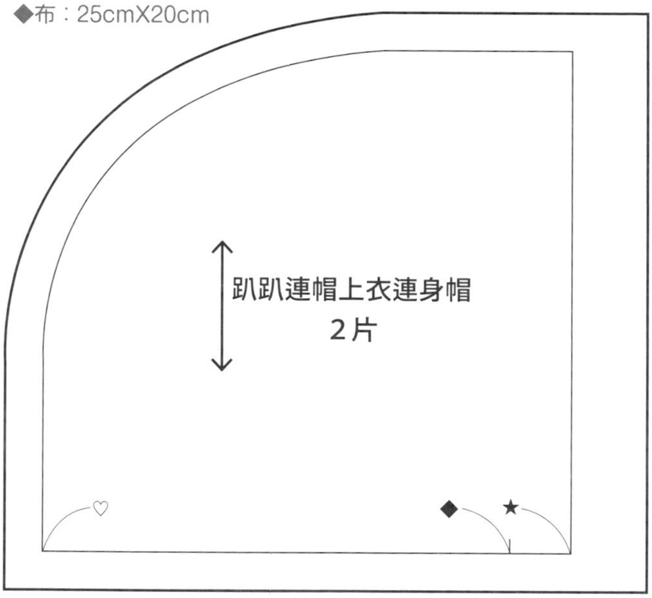

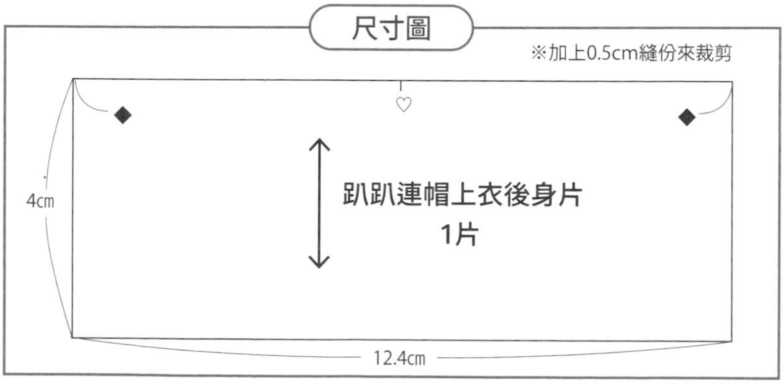

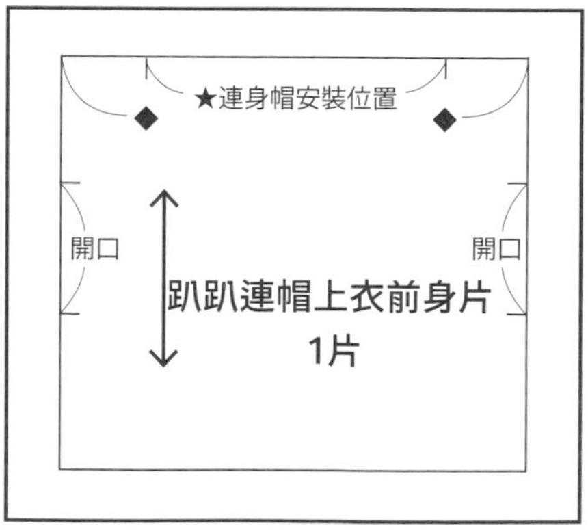

NO.M4 [趴趴襯衫]
◆布：25cmX10cm
◆不同的布：5cmX5cm
◆0.3cm寬鬆緊帶：20cm
◆雙面膠襯：5cmX5cm
尺寸圖
※加上0.4cm縫份來裁剪
9.3cm
9.3cm
4.5cm
※領子安裝位置
趴趴襯衫
1片
18.6cm
趴趴襯衫領子
1片
0.2 cm
1. 半回
針縫
(反)
2. 平針縫
折痕
0.2 cm
平針縫
領子(反)
領帶 1片
領帶上
1片
重疊 0.5cm
縫合固定
鬆緊帶 19.5 cm
領子(反)
0.2 cm
平針縫
(正)
把 2 片布
用雙面膠襯
貼合，裁剪
※貼合方法見 P32 1
折痕
把鬆緊帶
和領帶頂端
夾起來貼合
NO.M6.M9 [趴趴裙]
◆布：40cmX10cm
尺寸圖
※加上0.4cm縫份來裁剪
趴趴裙
1片
37
cm
4cm
18.5
cm
趴趴裙腰帶 1片
2cm
NO.M10
[趴趴女僕裝]
◆裙布：40cmX10cm
◆身片布：20cmX10cm
◆布：20cmX10cm
◆蕾絲：20cm
◆0.3cm緞帶：40cm
趴趴女僕裝
圍裙
2片
尺寸圖
※加上0.4cm縫份來裁剪
2cm
女僕裝領子1片
18.5cm
4.6cm
女僕裝身片1片
18.5cm
4cm
女僕裝裙子 1片
37cm

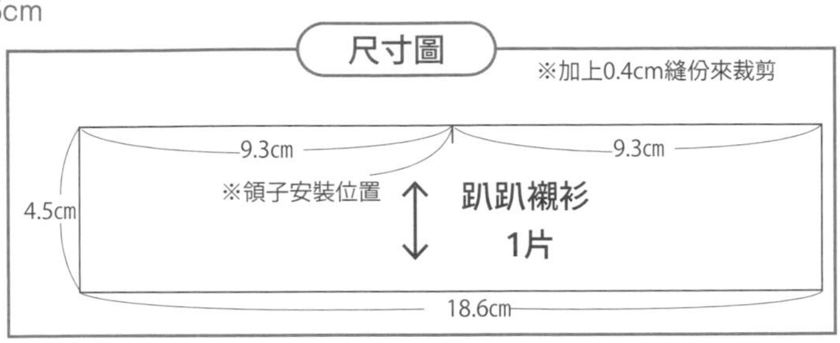

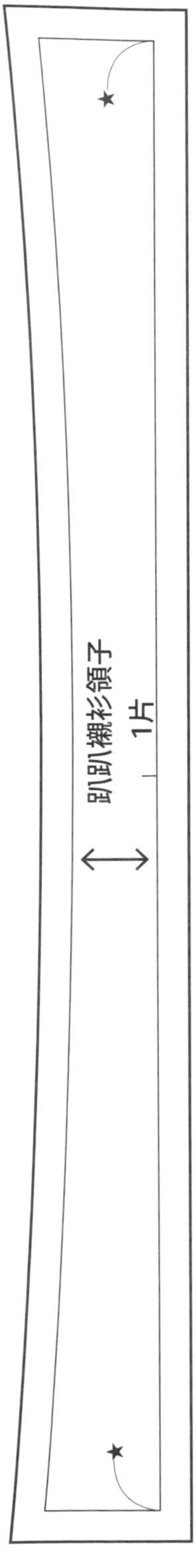

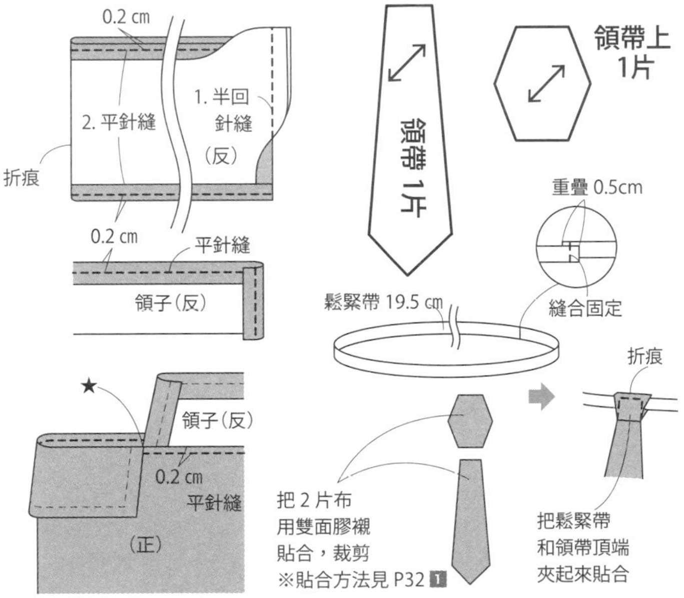

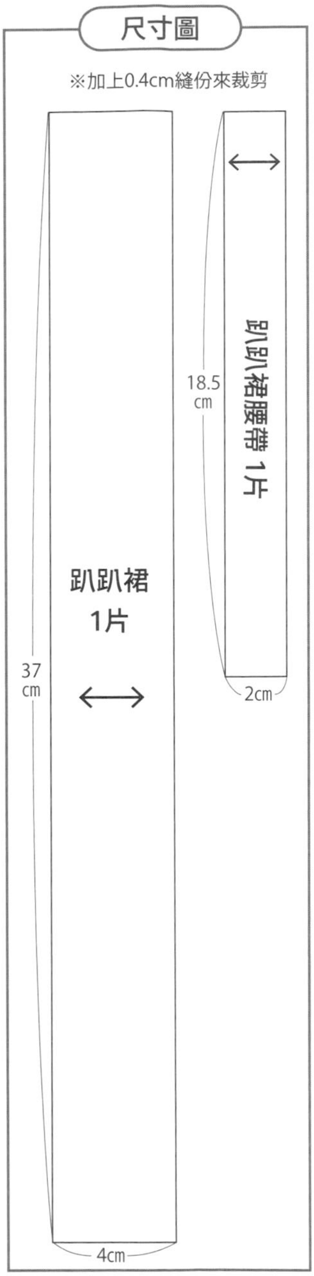

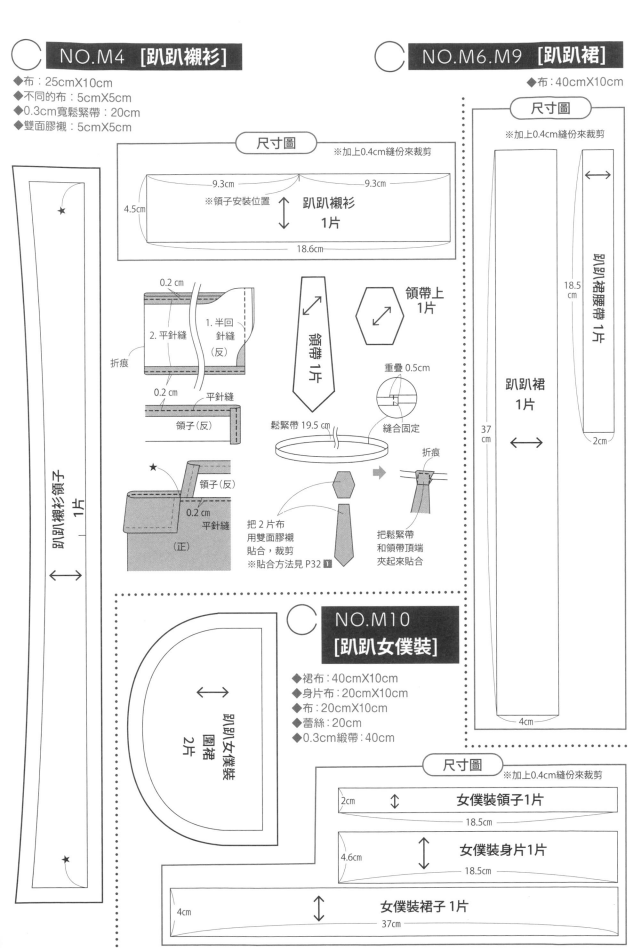

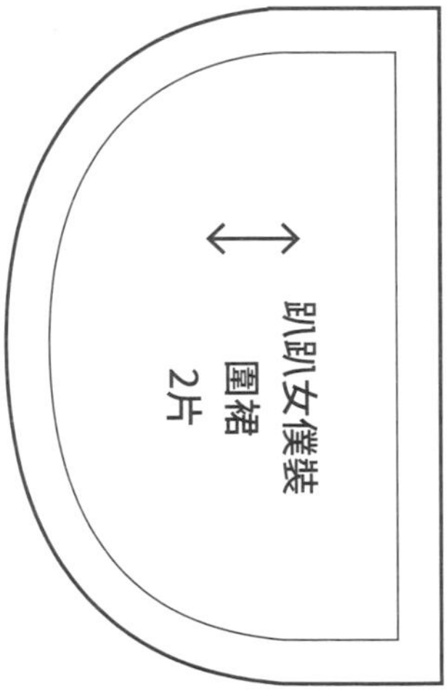

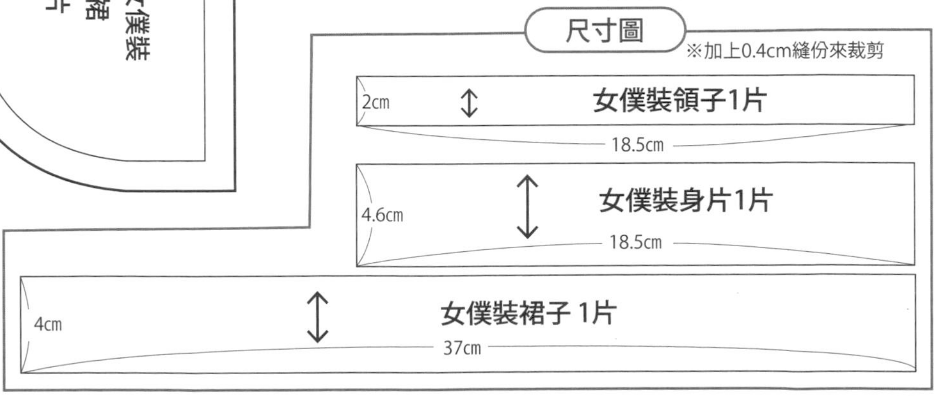

NO.M7.M8 [趴趴布偶裝]

◆布：30cmX15cm

NO.M7

◆不織布：10cmX10cm

◆不織布：10cmX10cm

※尾巴的紙型見 P111

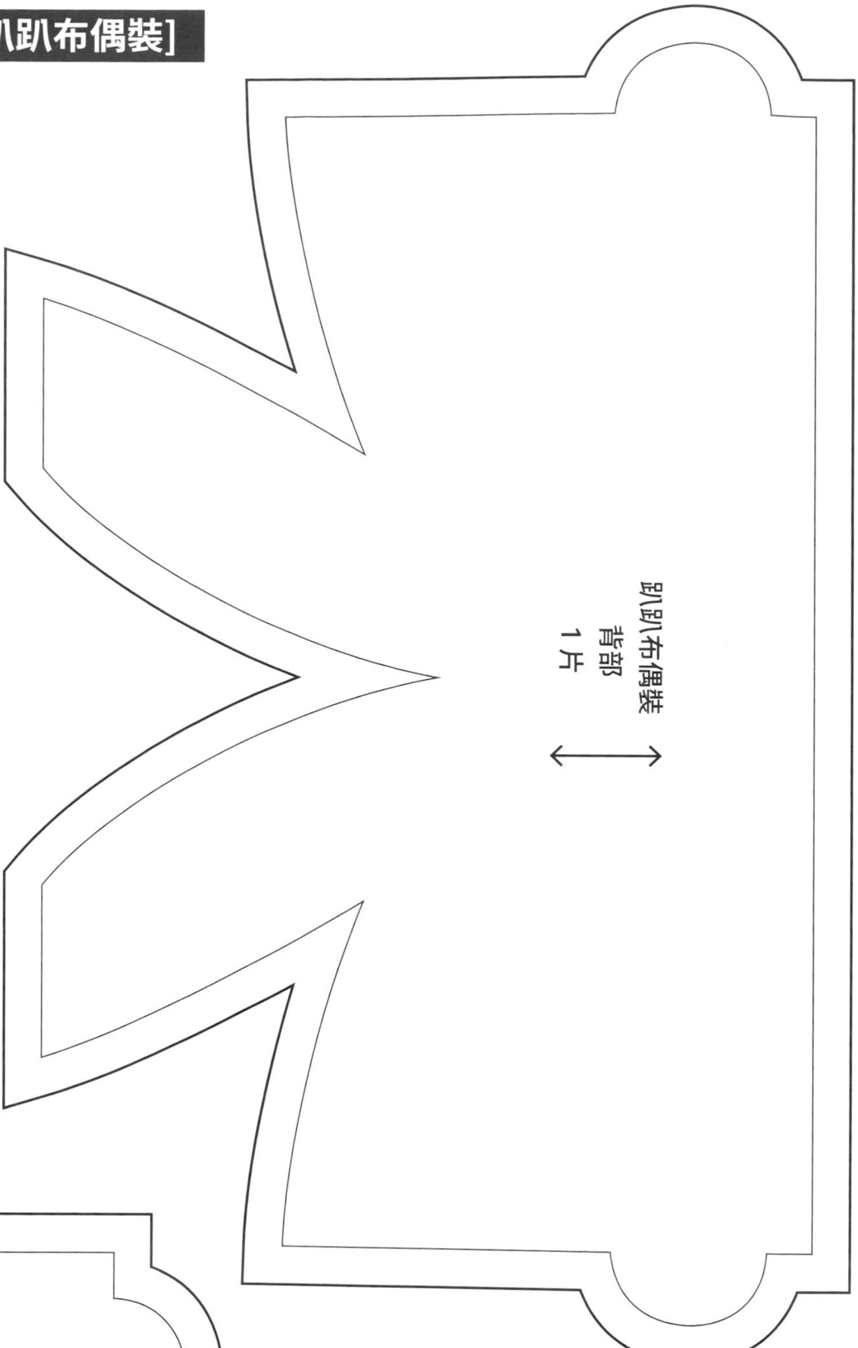

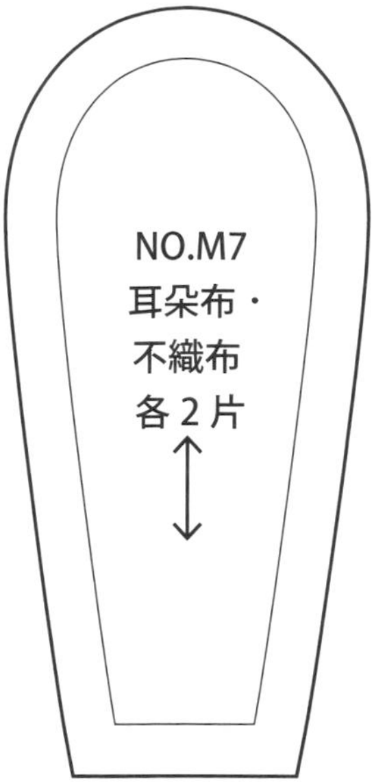

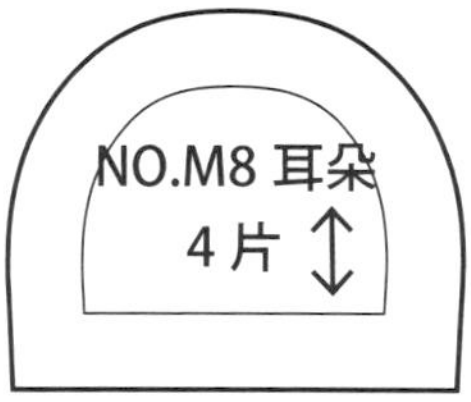

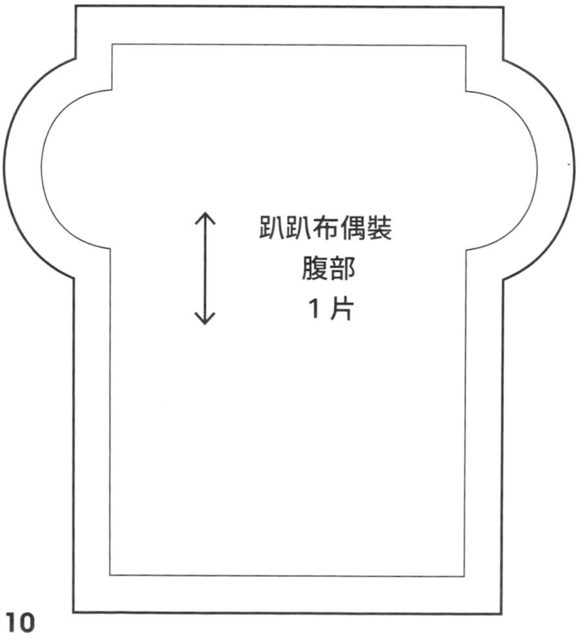

NO.M8

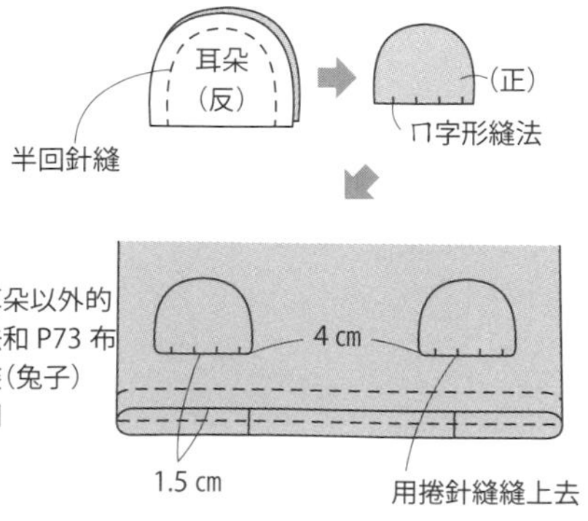

※耳朵以外的作法和 P73 布偶裝(兔子)相同

NO.M9 [趴趴斗篷]

◆布:30cmX15cm
◆蕾絲:30cm
◆0.3cm緞帶:45cm
◆直徑1cm絨球:10個

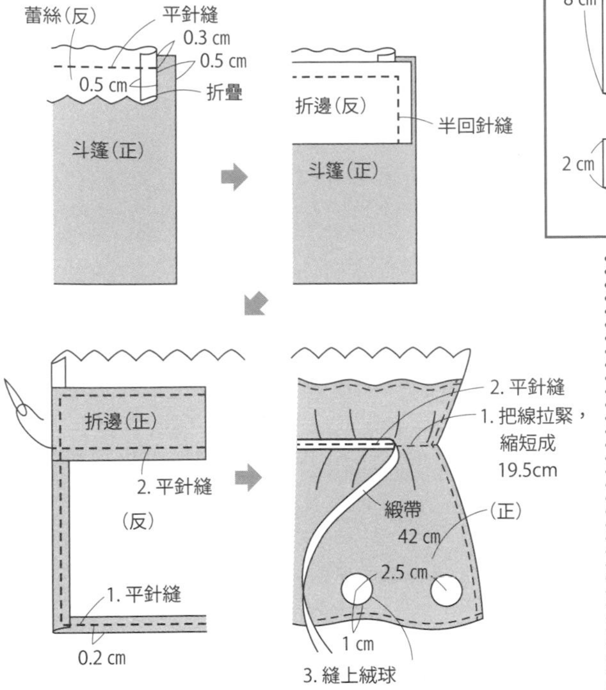

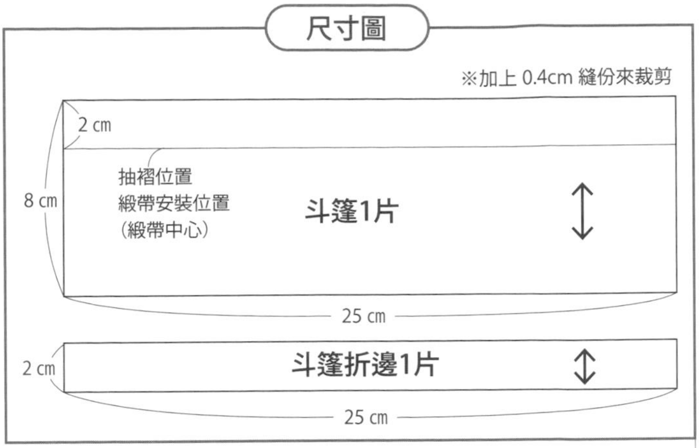

NO.M7.M8 [趴趴布偶裝]

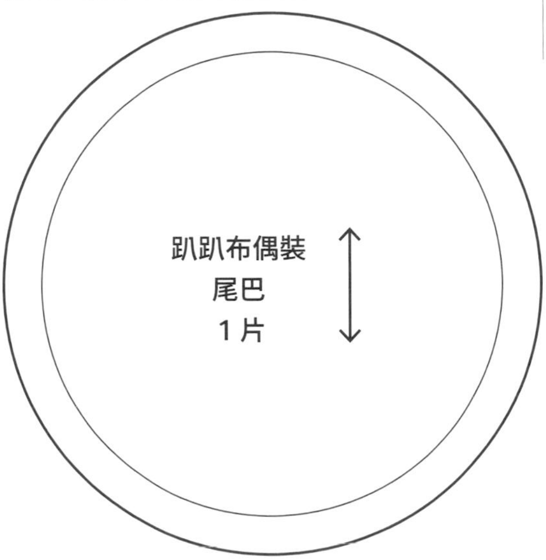

NO.28 [帽子髮箍]

◆不織布:20cmX10cm
◆0.3cm緞帶:10cm
◆毛根:1支

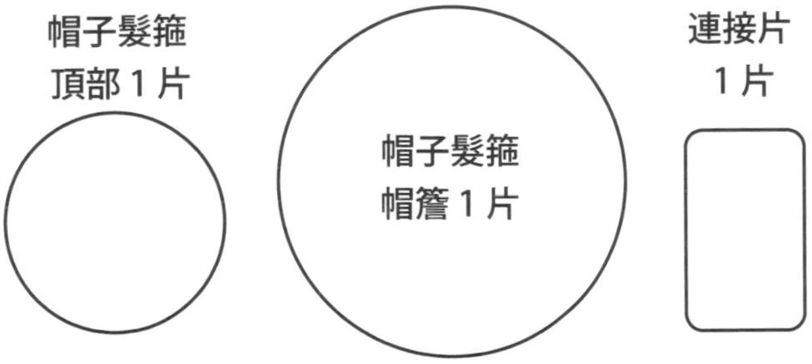

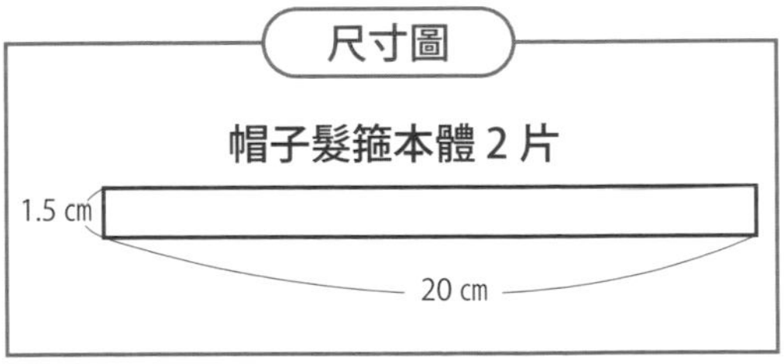

NO.11·12 數字的實物大圖案

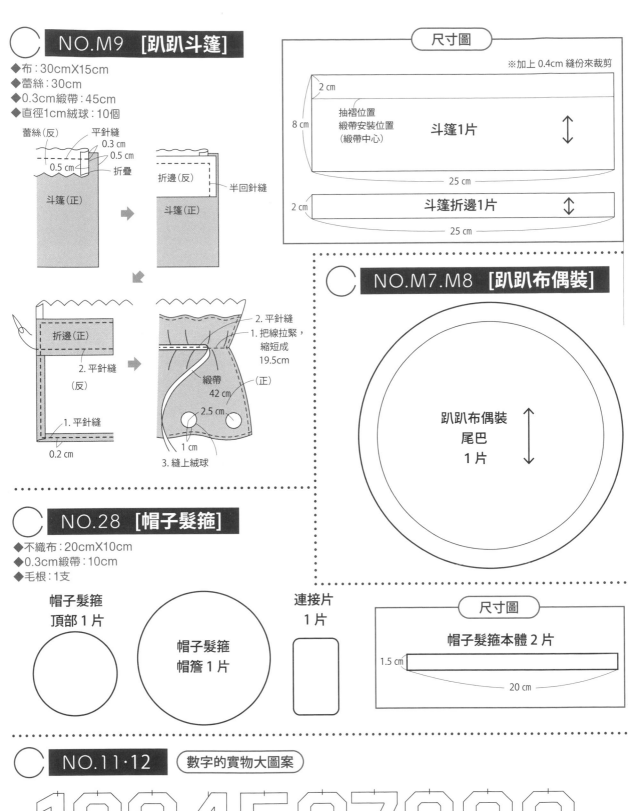

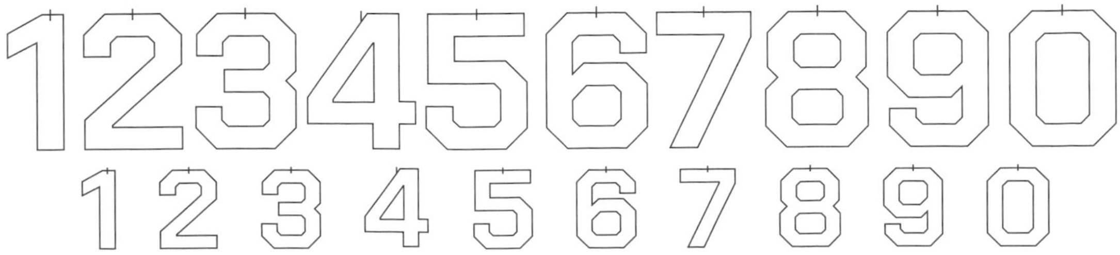

※紙型皆爲[小]尺寸。[大]請放大125%。

寺西 恵里子　ERIKO TERANISHI

曾任職於SANRIO公司，負責兒童商品之企劃・設計。
離職後持續以“HAPPINESS FOR KIDS”爲主題從事手藝、料理、勞作、童裝、雜貨、玩具等商品之企劃・設計，同時以書籍爲中心廣泛地發表手作生活之提案。在實用書、女性雜誌、兒童雜誌以及電視節目等領域都相當活躍。著作超過700冊。

日文版STAFF

作品設計	寺西 恵里子
攝　影	奥谷 仁　渡邊 峻生
書籍設計	NEXUS DESIGN
作品製作、作法整理	池田 直子　岩瀬 映瑠　千枝 亜紀子　やべ りえ　西潟 留美子　志村 真帆子　植田 千尋　山田 真衣
紙型描繪	うすい としお　八木 大　澤田 瞳
插圖、監修	高木 あつこ
插圖描繪	いで はなこ
編輯協力	有限会社ピンクパールプランニング
校　閱	滄流社

材料協力

清原株式会社　大阪府大阪市中央区南久宝寺町4-5-2
http://www.kiyohara.co.jp/store

素體製作×服裝配飾×紙型設計
超可愛，隨身帶！自製棉花娃&趴娃基礎全書
2024年4月1日　初版第一刷發行

作　者	寺西 恵里子
譯　者	許倩珮
編　輯	魏紫庭
發行人	若森稔雄
發行所	台灣東販股份有限公司
	＜地址＞台北市南京東路4段130號2F-1
	＜電話＞(02)2577-8878
	＜傳真＞(02)2577-8896
	＜網址＞http://www.tohan.com.tw
法律顧問	蕭雄淋律師
總經銷	聯合發行股份有限公司
	＜電話＞(02)2917-8022

TOHAN

國家圖書館出版品預行編目（CIP）資料

素體製作 X 服裝配飾 X 紙型設計：超可愛，隨身帶！自製棉花娃 & 趴娃基礎全書 / 寺西恵里子著；許倩珮譯．-- 初版．-- 臺北市：臺灣東販股份有限公司，2024.04　112 面；　18.2X25.7 公分
ISBN 978-626-379-299-9(平裝) 1.CST: 洋娃娃 2.CST: 手工藝
426.78　113002346